GIN PALACE

The Curious Bartender's
好奇調酒師
系列

# GIN PALACE

## 琴酒天堂

Tristan Stephenson

70CL　　　崔斯坦·史蒂文森——著·魏嘉儀、黃亦安——譯　　　47%

dala food 010

# 琴酒天堂 GIN PALACE

好奇調酒師系列 The Curious Bartender's

作者：崔斯坦‧史蒂文森Tristan Stephenson
翻譯：魏嘉儀、黃亦安
主編：洪雅雯
企劃編輯：張凱萁
校對：金文蕙
美術設計：楊啟巽工作室
內文排版：邱美春
行銷企劃：李蕭弘
總編輯：黃健和

出版：大辣出版股份有限公司
　　　台北市105022南京東路四段25號12樓
　　　www.dalapub.com
　　　Tel: (02)2718-2698 Fax: (02) 8712-3897
　　　service@dalapub.com
發行：大塊文化出版股份有限公司
　　　台北市105022南京東路四段25號11樓
　　　www.locuspublishing.com
　　　Tel: (02)8712-3898 Fax: (02)8712-3897
　　　讀者服務專線：0800-006689
　　　郵撥帳號：18955675
　　　戶名：大塊文化出版股份有限公司
　　　locus@locuspublishing.com
法律顧問：董安丹律師、顧慕堯律師
台灣地區總經銷：大和書報圖書股份有限公司
地址：242新北市新莊區五工五路2號
Tel：(02)8990-2588 Fax：(02)2290-1658
製版：瑞豐實業股份有限公司

初版一刷：2021年9月
定價：新台幣990元
ISBN：978-986-06478-3-9

First published in the United Kingdom in 2016
under the Jane Packer's Flower Course by Ryland Peters & Small Ltg., 20-21 Jockey's Fields
London WC1R 4BW
Complex Chinese copyright arranged through Youbook Agency
Complex Chinese translation copyright © 2021 by Dala Publishing Company
All rights reserved

# 人琴味

文｜蘇重（烈酒專家、資深樂評人）

我很愛《琴酒天堂》這本書，從作者序言裡的這句：「走進任何一間琴酒種類豐富的酒吧，坐到吧檯位置上，不需等太久，你就會聽到這段熟悉的話：『我以前不愛喝琴酒，但這杯我喜歡。』這句話意味了一種新的愛好琴酒族群的誕生。」就在我心裡砰砰迴響，是啊，我在Trio Bitters、發琴吧、Sidebar、Fourplay、Bar Mood、侶人亂調、TCRC……這些酒吧裡，不止一次聽到類似的話語，就在現在這個時間點，眾多的新興品牌、不同凡響的全新酒款、懷抱著好奇與熱情接觸琴酒的消費者，一波又一波地湧現，我們這個時代，真的不但是琴酒的文藝復興，也是琴酒的黃金年代。

我問過台灣重要的琴酒達人，也是知名的調酒師，好啦，不賣關子，就是發琴吧的調酒師，也是Gin & Tonic Pa的策展人Perry：「你覺得台灣這幾年的琴酒熱潮是怎麼出現的？」Perry說：「台灣的酒吧文化受過國外影響很深，應該是被歐美日本這些年的琴酒文藝復興給帶動的吧。」

我剎時被Perry的謙遜給震驚了：「要多一點正能量，要我，我會說是Sidebar的縮梭跟發琴吧的

Perry，還有很多傑出的調酒師加上藏酒論壇這樣的專業媒體，不但曝光介紹，還舉辦系列的琴酒品酒會，為酒友熱情地推廣，台灣的琴酒品飲才會越來越好！」我話說完，Perry翻了翻白眼，似乎是對我個人的厚顏無恥相當地讚賞，但還是很淡定地繼續跟我聊起了琴酒。

說起來也算是約定俗成，取了個好名字，不然，一樣是Gin，在中國叫做「金酒」，在香港被稱為「氈酒」，雖然也是尊貴閃耀，潤喉暖心，但就不像台灣把Gin稱為「琴酒」，一方面聽起來高雅有文化，繞梁三日回味無窮，另一方面諧音梗瘋狂連發，無所逃於天地間。比如說喝酒的地方會叫做「發琴吧Ginsperation」、「尋琴記 Find Gin Bar」、「琴詩Ginsman」等等，可見這些酒吧的主事者都是性琴中人，甚至於，2021年4月在大稻埕舉辦的年度琴酒盛會「Gin & Tonic Pa」，今年的主題，還就叫做「人琴味People, Gin, Flavor」！

琴酒到底是什麼？真的，問世間，琴為何物？在台灣近年來的琴酒風潮當中，我們不但有專業的專家達人，持續地推廣品飲文化，同時像《琴酒天

堂》這樣充滿閱讀樂趣的好書，也經過翻譯引進到台灣。

《琴酒天堂》讀起來非常好玩，從一開始的琴酒歷史、琴酒的製造，到世界各產區巡禮，作者的文字中，從來都不是毫無重點的東拉西扯硬湊字數（等等，這個描述有種異常的熟悉感！）反而一直有某種一刀見血的幽默感，很酸民，讀起來很有感覺。比如說他在書中寫到：「一些估算的統計數字（實際上也只能用估計的了）指出，倫敦在1751年就喝掉了超過4500萬公升的琴酒。對僅僅七十萬人口而言，這是相當令人敬佩的成果⋯⋯每位倫敦市民一週都會喝掉600毫升琴酒。小說家亨利・費爾丁（Henry Fielding）認為，如果這種狀況持續下去，很快就會『沒剩多少平民可以活著喝酒了。』」

還有作者在琴酒常用的原料植物的介紹當中，一邊很淵博地聊起了比如說芫荽（*Coriandrum sativumis*，即香菜）的產區分布、應用歷史與特性，另一邊則是以美食家與調酒師的專業談到了風味輪廓以及在哪些琴酒當中可以感受到這一款原料的影響，最妙的是，作者他還頗有採買人員的自覺，給

出了「10公斤一般要價」（以芫荽而言是英鎊40元約合美金60元），讓大家有一個初步的印象，知道一下這些原料大概的行情。

這樣子旁徵博引，客觀論述有數字支撐，有時還連虧帶洗，尖酸刻薄的故事呈現，是不是很像你鍾愛的酒吧裡，那個嘴巴有點壞有點賤，講故事天花亂墜，偶爾耍起嘴皮子來，一句話就能讓客人噎死的Bartender（調酒師）。

這就是《琴酒天堂》這本書的可貴之處：談琴酒的歷史，有作者個人的觀點與情懷；也有琴酒與酒廠、品牌的專業介紹；甚至在講酒譜的〈琴調酒〉章節，用一種瞭若指掌的自信與準確，來談各式經典雞尾酒的風味表現與歷史沿革，在「人、琴、味」三個方面都相當完美。

打開這本書，拿起一杯你最喜愛的琴酒Cocktail，或者，如果也可以純飲某一支你喜歡的琴酒，沒騙你，幾分鐘之內，就不再只是看書飲酒，你，會置身在琴酒天堂當中，流連忘返。

# 名人醺然推薦

「想進一步了解琴為何物的你，這本《琴酒天堂》是你最佳的選擇。細說歷史上的來龍去脈外，作者崔斯坦‧史蒂文森憑藉自身聲望和調酒師的強烈好奇，帶大家直擊各酒廠內幕，各位到時一定會有種豁然開朗的驚喜感！我就先不爆雷，等大家閱讀完我們再一起談琴。」

——**Perry**（發琴吧、Gin & Tonic Pa創辦人）

「在此書中，除了能窺見琴酒歷史容貌外，還能了解如魔法般的琴酒製程，另有滿滿酒譜，在家重現大家之作，想認識琴酒的人看到此書，將如獲至寶。」

——**鄭亦倫Allen**（調酒師、Fourplay Taipei餐酒館主理人之一）

「從歷史、製程、品牌到酒譜，展現了琴酒的前世今生，有此書相伴，杯裡的琴酒都變好喝了。」

——**梁岱琦**（《到艾雷島喝威士忌》作者、「女子飲酒誌」版主）

「鍾『琴』的人讀這本書，等同於徜徉『愛琴海』。暢快的跟著琴酒上天下海繞了世界一圈。」

——**黃麗如**（酒途旅人、專欄作者、《喝到世界的盡頭》作者）

「新手絕佳的試琴書，也是嗜琴人的必備典藏。」

——**侯力元Dior**（調酒師、《土裡的私釀》《微醺告解室》作者）

「琴酒這事跟吃辣有點像，不懂的人會覺得都差不多，你們在沉醉什麼，開了那扇門才懂得玩意可多了。而且不用說，都是強健體魄、豐沛心靈。」

——**貝莉**（出版社編輯、作者、「今天要喝酒」Podcast主持）

# 意亂「琴」迷

## GINFATUATED

在尚未可以喝琴酒的年紀之前，琴酒就已經占據了我心思的一部分。我對琴酒最早的記憶，是在九歲時看到母親正在喝一杯琴湯尼（Gin and Tonic），當時我心想，那杯看起來像檸檬汁的飲料，我理當也能喝一杯吧！直到今天，眾人皆知我喝不到琴湯尼時的反應都會很激烈。我父母當時為了安撫我，便給了我一杯通寧水（tonic water）。喝下第一口時，我就愛上了那種讓舌頭要捲起來的苦味。當天晚上，我便偷偷溜到樓下的廚房，貪心地就著瓶子大口豪飲。當然了，要再過幾年我才能將通寧水和琴酒調在一起喝，但這個混合了甜味、苦味、微醺和植物的天國之味，毫無疑問地成了我成年後人生中的一大重點。

但我從沒想過會變得如此重要，影響最深遠的是我成為了一名調酒師，尤其在我的調酒技術越來越好後，我開始舉行琴酒的研討會，還開始在琴酒賽事中擔任評審。我甚至出現在一個琴酒品牌的廣告裡，並在倫敦開了兩間調酒酒吧——兩間酒吧都以琴酒為主要靈感來源。在那之後，我創辦了一家琴酒品牌（雖然規模不大），如今還寫了一本關於琴酒的書，為此拜訪過超過六十間琴酒釀造廠、品嚐過將近五百款琴酒。你或許可以說我早已意亂「琴」迷、無法自拔了。

我會變成這樣也是情有可原的。琴酒這種烈酒擁有十分獨特的風味，還有令人不寒而慄的遠揚惡名，卻也為調酒和混調飲料帶來了巨大的貢獻。

從中世紀的治病藥物為源起，一直到成為全世界最受歡迎的消遣用烈酒，琴酒和它的荷蘭前身「杜松子酒」（Genever）很快便在十八世紀早期大受英國民眾歡迎。「失控」還不足以形容接下來的事態發展。散發著杜松子氣味的劣質酒在倫敦的大街小巷流淌，對貧苦的民眾造成不計其數的傷害。但是，出乎意料的事物卻從這灘爛泥中誕生了——

在一百年間，琴酒從倫敦貧民窟非法酒館一路爬到了世界上最奢華旅館裡的雞尾酒單。沒錯，琴酒這款調酒基酒在二十世紀初橫掃了威士忌和白蘭地的地位。數百種干型琴酒調酒（即不甜之意）在1900到1930年之間於焉誕生，更不用說馬丁尼了。

誰能想到，在琴酒終於麻雀飛上枝頭的五十年後，它的命運再次出現轉折，落入凡間，既不受推崇、也不受畏懼，只是一個毫不起眼的存在。1990年代是琴酒最不幸的日子，調酒的黃金年代被世人遺忘，隨之竄起的是伏特加和新的調酒文化——毫不手軟地使用糖和水果掩蓋基酒的特性——取而代之。此時，只剩下琴酒最忠實的信徒繼續維護琴酒的夢想，他們拒絕捨棄琴湯尼，在酒館或家中酒櫃讓琴酒之火持續燃燒、冰塊持續攪動。

今日，琴酒在飲酒者的心目中占據了一塊特殊的地位。一方面，琴酒在十八世紀讓英國的男男女女沉淪墮落，「母親的禍害」之稱成為數個世紀以來人們的共識；另一方面，琴酒也成了酒業革命備受重視的矚目焦點。要在今天的世界裡捨棄琴酒，就如同對地方獨立職人事業比中指一樣。

不過，五花八門的風格也讓琴酒獲得新的愛慕者。走進任何一間琴酒種類豐富的酒吧，坐到吧檯位置上，不需等太久，你就會聽到這段熟悉的話：「我以前不愛喝琴酒，但這杯我喜歡。」這句話意味了一種新的愛好琴酒族群誕生，他們原先抱持偏見就像檸檬切片一樣被壓扁、榨乾。鮮明的風味、可追溯的生產源頭、植物的風土、創新的包裝……除了這些以外，還有更多讓現代琴酒愛好者一個品牌接著一個品牌不斷購買的因素。我們現在經歷的時代，不只是琴酒的文藝復興，更是琴酒的黃金年代。琴酒從未這麼美好過，可能再也不會這麼美好了，因此盡可能去享受吧，也請確保你在讀這本書的時候，手上也握著一杯你心愛的琴酒調酒。

目錄
CONTENTS

**CHAPTER 4**

**附錄**

# 琴酒的歷史

## THE HISTORY OF GIN

# 煉金術、魔術與蒸餾的起源

Alchemy, Magic And The Origins of Distillation

某些學者相信是中國人初次發現蒸餾的祕密，並透過穿越中東的古老絲路，與波斯人、巴比倫人、阿拉伯人和埃及人貿易，分享他們的發現。這些長達3200公里的路徑在西元前二世紀時便已完全成形，作為金、玉、絲綢和香料的貿易路線。但是，絲路真正的價值在於成為不同文化之間的交流中心。事實上，絲路在當時可是條資訊高速公路。

不論是中國人從印度－伊朗語族（Indo-Iranian）學到蒸餾的技術，還是後者向前者學習，信奉滾燙熱水和植物蒸氣的神祕主義一路延燒到古典時代的文明，讓卓越的醫生、煉金術士和植物學家大感興趣。

希臘哲學家亞里斯多德肯定知道某種形式的蒸餾方法。他的著作《天象論》（Meteorologica，約於西元前340年寫成）的其中一部分便提到了蒸餾液體的實驗，他發現「葡萄酒及所有蒸發並凝結成液體狀態的流體，都成了水。」

西元前28年，一位名為瑟薩利的安納克西勞斯（Anaxilaus of Thessaly）的魔術師因施展魔術而被驅逐出羅馬，他的犯行包括讓看起來是水的東西著火。這項把戲的祕密後來被翻譯成希臘文，在大約西元200年由一名羅馬教士希波拉特斯（Hippolytus）出版——原來他使用了蒸餾過的葡萄酒。差不多在同一時間，我們的老朋友老普林尼（Pliny the Elder）做了一項實驗，將羊毛掛在一大鍋沸騰的樹脂上方，利用羊毛寬大的表面捕捉蒸氣，凝結成松節油。老普林尼有可能用了杜松子蒸餾液來實驗嗎？也許吧。但就算他真的這麼做了，他也沒告訴我們。

世界上第一位以煉金術士自居的人是來自埃及的索西穆斯（Zosimos）。他是追隨諾斯底主義（Gnostic）的神祕主義者，同時也被視為某種酒精的巫師。他提出了煉金術最早的定義之一，將煉金術視為「水、運動、生長、實體化與脫離實體、從肉體將靈魂抽離，以及將靈魂與肉體結合」的學問。索西穆斯相信，蒸餾能以某種方法將肉體或物體的精髓解放出來，因此我們今天對酒精飲料的定義便是「烈酒」（spirits，英文spirit亦有「靈魂」之意）。

到了至少西元900年，這些對靈魂和酒精的研究都限縮在中東地區。歐洲此時仍在後羅馬帝國時期的爛泥中打滾，大約有五百年來都是如此。當歐洲人還在靠焚燒女巫和削磨鋼鐵來打發時間時，伊斯蘭教國家已經建造起大馬士革大清真寺（Great Mosques of Damascus）和薩邁拉大清真寺（Great Mosques of Samarra），著手栽培學者和科學家。在哈里發的統治下，穆斯林的國境不斷擴張，教授數學、煉金術和醫學的學校同樣也是。阿布·穆薩·賈比爾·伊賓·哈揚（Abu Musa Jabir ibn Hayyan，後來僅被簡稱為賈比爾〔Geber〕）在那個時期出現在現今的伊拉克地區，成為無可爭議的蒸餾之父。正是賈比爾的研究和觀察，為伊斯蘭文化建立了對蒸餾的根本理解。

知識帶來了力量，摩爾人（Moors，來自北非的穆斯林群體）在八到九世紀時堅持不懈又有條不紊地占領了南歐大多數地區——西班牙、葡萄牙、部分法國南部及馬爾他皆落入了各方面都凌駕於歐洲人之上的勢力之中。

不過，歐洲人在十一世紀展開反擊。軍隊逐漸成形，天主教教會重整旗鼓，「收復失地運動」（Reconquista）緩慢地展開。但這是一個漫長的過程，讓某些城市——例如西班牙的托雷多（Toledo）——維持在穆斯林的控制中長達三百年之久。當歐洲人來到占領地區，注意到令人驚嘆的圖書館和意外受到良好教育的居民之後，對教育和啟蒙的渴望便成了新的焦點。

artender's

師

ALACE

# THE TAIWAN GIN TOUR

台灣琴之旅

## 台北 TAIPEI

### ● 01 發琴吧Ginspiration

第一間全以琴酒爲主的酒吧，來一次發琴吧，包你情不自禁想要一來再來，體驗更多……

地址：台北市大同區迪化街一段76號3樓

電話：02-2556-2526

營業時間：18:30-00:00

官網：www.fleisch.com.tw/ginspirationbar

FB：www.facebook.com/ginspirationbar

### ● 02 Sidebar

文昌街從傢俱街轉身成爲酒吧一條街，台北琴酒東霸天的Sidebar當然是有一定的功勞，收藏有800款不同琴酒，記得帶《

地址：台北市大安區文昌街275號

電話：0908-087-433

營業時間：18:00-01:00（週二休）

FB：www.facebook.com/sidebartpe

### ● 03 Fourplay Cuisine 2.0

喜歡喝不一樣的琴酒，跟Allen說，他連《鐵男孩》都能特調！

地址：台北市大安區東豐街61號

電話：02-2707-3802

營業時間：18:00-01:00（週一休）

FB：www.facebook.com/FourplayCuisine

### ● 04 BANKER Martini Bar by Vivid Hermit Saloon Co., Ltd

如果台灣也有007，那我想這會是情報員的聚集地之一，馬丁尼怎能叫情報員不愛呢？

地址：台北市大安區安和路一段83號

電話：02-2325-3883

營業時間：20:30-01:00

FB：www.facebook.com/bankermartinibar

### ● 05 The Herbal

可能是全台灣最文質彬彬的調酒師，老闆兼調酒師Diro已出版兩本書。

地址：台北市中山區長春路3巷1號

電話：02-2521-7938

營業時間：19:00-02:00（週一休）

FB：www.facebook.com/The-Herbal-100254022184152

### ● 06 ONCE Cafe & Bar

西門町最適合買醉的LGBT友善酒吧，開門就會聽到老闆跟台客人的歡笑聲，是店裡的一大特色！

地址：台北市萬華區西寧南路82巷2號

電話：02-2331-6266

營業時間：10:30-01:00

FB：www.facebook.com/ONCEBARCAFE

## 基隆 KEELUNG

● **07 人參民謠小屋 Bar GinsengCafe**
在基隆港畔吹著海風誕生的小屋。
位在慶安宮正後方的老屋二樓，秉持水手魂
蒐羅來自世界各地的琴酒。
人生苦短而情路茫茫，我們用吉他、彈唱
和琴酒陪伴每一位小屋訪客。
地址：基隆市仁愛區孝一路34巷2號2樓
訂位：請私訊粉專
營業時間：19:00-01:00
FB：www.facebook.com/GinsengCafe

## 桃園 TAOYUAN

● **08 巴黎小酒館 Paris Bar**
鄉村風的巴黎小酒館，AKA＃自家客廳，
杜松子將在這帶領妳遇見專屬琴人。
地址：桃園市中壢區環西路二段300巷32號
電話：0919-339-746
營業時間：19:00-02:00（週四休）
FB：www.facebook.com/
巴黎小酒館-Paris-Bar-1574681722792777

● **09 傲客佳人 AL.CO. Bar & Bistro**
各位身經百戰的傲客、在座千杯不醉的佳人……
這裡有情(琴)有義！
喝完調酒，別急著回家，店貓也會後空翻喔。
地址：桃園市中壢區實踐路256號2樓
電話：0972-137-761
營業時間：20:00-02:00（週一休）
FB：www.facebook.com/ALCO.ALL.COME

## 新竹 HSINCHU

● **10 Tender Cocktail Bar**
隱身在樓梯間的酒吧，入內機關，細心尋找以本土樂團和台灣香料爲特調發想。
選個良辰吉時，來趟天德宮成爲他們的信徒吧！
地址：新竹市北區經國路一段542號2樓
電話：03-533-5003
營業時間：20:00-02:00（週一公休）
FB：www.facebook.com/tender542　Ig:tender_542

● **11 Bar Recode**
Recode的日常，就是在地平線之上點亮燈，待有緣人找到三扇門外的落腳處……
地址：新竹縣竹北市勝利一路152號2樓
電話：03-657-7233
營業時間：20:00-03:30（週日公休）
FB：www.facebook.com/barrecode2021

## 台中 TAICHUNG

● **12 Vender**
有2018 Gin Mare的全球冠軍Summer和她新加坡籍先生Darren一同坐鎮，最精湛的手藝和最好喝的新加坡司令就在此！
地址：台中市西區五權西四街118號
電話：04-2372-5875
營業時間：19:00-02:00
FB：www.facebook.com/venderbar

嘉義 14 13

台南 15 16 17 18

高雄 19

屏東 20

《琴酒天堂》由英國知名的調酒師、酒類暢銷作家崔斯坦·史蒂文森（Tristan　Stephenson）系統性地介紹琴酒。從「歷史」角度切入，以琴酒製作原料「杜松」引入琴酒的發展，並介紹世界各國的琴酒製作方式與蒸餾方法，以及逐一介紹在歐美市場上的琴酒品牌，各廠商無不在自家的植物香料上下足功夫，在包裝上花盡心思吸引琴迷的注意。

有媒體讚譽他，「如同是一本吧檯百科全書」。為了撰寫本書他拜訪超過60間琴酒釀造廠、品嚐將近500款琴酒，精選出各家酒廠的經典之作，娓娓道來其歷史與發展，並一一剖析每一支琴酒的風味。最後，提供13款經典琴調酒的酒譜與由來，讓琴迷能深入淺出地全面性認識與品嚐琴酒。

版主

—醺然推薦

我們正經歷琴酒的文藝復興，更是琴酒的黃金年代。

琴酒從未這麼美好過，可能再也不會這麼美好了。

盡可能去享受吧，也請確保你在讀這本書的時候，手上也握著一杯你心愛的琴酒調酒。

——崔斯坦·史蒂文森　Tristan Stephenson

70CL　崔斯坦・史蒂文森　Tristan S

一杯入魂，兩杯醺然，三杯天堂
環遊世界喝琴酒，
一晚達標。

大辣

蘇　重｜烈酒專家、資深樂評人

張國偉Perry｜GIN & TONIC PA活動發起人、發琴吧創辦人

鄭亦倫Allen｜調酒師、Fourplay Taipei餐酒館主理人之一

侯力元Dior｜《微醺告解室》作者、調酒師

梁岱琦｜《到艾雷島喝威士忌》作者、「女

黃麗如｜酒途旅人、專欄作者

貝　莉｜出版社編輯、作者

SKimmy你的網路閨蜜｜YouTuber、作者

女性喜歡喝酒，在這老洋樓變身的酒吧裡，可以驗證！

地址：台南市中山路23巷1號

電話：06-223-2869

營業時間：週一至五19:00-01:00；週六18:00-01:00（週日休）

IG：www.instagram.com/barhome1201

### 高雄 KAOHSIUNG

● **19 Double Soul**

除了琴酒高雄最多外，餐點好吃，老闆娘又漂亮，

來到高雄琴迷必定要造訪的店家！

地址：高雄市左營區文育路1號

電話：07-350-2927

營業時間：11:30-14:30, 17:30-00:00

FB：www.facebook.com/Double-Soul-coffeebistro-959335244079473

### 屏東 PINGTUNG

● **20 猴飲酒館 Hold inn Lounge Bar**

「猴飲」的台語跟會喝是一樣的，我們不只會喝也懂喝。

屏東不只太陽大，我們同時也喝很大，來猴飲請記得小心「肝」！

地址：屏東縣屏東市自立路252號

訂位：FB訊息訂位

Email：henrylin810222@gmail.com

營業時間：20:00-02:00（週一公休）

FB：www.facebook.com/holdinn2020

### 花蓮 HUALIEN

● **21 琴詩酒吧 Ginsman Bar**

每顆心都藏著故事，懷著鍾愛每款琴酒的博愛主義，調製屬於您的篇章。

地址：花蓮縣花蓮市新港街62號

電話：03-833-8801

營業時間：17:00-00:00

FB：www.facebook.com/GinsmanBar

*因疫情關係，以上營業時間視各店家公告為準，請電詢或上官網臉書。

The Curious Bartender's
好奇調酒師
系列

**GIN PALACE**
琴酒天堂

70cl.　崔斯坦·史蒂文森　Tristan Stephenson　魏嘉儀、黃亦安 譯　47%

「我喜歡馬丁尼，最多兩杯。三杯後倒在桌子下，四杯後就倒在主人懷裡。」

——「紐約客」桃樂絲（美國1920年代最受歡迎的名人之一）

大辣

文森在序言中說道：「走進任何一間琴酒種類豐富的酒吧，坐到吧檯位置上，不需等太久，你就會聽到這段熟話：『我以前不愛喝琴酒，但這杯我喜歡。』這句話意味了一種新的愛好琴酒族群的誕生。」

裡砰砰迴響，是啊，在台灣的Trio Bitters、發琴吧、Sidebar、Fourplay、Bar Mood、侶人亂調、TCRC這些酒吧裡，不止一次聽到類似的話語，就在現在這個時間點，眾多的新興品牌、不同凡響的全新酒款、懷好奇與熱情接觸琴酒的消費者，一波又一波地湧現，我們這個時代，真的不但是琴酒的文藝復興，也是琴酒金年代。今次特別邀請發琴吧創辦人Perry推薦嚴選全台21家琴酒吧，歡迎一起進入琴酒天堂！

### 嘉義 CHIAYI

**● 13 Casa Lounge Bar**

一個誤入歧途的調酒師開的酒吧，除了讓你喜歡調酒，更希望讓你找到有歸屬感的酒吧！

地址：嘉義市東區光彩街132號

電話：0922-882-673

營業時間：19:00-01:00（週日、一休）

FB：www.facebook.com/Chiayi.Casa

（因應疫情目前搬家中，11月於光彩街132號開幕）

**● 14 Bar Door to Dream**

因馬丁尼而愛上琴酒，結合在地素材，希望能將對琴酒的愛帶給走進店裡的人們。

地址：嘉義市西區蘭井街314-316號

電話：0927-597-096

營業時間：14:00-04:00（週三休）

FB：www.facebook.com/intococktailworldthedoorshere

### 台南 TAINAN

**15 尋琴記 Find Gin Bar**

台南到處都能玩出花樣，市場二樓的咖啡／酒吧都迷人。

地址：台南市中西區國華街三段123-225號永樂市場二樓

電話：0985-756-233

營業時間：週一至五18:00-24:00；週六、日16:00-24:00

FB：www.facebook.com/people/

尋琴記Find-Gin-Bar/100064143189025

**● 16 赤崁中藥行 Speakeasy Bar**

沒錯，是完全中藥行的大門，要想辦法找到暗門，琴酒天堂即為你開啟……

地址：台南市中西區赤崁街45號巷3號

電話：06-221-9599

營業時間：20:00-02:00（週二休）

FB：www.facebook.com/

赤崁中藥行-Speakeasy-Bar-105524141126258

**● 17 前科累累俱樂部 Bar TCRC**

TCRC 一個月前就已經開放訂位！想進去喝一杯的可是不要錯過喔，而且真的很值得！

地址：台南市中西區新美街117號

電話：06-222-8716

營業時間：週一至四20:00-02:00；週五、六20:00-03:00（週日休）

FB：www.facebook.com/TCRCbar

**● 18 Bar Home**

《書》請老闆簽名！

8 桃園

9

1 台北 3 7 基隆

5 2

4

6

花蓮

狂 冽

GIN P

The Curio

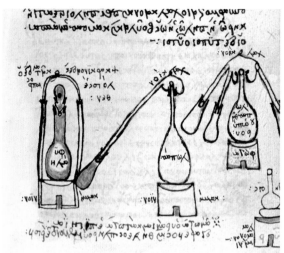

▲傳統單壺蒸餾器（alembic still），由索西穆斯設計。其基本設計與現今的蒸餾器相同。

◀對好奇的十二世紀醫生而言，薩萊諾醫學院是磨練技術的最好去處。

▶1529年出版的《談大哲學家兼煉金術士賈比爾的三本書》（Geberi Philosophi ac Alchimistae Maximi, de Alchimia Libri Tres）收錄了煉金術士先驅賈比爾的作品。

　　大學開始紛紛建立起來，而其中一間位於義大利薩萊諾（Salerno）的薩萊諾醫學院（Schola Medica Salernitana）則在蒸餾的發展中扮演了重要的角色。當時，薩萊諾公國（Principality of Salerno）的國土幾乎涵蓋了整個南義大利的西海岸。由於與拜占庭人的固定往來（他們最喜歡和阿拉伯人與鄂圖曼人開戰），薩萊諾能獲取的阿拉伯文本達到了前所未有的數量。但帶來更重大影響的是摩爾人，他們自西元902年起便占領西西里直到十一世紀末，而定期在義大利本土發生的小規模衝突也讓摩爾人來到了薩萊諾醫學院的門前。

　　這所醫學院的主要功能之一，就是提供翻譯自阿拉伯文或希臘文的拉丁文文本。穆斯林和猶太人學者會將阿拉伯文或希伯來文翻譯為卡斯提爾文（Castillian，源自位於西班牙的古代王國卡斯提爾的語言，被視為一種標準的西班牙語），而卡斯提爾學者則會將卡斯提爾文翻譯為拉丁文。知識開始如花綻放。主持這項工作的古代學者約翰尼斯·普拉特亞流斯（Johannes Platearius）、巴索羅繆（Bartholomew）和邁克爾·薩萊諾斯（Michael Salernus）在醫學院的全盛時期產出了大量的文本資料，正是在這些厚實的著作中，我們發現了歐洲人對蒸餾的初次探詢。一本最初由普拉特亞流斯在十二世紀匯編的藥草處方書，甚至包含一種由混合壓碎杜松子的葡萄酒所蒸餾出來的滋補飲料（Tonic）的製作方式。

# 杜松的藥用歷史

The History of Medicinal Juniper

　　杜松一直是人類歷史上最被廣泛使用的樹。杜松在某些原始文化扮演了決定生死存亡的關鍵角色。人們利用它來建造遮風避雨的建築，或製成器皿、武器和家具，或僅只是用來燃燒，提供熱源與照明。某些社會將杜松作為食物來源（有些美洲原住民部族會食用由炸杜松子製成、類似杜松子漢堡餅的食物——我並不建議各位嘗試），甚至連《聖經》都有以杜松為食物的記載。在《約伯記》（Job）第三十章第四節中，國王描述了困苦臣民的絕望處境，說他們「砍下杜松的根作為食物」。杜松的根更適合作為牲口的糧食。如今，人們大量種植杜松，主要是為了裝飾及景觀美化用途，而杜松同時也是盆景愛好者的不二寵兒。

## 未開發世界的奇蹟之藥

　　但是，杜松最大的價值一直都在於它的藥用特性。自使用藥物的歷史紀錄出現以來，杜松就受到擔任治療者的男男女女所器重。

　　新墨西哥的祖尼族（Zuni）會燃燒杜松的枝

條，浸泡到熱水中，調製出一種讓正在分娩的婦女能放鬆的茶。加拿大的克里族（Cree）用杜松的根製作出一種茶，而密瑪族（Micmac）和瑪拉契族（Malachite，與密瑪族都是加拿大的原住民部族）使用杜松來治療扭傷、創口、結核病、潰瘍和風濕。休休尼族（Shoshone，北美原住民）則將杜松子煮成茶，治療腎臟與膀胱的感染。

　　住在巴拿馬東岸外海的聖布拉斯群島（San Blas Islands）的庫納人（Guna）會將磨碎的杜松子塗抹在全身，防止寄生性鯰魚（吸血魚）在游泳捕魚時攻擊他們——很諷刺吧。

　　傳統的中國醫學將杜松用於治療泌尿系統感染，以及任何發生在中、下腹部的不適或疾病。在中歐的民俗醫療中，從杜松子提取出的油被視為萬靈藥，可以醫治傷寒、霍亂、痢疾、條蟲，以及其他所有與貧窮有關的疾病。

　　在中世紀，人們將杜松子磨碎、製成抗菌藥膏，敷在割傷與創口上。如果嘴部受到感染，你會被囑咐要咀嚼杜松子一整天，防止細菌感染。

　　杜松更深奧神祕的用途包含了驅逐邪靈的功效。冰島及北歐部族會在身上佩戴杜松的小枝條，以防止野生動物攻擊。他們也會將杜松的小枝條編成的環飾掛在門上，保護家屋不被噩運找上。所有好巫醫在需要淨化某個區域、趕走壞運時，都應該使用杜松。燃燒葉片、根、杜松子或樹枝也是德魯伊（Druids）常使用的作法。凱爾特人（Celts）也有類似的概念，他們會用燃燒杜松的煙霧燻蒸病人或被附身的人，直到醫治對象痊癒或死去。

　　羅馬人的藥物櫃裡也會存放一些杜松。羅馬醫生蓋倫（Galen）在二世紀時發現杜松子「能潔淨肝臟和腎臟，也明顯能讓濃厚黏稠的汁液變稀薄，因此能將杜松子混合在藥物中。」蓋倫也許是從老普林尼多達三十七本的《博物志》（*Naturalis*

INDIAN ALTAR AND RUINS OF OLD ZUNI

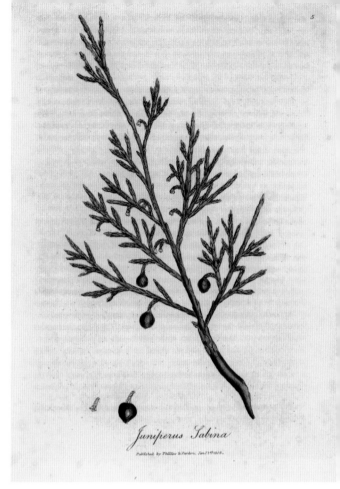

*Juniperus Sabina*

Published by Phillips & Fardon, Jan.12th 1805.

MARCVS CATO CLAR OLYM

▲ 杜松子漢堡曾在北美原住民部族之間風靡一時。

▶ 杜松是人類史上最古老的藥物之一,另一個則是酒……

◀ 加圖常被視為第一位以拉丁文著書的羅馬人。他也十分熱衷於種植杜松。

*Historia*)中查明了這項特性——這套書是經歷過羅馬帝國的興衰而倖存下來的偉大作品之一,包括一整冊關於植物學、葡萄酒和醫學的著述。老普林尼在《博物志》提及杜松二十二次,盛讚杜松子治療胃脹氣、止咳以及作為利尿劑的效力。

老普林尼在談及與杜松相關的技術知識時,也參照了老加圖(Cato the Elder)的說法。老加圖(西元前234年)是位卓越的羅馬政治家,也是功績彪炳的軍人,以及家族內的優秀醫生,也是家中牲口的好獸醫。假使我們相信老加圖的說法,那麼葡萄園便是持有農業資產的最佳選擇,而如果你能將產出的葡萄酒製成藥物,那就更棒了。他在《農業志》(*De Agri Cultura*,約西元前160年成書)所羅列的植物藥材製作方法,大多數都源於自家花園的植物,例如黑藜蘆(hellebore)和桃金孃(myrtle),但其

中一種是以葡萄酒為基底的杜松浸泡液,可以用來治療痛風和泌尿系統感染。老加圖活到了八十五歲高齡,許多人都將之歸功於他對自行調配植物滋補飲料處方的熱愛。

歷史上最早提及將杜松當作藥物使用的紀錄,可以追溯至將近四千年前的古埃及。一批在西元前1800至前1500年寫成的重要醫學卷軸,其中包含了埃伯斯紙草卷(Eber Papyrus)和卡恩紙草卷(Kahun Papyrus),而後者是人類已知最古老的醫學文本。當中許多治療方法仰賴大量的魔法、吟唱或某些極不尋常的原料(例如貓的脂肪),因此我們姑且能說這些療法並不全都那麼符合科學原則。杜松被用來治療消化方面的病痛、減輕胸痛和胃痙攣。埃伯斯紙草卷中列出了一種對付條蟲的藥方,要病人「擇一日服用杜松子五份、白礦物油五份」。

# 香料貿易與杜松烈酒的起源

## The Spice Trade And The Origins of Juniper Spirits

歐洲煉金術士初次發現葡萄酒的蒸餾時，這種從傳統單壺蒸餾器產生的可燃、易揮發的液體被稱為「生命之水」（aqua vitae）。十三世紀的蒙佩利爾大學（University of Montpellier）教授兼藥物化學教父阿諾德·諾瓦（Arnaldus de Villa Nova）真心相信生命之水能讓人類獲得永生：「我們稱之為生命之水，而這個名稱取得恰如其分，因為它確實是永生之水。它能延長壽命，清除不良的體液，強健心臟，維持青春。」

蒸餾的知識透過修道院和新潮的大學在整個歐洲擴散開來，並演變出各個地區的版本，例如使用大麥、葡萄、裸麥和小麥蒸餾。在接下來的幾個世紀，這些不同原料製成的蒸餾液將會逐漸發展為我們熟悉的威士忌、白蘭地與伏特加等不同種類的烈酒。

大約是在十三世紀初期，生命之水抵達了低地國家（Low Countries）——由十七個國家構成的地區，位於現今的荷蘭、比利時、盧森堡和部分法國與德國等地。低地國家在當時正值繁榮時期，精心規劃的新興城鎮從平地升起，而不是由既存的村落將就拼湊而成。運河及水道為商品與原料提供了寬闊而有效率的貿易網絡。位於中央的安特衛普（Antwerp）迅速成為宗教及智識活動的中心，更在十五世紀中期成為歐洲最富裕的城市。

人口因此而不斷膨脹，要不了多久時間，醫生、藥劑師和熙篤會（Cistercian）修士便開始記錄時下最新、最流行的科學與煉金術發現。最早的紀錄有一部分是出自雅各·范·馬蘭特（Jacob van Maerlant）於1269年出版的《自然花卉》（Der Naturen Bloeme），而這部作品則是翻譯自更早出版的《自然之書》（Opus de Natura Rerum），由生於1201年的湯瑪士·德·康提思普雷（Thomas de Cantimpré）所作。

《自然之書》共有二十冊，全數以韻文寫成。康提思普雷花了十五年的時間才完成此書，可能是當時的自然歷史書籍中，內容最為詳盡的著作。其中有一整冊都在描述藥用植物和其五花八門的用途，包括在煮沸的雨水或葡萄酒中加入杜松子，用來治療腹部疼痛。

到了十四世紀末，任何稱職的醫生都會在藥物櫃中備著杜松葡萄酒和烈酒。一本藍伯特·多登斯（Rembert dodoens）的《新草藥》（A Nievve Herbal）在1578年出版的譯本讚揚杜松子：「對胃部、肺部、肝和腎臟有益；能治療長期咳嗽、『腹部的絞緊與扭轉』，並能『促進鹽水分泌』。」他在這個段落的末尾提供了指示：「將杜松子加在葡萄酒或蜂蜜水中煮沸並飲用。」多虧諸如安特衛普的醫生菲立普·赫曼尼（Phillip Hermanni）撰寫《康斯特里克蒸餾書》（Constelijck Distilleerboet）一類書籍，製作這些烈酒所需的相關知識如今才沒有著作權問題，而是屬於公有領域。赫曼尼的「給醫生的蒸餾方法」指南中，包含了一種「杜松子水」配方：將杜松子壓碎，灑上少許葡萄酒，再置入傳統單壺蒸餾器中蒸餾。赫曼尼接著描述這種液體該如何用來治療消化疾病、感冒、瘟疫及有毒動物的咬傷。

十四世紀時，人們對烈酒的態度和飲用方式首次出現了極為重要且必要（對這本書的寫作動機而言）的轉變。第一個出現在低地國家（我們很快便會看到杜松子酒在此地誕生）的例子，出自佛

拉芒（Flemish）煉金術士約翰納斯・范・奧爾特（Johannes van Aalter）在1351年寫成的手稿。這份文本是抄自更早的作品，作者不詳，但文中對酒精造成的社會影響讚譽有加，這點可是十分不尋常：「它讓人們忘卻煩憂，內心愉快、強壯、充滿勇氣。」

對一位十五世紀的酒徒來說，烈酒很快便成了在短時間內喝得酩酊大醉的捷徑。將生命之水加以調味之後，就能掩蓋住部分的粗劣雜味，讓植物烈酒變得美味。事實上，許多這些所謂的「植物酒」具備了令人驚豔的藥性，根本就是錦上添花。一場改變顯然正在發生，而改變所需的條件正逐步備齊。

現在，唯一的問題就是許多水果和香料還是十分昂貴。例如肉豆蔻（Nutmeg）的價值比等量的黃金還高，而且許多產品還只能透過複雜的香料貿易路線來到手中——經由君士坦丁堡和威尼斯跨越中東，才能抵達歐洲。當鄂圖曼帝國在1453年控制君士坦丁堡時，便對取道該城的香料徵收重稅。正是對這些香料的需求（薑、桂皮、豆蔻和胡椒），迫使歐洲諸國向這些商品的來源地尋求新的海上貿易路線，才開啟了地理大發現的時代。但對歐洲老百姓來說，這種商品要價不菲，若非醫界人士便難以取得，而實際上也只有富貴顯要之人才買得起。也正是因為這樣，接下來的故事發展才會如此驚人。

◀這張1506年的雕版畫描繪了煉金術士兼占星家阿諾德・諾瓦採收釀酒用的葡萄。

▶1519年出版的《蒸餾之書》（*Liber de Arte Distillandi, Simplicia et Composita*）描繪了複雜的蒸餾程序。

▼有了良好的街道規劃，安特衛普在十五世紀成為歐洲最繁榮的城市。

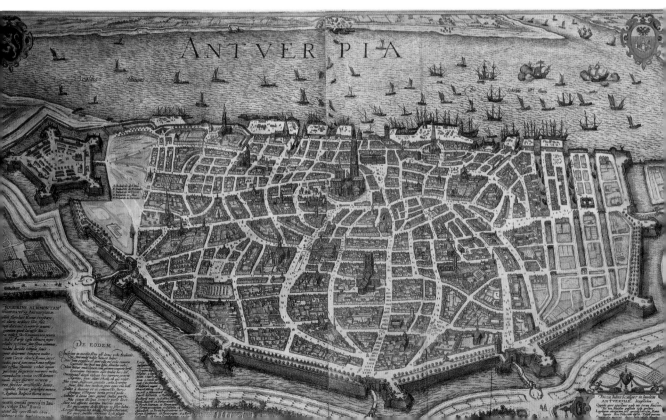

# 杜松子酒的誕生
## The Birth of Genever

1495年，一名來自海爾德公國（Duchy of Guelders，位於現今荷蘭的阿納姆〔Arnhem〕附近）的富商想到了一個好主意：讓人為自己寫一本書。這本居家指南記錄了這位商人和家人當時享用的奢侈配方，其中包含了一種白蘭地配方，「用純正的漢堡啤酒（hamburg beer）稀釋10公升的葡萄酒」。經過蒸餾後的液體會加入「兩把乾燥鼠尾草、450克丁香、十二顆完整肉豆蔻、豆蔻、肉桂、南薑（galangal）、生薑（ginger）、天堂椒（grains of paradise）」以及非常重要的——「杜松子」，並再次蒸餾。這些香料會置入布囊中，懸掛在蒸餾器上方，讓蒸氣萃取其中的味道。其中甚至還有白松露，如果要表達研磨白松露在那個時代究竟是多麼浮誇奢華的作法，那我能想到最接近的比喻就是研磨鑽石了。正是由於這個原因，這款飲品極有可能只為了罪惡的享樂之用，別無其他目的。

烈酒的新時代於焉展開——享樂取代了醫療用途。杜松的價格親民，隨手可得，也十分美味。很快地，杜松便取得了現代的地位，成為加味烈酒（flavored spirits）運動中的代表人物。

## 法律與戰爭

十六世紀初期，低地國家遭遇了超過二十年的葡萄歉收。葡萄酒的價格上漲，因此蒸餾師便將焦點轉向了啤酒（beer，這裡指穀物發酵產物，而非一般飲用的啤酒，以下稱其為「酒汁」）。發酵的裸麥糊和大麥麥芽糊很快便被稱為「麥酒」（moutwijn），其蒸餾液則被稱為「穀物蒸餾酒」（korenbrandweijn），後來更被簡稱為「穀物酒」（korenwijn）——在認識不同作法的杜松子酒時，知道這個詞對你會很有助益。使用英文的人常常會誤把穀物酒和玉米（英文為corn）聯想在一起，但事實上這種飲品可以用任何一種穀類製成，而且直到1880年代才開始使用玉米當作原料。

任何以加味穀物酒製成的加味烈酒都會冠上主要原料的名稱，以防混淆。我們不知道是誰先開始使用「杜松子酒」（genever，杜松的法文為〔juniper〕）這個名稱的，也不知道是否有人真的在1495年之前就實驗過這種酒。相當於《牛津英語詞典》（Oxford English Dictionary）的《方達勒荷蘭語大詞典》（Van Dale dictionary）在1672年初次收錄了這個詞彙（歸在飲品類別中），但荷蘭和比利時早在一百多年前就開始製造以杜松子為原料的烈酒了。

對低地國家來說，十六世紀是極為混亂的時代。被後世稱為「八十年戰爭」（Eighty Years War，1568-1648年）的戰事於1568年展開。用最簡短的方式來說，這場戰爭是以低地國家為中心的清教徒為首，起身反抗當時統治他們的西班牙。這場曠日費時的戰爭讓人煙稠密的安特衛普成了空城，驚

◀這幅銅版畫的複製品展示了西班牙軍隊在1576年11月4日攻陷安特衛普。

慌的居民向北逃離到法國和鄰近的德國城市，或是較安全的荷蘭城鎮哈瑟爾特（Hasselt）和韋斯普（Weesp）。約有六千名佛拉芒清教徒早在1570年便逃到了倫敦，為後來的杜松子酒／琴酒風潮鋪了路。安特衛普在1585年淪陷，許多人將此事視為低地國家南北關係的轉捩點，替未來形成的荷蘭與比利時劃出了分界。

接下來發生的事件，與當時戰爭後常見的發展並無二致——為了應付顯而易見的全國糧食短缺，政府無可避免地頒布了法令，禁止使用水果或穀類蒸餾。這項禁令直到1713年才解除，維持了整整一百一十二年。但北方地區並不承認這項禁令，因此對一名時運不佳的蒸餾師來說，北方城鎮可說是充滿了誘人的前景。南方地區四分五裂，在北方誕生的荷蘭共和國（Dutch Republic）則接納了從安特衛普大批湧入、身懷巧技的難民，為荷蘭黃金時代（Dutch Golden Age）*打下了基礎。

## 產業的崛起

許多釀酒師及蒸餾師新移民被鄰近鹿特丹（Rotterdam）的城市斯希丹（Schiedam）所吸引，而這座城市的名字將在接下來的兩百年裡成為烈酒生產的同義詞。這些移民之中，佛拉芒人博斯（Bols，意思是「箭矢」）一家從科隆（Cologne）逃離，最終在1575年定居在阿姆斯特丹郊外。他們建立了名為「小棚屋」（'t Lootsje）的蒸餾廠，開始製造香料烈酒和利口酒（liqueur）。到了1644年，他們更開始製造杜松子酒。博斯現在是世界上最古老的烈酒品牌。

阿姆斯特丹感激地接棒成為歐洲最重要的貿易港口，而荷蘭東印度公司（Dutch East Indies Company）便在1602年成立。與其說荷蘭東印度公

---

* 十七世紀左右，荷蘭在經濟與文化上高速發展，國際地位亦領先群雄的年代——當時在歐陸是一個相對自由的國度，宗教上包容各地異教徒、經濟上廣納各地的人才；在歐洲以外的地區，荷蘭則以強大的海權實力為後盾，貿易網絡可說遍布全球。

### 席維斯醫生的傳說
### The fable of Dr. Sylvius

博伊的法蘭西斯‧席維斯（Franciscus Sylvius de la Boe）在1658至1672年之間，擔任荷蘭萊登大學（Leiden University）的醫學教授。席維斯在任教期間製作了大量以杜松為基底的滋補飲料。他在此之前是個瘟疫醫生，杜松無疑是他熟悉的預防性藥方。我們可以說席維斯醫生是杜松的歷史上最為可靠的支持者之一，但是，如今他卻普遍被誤認為杜松子酒的發明者。

許多理由都指出，為何席維斯不可能是杜松子酒或杜松子烈酒的發明者。本書先前的內容就能證明，杜松子酒誕生前的演進過程早在席維斯出現的許多年前就發生了。席維斯於1614年出生，晚得足以完全錯過十六世紀的佛拉芒烈酒熱潮，僅僅這個事實本該就是足夠充分的證據，但值得進一步指出的是，他留存下來的研究裡，從未提及過杜松子酒，而關於他在蒸餾上的專業，也僅只被引用過一次。噢，我有說過他還是個德國人，生於漢諾威（Hanover）嗎？

◀繁榮時期的杜松子酒廣告，風格往往搶眼鮮豔，很少低調，通常也十分逗趣。

▲荷蘭人在1596年首次踏上印尼，荷蘭東印度公司於六年後成立，透過利益豐厚的香料貿易大發橫財。

司是一間企業，它更像是一個四處流動的國家——它很快便成了世界最大的公司，也是世界上第一家跨國企業，擁有遍布全球的三萬名員工。荷蘭東印度公司貿易的商品包山包海：香料、貴金屬、茶、咖啡、棉花、紡織品和糖。這公司還鑄造自己的貨幣、挑起戰爭、蓄奴和建立殖民地，讓荷蘭成為十七世紀的超級強權。杜松子酒的足跡因此踏遍了世界的各個角落，有時作為商品，有時則是為了讓人一嚐家鄉的味道。大多數荷蘭水手每天都會獲得150到200毫升的杜松子酒配給。杜松子酒在殖民地也備受歡迎，居民暢飲調酒的原型，而這種酒的名字十分口語，像是「鸚鵡湯」（papegaaiensoep）、「一口豌豆湯」（hap snert）和「肥頭」（dikop）。

當時的烈酒都是以木桶儲存，代表所有賣到海外及大多數在國內飲用的烈酒都會經過一定程度的木桶陳年。因此，當時的杜松子酒比較接近淡威士忌，而非現代的琴酒。

荷蘭貿易網絡的建立，讓杜松子酒的生產蓬勃發展。斯希丹在十七世紀初擁有三十七間蒸餾廠，但到了下個世紀初，數量便上升到兩百五十間。到了1880年代，斯希丹已經有將近四百間蒸餾廠，製酒業的雇員人數是該市人口（六千人）的四分之三，工作內容包括碾穀、發芽、釀造、蒸餾和入桶。斯希丹烈酒業的支柱是二十座巨大的風車磨坊。荷蘭笛型船（flute boat）航行在交通壅塞的新馬斯河（Nieuwe Maas）上，載滿了運至斯希丹的大量穀物，接著再交由這些風車磨坊來研磨。當時世界上最高、最寬的風車磨坊都位於斯希丹（到了今天仍是如此），用龐大的身軀想方設法捕捉吹拂城市的微弱風流。

但整個產業光鮮亮麗、運作良好的表象底下，仍隱藏了對城市及其居民造成的嚴重破壞。建造在煤田上的蒸餾廠汙染了空氣，將城市染成黑色——斯希丹因此得到了「黑色拿撒勒」（Blac Nazareth）這個綽號——從蒸餾器的冷凝器流出的液體則汙染了水源。源源不絕的酒飲導致了酗酒問題，而蒸餾廠工人的低薪和惡劣的生活條件更是讓這個現象無法緩解。全球對杜松子酒產生新一波的需求，讓斯希丹成了製酒業的龐大濟貧工廠（workhouse）。

時至今日，我們仍能在斯希丹看到五座原本的風車磨坊，它們是世界上最大的風車磨坊（最大的一座名叫德諾得〔De Noord〕，高達33.3公尺），第六座最近則是在1715年的風車原址重建了起來。

# 時髦的倫敦飲品

## The Fashionable London Drink

生於荷蘭的奧蘭治-威廉（William of Orange，威廉三世〔William III〕）於1688年抵達英格蘭。在那段腥風血雨的歷史中，他的登基過程意外地風平浪靜。事實上，議會根本可說是幫他維持大門暢通。他趕走的詹姆士二世是最後一位統治三王國（英格蘭、蘇格蘭、愛爾蘭）的羅馬天主教君王，當時他早已失去民眾支持，毫無威信可言。詹姆士被剝奪了王位、處境淒涼，只好跑到以天主教為國教的法國，結果讓法國的一切都變得很不酷。

威廉登基為王後，第一件事便是向法國宣戰，包括完全禁止從法國進口白蘭地。他也降低了穀類的稅賦，讓擁有大多數鄉間土地的仕紳階級喜上眉梢。同時還放寬了蒸餾相關的法規，鼓勵更多人購買本土種植的穀物。這是一杯由各種政策混調出來的邪惡調酒，而就如同任何一杯好調酒一樣，結果就是讓人爛醉如泥。

基於上述原因，加上威廉的荷蘭出身，威廉常被視為讓杜松子酒（和琴酒）在英格蘭變得時髦的始作俑者。他對政策的放寬，基本上代表了任何人只要付一點行政費用，等個十天，看有沒有人提出抗議，就能獲得蒸餾執照。想當然耳，這位「比利國王」（King Billy，蘇格蘭人這麼稱呼他）從沒想過要造成接下來翻天覆地的混亂狀態（他也沒能活著見識最糟糕的時期）。他確實在某種程度上達成了目標，但過程中卻害倫敦發了六十年的酒瘋。

不過，琴酒——當時還被稱為杜松子酒——早在威廉出現以前就在倫敦打下不錯的基礎了。事實上，甚至在威廉的父親誕生之前，琴酒就已經發展有成。在英格蘭，蒸餾並不像在其他如低地國的歐洲國家那樣普遍，但長久以來都在充滿好奇心的修道士和瘋狂煉金術士的守備範圍內，至少可以追溯至十四世紀。亨利八世（Henry VIII）在1534年大規模解散了修道院，迫使大量博學多聞的修道士離開教堂的庇護，進入文明世界的蠻荒。其中有許多人發展從事的行業，與他們過去在修道院時做的事情一樣：木工、紡織、烘焙麵包、釀啤酒和蒸餾烈酒。亨利八世成立英格蘭國教會（Church of England，亦譯作英國國教會）的一百年後，倫敦就有超過兩百間釀酒廠了。

在「八十年戰爭」期間，杜松子烈酒才在倫敦的酒館初次亮相。1585年12月，伊莉莎白一世（Elizabeth I）派出六千名援兵到低地國家對抗西班牙軍隊。他們無法阻止安特衛普的陷落，但與荷蘭士兵並肩作戰時，他們注意到這些荷蘭人會進行某種奇怪的儀式——荷蘭士兵在腰帶上繫著像是隨身扁酒壺的小瓶子，每次展開戰鬥前都會來上一口。英格蘭人見識到荷蘭戰友展現出來的勇氣，後來更

▼早在威廉三世登基之前，倫敦對琴酒的貪執就已經存在，但他的政策卻點燃了琴酒爆發潮。

創造出「酒後之勇」（Dutch Courage，字面意思為「荷蘭人的勇氣」，藉此形容人喝酒後什麼事都敢做）一詞。這不是荷蘭人和英國人最後一次比肩作戰。在「三十年戰爭」期間（1618-1648年）——歐洲歷史上最腥風血雨的時期——兩國人馬再次合力對抗西班牙人和神聖羅馬帝國的軍隊。想必這次英格蘭人和荷蘭人都有在上戰場前一起痛飲一瓶瓶的「勇氣」吧。

和其他歐洲地區一樣，杜松子烈酒成了英格蘭醫生的最愛。傑維斯・馬侃（Gervase Markham）在1615年出版的居家指南《英格蘭主婦》（The English Housewife）中，收錄了一份包含杜松、茴香和紫草籽（gromwell seeds）的眼藥水配方。傑出的十七世紀編年史家山謬・皮普斯（Samuel Pepys）在1663年寫到，一位友人建議他飲用「由杜松製成的烈性水」，以治療嚴重的便祕。

但是，其中一份英格蘭最早（但也未必可信）

關於杜松烈酒的紀錄並非來自醫生的書桌，而是廚房的餐桌。休・普拉特爵士（Sir Hugh Plat，一位發明家，還曾是家庭主婦的英雄）在1602年出版了《女士的樂趣》（Delightes For Ladies），其中包含了一整章節談論居家蒸餾的內容。一份「香料烈酒」（Spirits of Spices）的配方使用了「丁香、豆蔻、肉豆蔻、杜松、迷迭香」，但沒有明確指示分量。這些香料要與「香甜的烈性水」混合，接著放在雙層蒸鍋（bain marie）或高溫灰爐上蒸餾。根據普拉特的描述，服用這種飲料，你能感受到「上述香氣物體的細緻靈魂」。如果我們不太過苛求這份配方，那麼普拉特的「香料烈酒」就能被視為英格蘭第一個琴酒的原型。

▼這幅蝕刻畫展示了荷蘭在十七世紀的烈酒飲用與抽菸斗的景象。當時的酒並沒有合乎眾人的口味，從圖中右下角的小伙子就能看出來了。

# 十八世紀之交的琴酒
## Gin at The Turn of The 18th Century

　　儘管普拉特和馬侃這類人提出的建議滿足得了某種程度需求，但至少對富有進取心的主婦而言，英格蘭迫切地需要更多對蒸餾技藝的建議。而幾乎像是有應必答般，威廉・威沃斯（William Y-Worth）在1692年出版了《蒸餾技藝實用全書》（*The Whole Art of Distillation Practically Stated*）。威沃斯是來自荷蘭的移民，他直言不諱地表示，他的書是所有關於蒸餾的著作中，唯一可信的一本。可惜的是，整本書裡面只有一種烈酒配方使用了杜松，而且還是作為醫療用途。

　　繼威沃斯之後，湯瑪士・卡德曼（Thomas Cademan）在1698年出版了《倫敦蒸餾廠》（*The Distiller of London*）。這本蒸餾手冊其實是倫敦的「尊榮蒸餾師公司」（Worshipful company of Distillers）使用的內部指南。身為倫敦同業公會的一員，這個團體成立於1638年，目的在於監管與規範倫敦的烈酒生產。卡德曼的著作十分重要，因為其中列出了許多包含了杜松的配方（以數字編號取代命名），有些甚至是以杜松子為主要原料。這些配方往往十分奢侈，加入了昂貴的進口香料（例如肉豆蔻和丁香）、乾燥柑橘皮和新鮮莓果。這種配方的製作方式也十分耗費人工，但最終成品是那個年代品質十分傑出的佳作。

　　當「琴酒熱」（gin craze）變得一發不可收拾時（見P.27），整個產業便開始每況愈下。後續出版的書籍在處理關於杜松子與杜松子酒的主題時，變得更加小心謹慎。安波羅修・庫伯（Ambrose Cooper）的《完全蒸餾》（*The Compleat Practical Distiller*，1757年出版）收錄了一份簡單的琴酒配方，需要「1.36公斤杜松子、45公升標準酒精純度烈酒（proof spirit）、18公升水」，並以傳統的方式蒸餾。

　　相關法規讓取得酒精變得非常容易且便宜，也讓人輕而易舉就能製造出類似杜松子酒的東西。蒸餾專業的缺乏，導致琴酒製造者將荷蘭杜松子酒的製造傳統拋諸腦後（包括至關重要的麥酒），著重在混合劣質的中性酒精與植物，而後者則掩蓋了中性烈酒汙濁、令人不快的味道。琴酒變得和啤酒一樣便宜，卻使人更容易爛醉。到了最後，琴酒中使用的植物也被視為沒有必要了。

　　庫伯在書中告知讀者「一般的琴酒」是用松節油製成——一種從松樹樹脂提取的混合物，氣味近似於杜松散發的松香味。比起對這種作法表達厭惡，庫伯更像是感到困惑：「我很驚訝人們會為了享樂而飲用這種東西。」

　　「一般琴酒」（Common Gin，或稱「Gineva」）——在一般貧民窟設備的製造方式分為兩個階段。沒人會從零開始蒸餾出烈酒，因此需要先向較大的蒸餾廠購買。這些蒸餾廠會用壺式蒸餾器將酒汁蒸餾兩次，製造出「標準酒精純度烈酒」。此時連續式蒸餾器（continuous still）尚未發明，因此標準酒精純度烈酒其實並不完全是中性的，但肯定非常劣質。很大一部分的標準酒精純度烈酒來自蘇格蘭，那裡的遊戲規則是讓蒸餾器運作得越快越好，絲毫不顧烈酒的味道和安全性是否會產生負面效果。

　　標準酒精純度烈酒送達之後，接下來要做的事就只有增添味道了。仕紳階級喝的全都是進口杜松子酒，因此混入一點自製的假杜松子酒便是聰明之舉。不幸的是，加入植物被視為浪費時間又昂貴的步驟，混合鹽、酸和有毒萃取物不是更好？一份在1740年代由「詹姆士・鮑佛伊公司」（Beaufoy, James and Co.）使用的琴酒配方甚至根本沒提到杜松：「礬油、杏仁油、松節油、葡萄酒蒸餾液（spirits of wine）、方糖、石灰水、玫瑰水、明礬、酒石酸氫鉀（salt of tartar）」。

▲泰晤士河在1814年結凍，倫敦人肯定會拿琴酒和薑餅來溫暖身子。

▼一名十八世紀的薑餅小販，在梅費爾區（Mayfair）的街道上展示商品。

　　琴酒催生了琴酒熱，其真相卻是不知節制地痛飲廉價的「烈火之水」，而非我們今天所知的琴酒——香氣平衡、浸泡過植物的烈酒。

　　儘管當時的琴酒味道極差，還是有人固執地一杯接一杯痛飲。不過，並非所有人都是直接純飲。將琴酒與糖漿（cordial）混合，例如歐薄荷（peppermint，亦稱胡椒薄荷）或歐當歸（lovage），能降低令人不愉快的味道，並製作出類似利口酒的飲料。另一種更流行的喝法則是配上薑餅食用。薑是倫敦在十八世紀早期的代表性味道（當然了，還有琴酒），這多半要歸功於印度和加勒比地區如此精於種植這種作物。因此，和其他香料比起來，薑的價格就相對低廉了許多，而倫敦傳統集市的街道上也林立了販售發酵薑汁啤酒的攤位，例如襯裙街（Petticoat Lane）。霍本高街（High Holborn）上，著名的香料商人喬瑟夫·史東（Joseph Stone）在1740年將自己的名字借給了「芬斯伯里蒸餾公司」（Finsbury Distillery Company），

於是「史東生薑酒」（Stone's Green Ginger Wine）便誕生了。不過，也許是因為做成薑餅，再配上一點溫暖的琴酒，薑才真正變得更加流行。當泰晤士河結冰，人們無事可做時，除了觀賞處刑和喝得爛醉，就是琴酒和加了香料的薑餅填飽了倫敦人的肚皮。

## 被背棄的承諾

　　英國在海外南征北討，讓倫敦成為樂觀移民眼中前景大好的希望之地。但當他們踏上倫敦港口的土地時，卻遭受現實無情的打擊。那些身懷一技之長的人，幾乎沒有能夠正當、正常執業的機會。那些沒有被錯綜複雜的混亂與貧困強行擊倒的人，最終都來到倫敦城內的貧民窟，身無分文、灰心喪志。於是在貧民窟裡，「琴酒」的勢力開始壯大。它是窮困之人的同情者，會為所有靠近的人帶來毀滅。

# 琴酒熱

## The Gin Craze

直到1714年，《牛津英語詞典》才收錄了「琴酒」一詞，而它的定義——「一種聲名狼藉的酒」——清楚顯示出琴酒早已留下了什麼樣的影響。在琴酒熱初期，琴酒被稱為「杜松子酒」或「荒唐琴酒娘」（Madame Geneva）。伯納德·曼德維爾（Bernard Mandeville）將1705年寫的〈蜜蜂的寓言〉（Fable of the Bees）一詩於1714年出版成同名書籍，而琴酒一詞也在同一年被收錄進詞典——這可能不是什麼巧合。曼德維爾在書中直言不諱地細數倫敦形形色色的罪惡和腐敗行徑，是最早將琴酒視為具有毀滅力量而提出的見解之一，也是最早開始使用「琴酒」一詞的人。

「對於貧苦之人的健康或警覺之心和勤勉而言，沒有任何事物比此一聲名狼藉的酒更加具有破壞性。這酒的名字源自荷蘭文的『杜松子酒』（Junipera），如今由於頻繁的使用，以及本國人民談吐簡潔的性格，它的名字已從中等長度的詞彙縮減為單一音節的詞，也就是使人泥醉的『琴酒』（Gin）。」

過度飲用琴酒的現象擴散得越來越快，成了一種大流行。這與快活暢飲啤酒及葡萄酒的酗酒行為截然不同，而那些足夠幸運、能逃離琴酒魔爪的人，都視琴酒為令人深惡痛絕的妖魔鬼怪。琴酒成了那個年代廣為流行的社會性毒品，專挑窮人和弱勢之人下手，將倫敦由內而外開肚剖腸。身為反琴酒運動分子的史蒂芬·海爾斯醫生（Dr Stephen Hales）在1734年寫道：「人類不幸地從上帝賜予的飲料中，找到方法萃取出最為邪惡、最能使人爛醉的一種酒。」1730年代，倫敦每年會蒸餾出大約2273萬公升未經加工的烈酒，其中只有不到10%的產量出得了倫敦。

在1725到1750之間，倫敦的整體人口相對來說處於沒有變化的狀態，但這只是因為移民穩定而持續的湧入。十八世紀中期，倫敦的死亡率超過了出生率。在情況最糟的地區，新生兒只有不到八成的機會能活到兩歲。許多家庭被迫住在破爛的廉價公寓裡，生活空間只有一個房間，或是擠在潮濕的地窖，沒有任何衛生設備或新鮮空氣。飲用水往往遭到未經處理的汙水汙染，垃圾也被棄置在街道上腐爛。遺體的處理問題也時常讓惡臭和腐敗惡化。許多倫敦的墓地已經容不下更多遺體，有時在靠近當地房屋和商業場所的「窮人洞」裡，還會有只掩埋一半的棺材。這也難怪窮人會藉由琴酒來逃避生存的艱難。

想像一下，倫敦中心的每間報紙攤、商店、超市和街頭小販都開始販賣琴酒。接著再想像琴酒比麵包或牛奶還便宜，而且人人都可以買得到：重度酗酒者、老人、體弱多病的人和兒童。最後，想像一下這琴酒不只成癮性極高，還含有有毒物質，添加了「增強風味」的東西，如果大量飲用，就會導致失明、死亡或精神失常。

我們很容易就能想像延燒整座城市的混亂情景，但酗酒行為實際上只集中在最窮困的區域。倫敦在1700年擁有五十七萬五千人的人口，是歐洲最大的大都市。當聖吉爾斯區（St Giles）的居民用一便士的低廉價格就能買醉，整座城市的酒業就可以繼續全神貫注地運作下去，幾乎不會察覺到發生在城市角落的恐怖。紳士、政治家、商人和學者才不會涉足霍本區（Holborn）或肖迪奇區（Shoreditch）龍蛇雜處的聲色場所。他們會在康希爾區（Cornhill）附近見面喝咖啡，討論政治、商業、殖民地、科學或詩。也許有些人不時會放縱自己來杯琴酒，但喝的會是進口的荷蘭琴酒，而不是從某個骯髒地下室製造出來的恐怖飲料。讓琴酒熱延燒不斷、造成慘烈後果的最大原因，正是因為上流階級對發生在他們眼皮底下的慘狀一無所知。

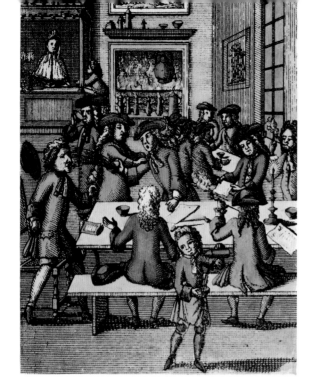

▲ 位於倫敦布魯姆斯伯里的聖吉爾斯區裡的「貧民窟」
（Rookery），這裡的琴酒像水一樣四處竄流，而此處的水和
琴酒都有可能讓你中毒。

◀當十八世紀的窮人因琴酒而爛醉，上流階層正在喝咖啡、討論
政治。

　　如果將琴酒熱形容為一場風暴，那麼鄰近查令
十字路（Charing Cross Road）的原野聖吉爾斯區域
（St Giles in the Fields）就是風暴的中心。該區以英
國最大的貧民窟之一聞名，對住在此處的兩萬名居
民來說，琴酒是所有問題的解答：簡單、便宜且唾
手可得。

　　不出所料，這個年代一點都不缺悲劇故事。對
身為研究者的我而言，挑選這些故事的過程成了一
段死亡之旅，在劫後餘波中仔細翻撿，挑出最能代
表琴酒熱恐怖之處的陳述。威廉・霍加斯（William
Hogarth）的版畫〈琴酒巷〉（Gin Lane）乍看之下
或許過於誇大，但深陷琴酒熱的人民所經歷的真實
處境，可能比霍加斯這幅著名的描繪還要更加慘絕
人寰（請見右頁）。

　　茱迪絲・杜佛（Judith Dufour）的所作所為，
是最為令人不適、惡名昭彰的故事之一。1734年，
杜佛把渾身赤裸的兩歲女兒瑪麗（Mary）丟在她工
作的濟貧工廠，隔天再回來認領她。此時的女兒被
人穿上了衣服，接著杜佛便剝光她的衣物，將她勒
死，再把屍體丟棄在水溝裡。她用一先令四便士的
價格賣掉了衣服，接著把賺來的錢拿去買琴酒。

　　讓我們也看一下喬瑟夫・巴瑞特（Joseph
Barret）的故事吧。1728年，這位四十二歲的勞工因
為將兒子活活打死而被送上絞刑臺。巴瑞特最後的
供詞是一段悲慘的故事，他的兒子詹姆士（James）
如何在白天乞討，晚上則「將自己灌醉到比野獸還
不如的地步、喪失理智」。巴瑞特顯然「沒有惡
意」，也只是想「讓詹姆士浪子回頭」。但是巴瑞
特給予的懲罰太過殘酷，詹姆士最終死在自己的床
上。他當時年僅十一歲。

　　到了1751年，英國生產的半數小麥都被用來
製成烈酒。據說倫敦擁有一萬七千家「地下琴酒販
賣店」，幾乎一半都位於霍本區。這大約與現今大
倫敦（Greater London）的黑色計程車數量是一比
一。而這個數字還只是琴酒專賣店！甚至沒有算進
一桶桶出售琴酒的小酒館（Tavern）和酒吧（Public
house），也沒有包含市集、雜貨店、蠟燭製造商、
理髮廳、推車小販和妓院這些賣酒生意興隆的地
方。一些估算的統計數字（實際上也只能用估計的
了）指出，倫敦在1751年就喝掉了超過4500萬公升
的琴酒。對僅僅七十萬人口而言，這是相當令人敬
佩的成果，而這也是由於許多工廠工人的部分薪水
是以琴酒支付。計算一下，就會知道每位倫敦市民
一週都會喝掉600毫升琴酒。小說家亨利・費爾丁
（Henry Fielding）認為，如果這種狀況持續下去，
很快就會「沒剩多少平民可以活著喝酒了」。

# 琴酒巷

## Gin Lane

　　詩人、劇作家和記者紛紛將注意力轉向這場災難，將他們對啃噬著倫敦脆弱部位的寄生蟲所抱持的憂慮公開表達出來。正是在1751年，威廉·霍加斯（William Hogarth）發表了那幅傑出的版畫〈琴酒巷〉。畫中場景充滿了恐怖的意象，刻意要讓觀者感到驚駭，並成為一張檢視琴酒可怕能耐的清單：社會衰敗、爛醉、飢餓、憂鬱、暴力、自殺、殺嬰和精神失常。

　　〈琴酒巷〉的創作動機並不只是受人尊敬的畫家提供急需的公共服務這麼簡單。1748年，奧地利王位繼承戰爭以簽訂《亞琛條約》（Treaty of Aix-la-Chapelle）畫下句點，接著將有大約八萬名在海外打仗的軍人要回到英國，這可是有非常多張嘴要吃飯喝水。人們知道士兵有多麼容易受「荒唐琴酒娘」蠱惑，因此社會氣氛十分緊繃。為了回應公眾對訂立另一條《琴酒法案》（Gin Act）的要求（見P.30），霍加斯畫出了〈琴酒巷〉及其姊妹作〈啤酒街〉（Beer Street）。有跡象顯示霍加斯和啤酒釀酒師有合作關係，而這兩幅畫實際上純屬宣傳工具，為了讓民眾遠離惡魔之水，並推廣人們飲用品質好、乾淨、純正的啤酒。不論真相為何，〈琴酒巷〉是琴酒熱中最為突出的諷刺作品，也是打擊琴酒最有效的武器之一。

　　〈琴酒巷〉是一幅值得花上幾分鐘仔細端詳的作品，富有觀察力的人可以看到，在描繪琴酒破壞力的大架構之下，還有無數的支線劇情隱含其中。我們的目光自然而然會被畫面前景那位醉醺醺的母親給吸引，她的神情愉快，絲毫未察自己為了鼻煙盒而讓手上的孩子掉了下去。她的前方坐著一名瘦骨嶙峋的男子，緊抓著一壺琴酒和一首民謠〈琴酒娘的墮落〉（The Downfall of Madam Gin）──這首民謠的主角明顯正倒在路旁。右後方的手推車裡有位正被餵食琴酒的年長女性，同時有一對聖吉爾斯區孤兒正在共飲一杯琴酒，還有一群人在一間琴酒蒸餾廠外頭鬧事。畫面左方的當舖老闆生意絡繹不絕，他的上方則是一個由三顆球體構成的標誌，同時也充當了遠方的布魯姆斯伯里（Bloomsbury）教堂尖塔的十字架。畫作要傳達的訊息十分明確：琴酒巷裡的人已經轉而信仰一個完全不同的「神靈」（spirit）。畫作中景呈現了更為狂暴的畫面：房屋倒塌、死亡，還有一名男子拿著手拉風箱不斷打自己的頭，另一手則高舉叉著死去孩童的尖矛。畫作的細節遠不只如此：在琴酒巷的盡頭，有一列送葬隊伍的剪影正緩緩穿越城市的斷垣殘壁。

▼威廉·霍加斯知名的版畫〈琴酒巷〉，描繪出當時社會因琴酒產生的亂象。

# 琴酒法案
## The Gin Acts

1720年代，政府終於注意到倫敦的琴酒對最貧窮的市民造成何種影響，並聲明：「飲用烈酒……在低下階層的民眾之間非常常見，頻繁且過度的飲用對他們的健康造成嚴重的破壞，使他們萎靡不振，並且讓他們無法提供有用的勞力與服務。」

政府在三十年間總共訂立了六次《琴酒法案》。1729年，由於烈酒產量在過去十年加倍，因此訂立了第一次《琴酒法案》，它的目的在於控制琴酒的生產與消費，對「合成水」（compound waters）徵收了更高的稅金——4.5公升五先令。取得零售執照的費用也提高到二十英磅（三十美元），以現在的幣值計算就是一千八百英鎊（兩千六百七十美元）。針對這些棘手的「合成琴酒業者」（compounder）下手本應是很好的策略，但第一次《琴酒法案》卻沒有處理到二十幾間蒸餾廠的問題，而它們可是製造烈酒的源頭。這項法案以失敗收尾。琴酒的消費量繼續增加，稅金也無人繳納。

第二次《琴酒法案》訂立於1733年，對「合成水」徵收了更高的稅金，並徹底禁止在街上販售琴酒。如果你被抓到，就要繳納十英鎊（十五美元）的罰金；如果你協助定罪嫌犯，就能獲得五英鎊（七點五美元）的獎金。很快地，第三次《琴酒法案》在1736年訂立，將無照零售商的罰金提高到一百英鎊（一百五十美元），在街上兜售琴酒的罰金則是提高到十英鎊（十五美元）。零售執照的價格甚至增加不只兩倍，來到了五十英鎊（七十五美元），而以少量販售的琴酒則是被收取了4.5公升二十先令的稅金。如此高昂的成本理應會擊潰整個合成琴酒業，但從頭到尾卻只有兩件執照申請被提出過。個中要訣就是不要被抓到。在接下來兩年內，政府總共發出了四千次獎金，但身分曝光的線人都在街上被打得頭破血流，或是丟到泰晤士河裡。一個可憐人被「綁在驢子上」，拉到龐德街（Bond Street）遊行，一路上遭受石頭與泥巴丟擲攻擊。

富有進取心的琴酒販精心開發出新的辦法，神不知鬼不覺地送貨給飢渴的客戶。最棒的例子是由達德利·布瑞斯崔特（Dudley Bradstreet）所開創的「貓與喵」（Puss and Mew）這種精巧的裝置。這些人工操作的琴酒販賣機是以放置在牆上的木雕貓呈現。想來杯酒的人會靠近那隻貓，小聲說出「貓」（puss）。如果隔牆有人在聽，也還有琴酒可以供應的話（當然有了），就會有人回答「喵」（mew），而客人會將一便士放到抽屜裡，琴酒就會從穿牆而出的鉛管流出來。

不用多久，藐視法律的人便已經多到不需要再那麼小心謹慎了。1743年通過了第四次的《琴酒法案》，而這次採用了截然不同的策略。烈酒的稅金仍然提高了，但執照的費用卻砍到了一英鎊（一·五美元），而針對合成烈酒徵收的稅金則降到原先的一點點。反琴酒運動分子視之為對大眾投降，但這個作法卻達到了預期的效果，在接下來幾年間發出了大量的執照。但這不只是為了替低下階層找到救贖，這些稅收也是為了資助海外的戰事。正如同赫維男爵（Lord Hervey）所說：「這項法案是非常大膽的實驗……為了查明大眾人民的惡習能對政府帶來何種益處，以及可以從有毒之物徵課多少稅金。」

即便如此，1747年的第五次《琴酒法案》卻破

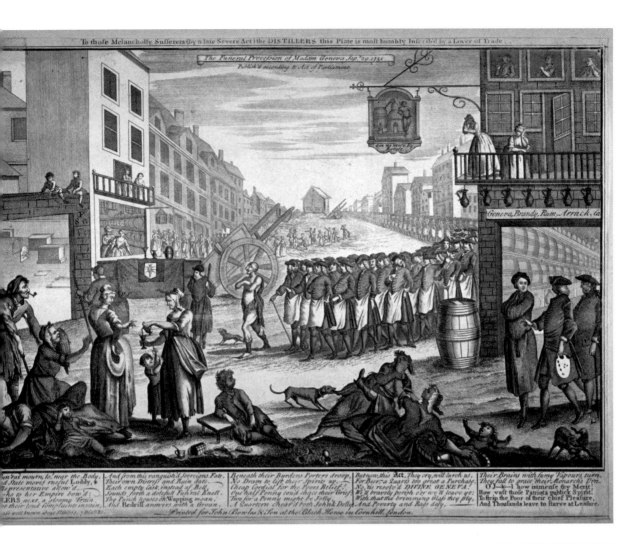

◀因為琴酒工坊在低下階層的道德與身體上的損害所扮演的角色，畫家喬治‧克魯克香克（George Cruikshank）在作品中大肆嘲諷。這幅是他在1829年完成的蝕刻畫，琴酒顧客們未察覺腐敗、貧困與死亡正圍繞著他們。

▲一場為瘋狂琴酒娘舉行的諷刺性葬禮。但她真的死透了嗎？

壞了前一次法案的成效。一直有權有勢的蒸餾廠起而反抗，獲得了以五英鎊（七‧五美元）取得執照的價格，以及直接在工坊賣酒的機會。其影響顯而易見——1750年，琴酒的飲用量達到空前絕後的高點。

最後，第六次《琴酒法案》在1751年訂立，成功解決了所有造成過度飲酒的問題。蒸餾廠被禁止在工坊賣酒，濟貧工廠和監獄也不得將琴酒分配給住民。販售執照的費用提高至兩倍，也只有酒吧能取得。也許最有效的打擊是收回蒸餾業者討債的權利。在此之前，蒸餾業者能完全仰賴法律的保障，向合成琴酒業者追討未支付的收帳單。第五次《琴酒法案》則聲明，低於一英鎊（一‧五美元）的債務不可依法討回，因此與這些規模不起眼的經營者交易就變得沒有吸引力了——這些人的帳款額度根本不超過幾先令。

# 琴酒紳士

## The Gentlemen of Gin

1751年的《琴酒法案》藉由控制琴酒合成業者的生產能量，抑制了大眾對琴酒的慾望。光是這樣或許就能讓「荒唐琴酒娘」不再那麼囂張，不過1757年發生了災難性的穀物歉收，表示她短時間內是不可能重振旗鼓了。在玉米轉而分配給更重要的用途後（例如作為糧食），1757至1760年間，將玉米用作蒸餾被視為違法行為。這並沒有阻止蒸餾業者從海外進口糖蜜（molasses），但酒的產量和往昔相比已經不足為道。到了1761年，琴酒的飲用量已降低至十年前的兩成以下，大約是900萬多公升。購買能力有限的小規模蒸餾廠和合成業者在那時早就已經被市場淘汰了。琴酒的價格上揚，反映了製造成本和相對稀缺性增加。低下階層也逐漸將注意力轉向相對安全的啤酒和波特酒。琴酒一直以來的重點就在於便宜，但它已經變得不便宜了。現在，如果琴酒還想繼續生存下去，就得提升品質。

幸好，英國正處於工業革命的浪頭上，對琴酒而言，也是時候進入工業化生產的階段了。從琴酒熱的餘燼裡重生的第一批琴酒，正是在這個年代站穩了腳步。過去的市場充斥著匿名製造商的產品，但現在酒瓶上的名字（而非品牌名）——布思（Booth's）和高登（Gordon's）——展示了可信度和究責性。克勒肯維爾區（Clerkenwell）很快便成

了倫敦下一個琴酒生產熱潮的原爆點。這個地區命名自「克勒肯水井」（Clerk's Well，但這裡也有史基納水井〔Skinner's Well〕和沙德勒水井〔Sadler's Well〕），從中世紀以來就以全倫敦最乾淨的水源地聞名。正是由於這個原因，倫敦最大的釀酒廠早就在這裡設立了工廠。如今已經證實，克勒肯維爾區和戈斯韋爾路（Goswell Road）廣受當年的蒸餾廠和精餾廠（rectifier）青睞。

最早專門建造的蒸餾廠之一是「約翰與威廉·尼克森公司」（John & William Nicholson & Co），從1736年開始在聖約翰街（St. John Street）生產琴酒。他們後來又在麥爾安德（Mile End）設立了另一間蒸餾廠，開始製造蘭姆萊特琴酒（Lamplighter Gin），這支酒款直到1980年代都仍十分受歡迎。

位於倫敦霍本丘（Holborn Hill）的朗戴爾（Langdale's）於1745年成立。朗戴爾琴酒在接下來數十年風靡倫敦，儘管非法商販常常出售稀釋過的酒。令人惋惜的是，這間蒸餾廠在1780年的反天主教高登暴動（Gordon Riots）的第六天就被破壞了。

從十六世紀就是葡萄酒商的布思家族，在1740年將蒸餾加入了營業項目。他們在倫敦的克沃克羅斯街（Cowcross Street）55號建立了一間蒸餾廠，就在現今的法靈頓站（Farringdon Station）旁邊。從他們在克勒肯維爾區的根據地開始，布思家族成長為全英國最大的蒸餾公司。1817年，菲力克斯·布思爵士（Sir Felix Booth）在艾塞克斯（Essex）的賓福特（Brentford）又設立了一間蒸餾廠。

布思琴酒目前由烈酒大亨帝亞吉歐（Diageo）所擁有，自2006年起，便在「布思倫敦蒸餾廠」（Booth's Distilleries of London）的監管下，於美國伊利諾州的普蘭菲爾德（Plainfield）生產。暫且不論

◀到了1900年，倫敦的吉爾博蒸餾廠占地超過八公頃多的土地。

地理位置上的混淆，布思依舊是全世界仍在進行生產的最古老琴酒品牌。

1769年，最知名的琴酒品牌在南倫敦的伯蒙德西（Bermondsey）誕生了。1768年，亞歷山大·高登（Alexander Gordon）認為離競爭對手近一點比較好，因此把整個事業搬到了戈斯韋爾路67與68號。到了十八世紀末，高登琴酒在戈斯韋爾路的生產量超過了22萬公升。儘管後來與坦奎利合併，又出售給了DCL（帝亞吉歐的前身），高登琴酒的產線一直到1980年代晚期（見P.172），都還留在戈斯韋爾路的原址。

布爾德（Boord）是最古老、也是那個年代最重要的家族之一（至少就琴酒的歷史而言）。布爾德蒸餾廠創立於1726年，也就是琴酒熱剛掀起的當口上，但他們成功度過難關，後來更因老湯姆（Old Tom）琴酒而讓品牌聞名於世。1849年起，老湯姆琴酒開始將貓與木桶（Cat and Barrel）的圖像當成商標放在酒標上。事實上，布爾德是第一個將商標放在琴酒上的品牌，也被視為後來老湯姆琴酒（見P.80）將貓作為酒標的濫觴。

現在，瓶身有了體面可敬的名字，瓶中物的品質也變得更好，大眾便慢慢對琴酒改觀了。對做生意的人來說，生產琴酒也有了商業價值，這表示倫敦之外的蒸餾業者也開始對琴酒產生了興趣。

詹姆士·司坦（James Stein，發明第一個連續式蒸餾器之一的羅伯特·司坦〔Robert Stein〕之父）在他位於蘇格蘭法夫（Fife）的奇爾佩齊蒸餾廠（Kilbagie distillery）中設立了琴酒工廠。布里斯托的新蒸餾廠——例如1761年在起司巷（Cheese Lane）創立的一間蒸餾廠——讓鄰近的碼頭變得更具有重要性，而這些碼頭為英國歷史上運進了絕大多數的葡萄酒與雪莉酒。到了1825年，布里斯托有了五間蒸餾廠。就算他們自家並沒有生產琴酒，也肯定有出售等著被再次蒸餾成琴酒的烈酒。利物浦的情況也相去不遠。羅伯特·普雷斯頓（Robert Preston）於1781年創立沃思侯蒸餾廠（Vauxhall Distillery），接著又創立了銀行大廳蒸餾廠（Bank Hall Distillery），原址相當靠近現今位於柯克代爾

▲琴酒紳士發揮廣告的影響力，讓人注意他們的歷史（假設上的）與榮譽（圖右）。

（Kirkdale）的利物浦琴酒蒸餾廠（Liverpool Gin Distillery）。

與此同時，在英國最重要的商港之一普利茅斯（Plymouth），寇茲先生（Mr. Coates）於1793年加入了「福斯與威廉森蒸餾廠」（Fox & Williamson Distillery）。他在一段時間後買下了整個事業，重新將蒸餾廠命名為寇茲公司（Coates & Co），而後開始販售自家製造的普利茅斯琴酒。

# 琴酒殿堂的崛起

The Rise of The Gin Palace

進入到十九世紀，我們先來回顧一下每個社會階級當時的飲酒習慣。不需要擔心荷包問題的上層階級，仍能繼續享受任何進口的商品：葡萄酒、烈酒、杜松子酒（genever，或稱「荷蘭琴酒」〔Hollands gins〕）、蘭姆酒、白蘭地，以及在不久之後出現的調酒。這些商品之所以高價，往往是因為入手的難易度，而非品質。但至少高貴的價格也會製造出高品質的假象，讓酒鬼們能在同伴較勁中獲得好分數。

中產階級則大多數會在小酒館、酒吧和俱樂部享受艾爾啤酒（ale）和波特酒（儘管他們有時也喝進口烈酒或利口酒，你懂的）。

而窮人呢，就如派崔克·狄倫（Patrick Dillon）的《令人悲痛的琴酒娘之死》（*The Much Lamented Death of Madame Geneva*）一書所說：「窮人自琴酒娘的暴虐中解放之後，便急切地擁抱中產階級的美德。」啤酒一直是窮人的飲料，但琴酒在琴酒熱時期的低廉價格著實讓人無法抵擋。琴酒熱告一段落之後，國產穀物蒸餾的酒精，例如琴酒和威士忌，仍是許多人的第一（或唯一）選擇，因此飲用量仍維持穩定，不過已經沒那麼誇張了。但是，進入十九世紀時，啤酒的價格急劇上漲，讓情況開始發生轉變。

如果不是因為某些糟糕的立法（注意到這已經形成一種模式了嗎？）這可能還不是什麼大問題。十九世紀初期，英國政府和走私者與非法蒸餾業者之間掀起一場曠日費時的骯髒戰爭，其中有許多人打從一開始就身在將走私品帶入國內，或在全國各地生產、運送的遊戲之中。1823年的《貨物稅法》（Excise Act）打擊了走私威士忌，成功限制了當時被認為在蘇格蘭營運的非法事業。

下一個打擊對象便是琴酒。兩年後的1825年，政府提出了解方，將取得蒸餾執照的費用大大降低，並大刀闊斧地削減了四成稅金。這不只是為了要讓所有非法業者合法化（以及收稅），也是為了改善當時穀物過剩造成的經濟衝擊。但是，早就在尋求更烈、價格更低的啤酒替代品的低下階層，很快就垂頭喪氣地回到老友琴酒娘的懷抱。

1825到1826年之間，琴酒的飲用量提高了兩倍，從1600萬多公升來到3000多公升。600毫升琴酒的價格再次低於600毫升啤酒，在當時甚至也變得更好取得。

蒸餾廠很快就跟上了腳步，有些甚至在倫敦中心買下小酒館，以華美的鑲板、瓦斯燈和拋光的長吧檯裝潢。除了最上流的人士以外，光顧的客人來自各個社會階層，讓這些「琴酒殿堂」（Gin Palace）成為生性冷淡的琴酒愛好者的豪華聚會所，以及想在回家或上劇院前來一杯「電光石火」的人的歇腳處。

光從表象來看，這些琴酒殿堂與陰鬱的琴酒館裡發生的可疑勾當大相逕庭，也是十九世紀的店家操作大眾行銷的傑出範例。琴酒殿堂的外觀肯定就像被煤煙燻黑的倫敦市景中的一枚珠寶。相對寬廣的房屋正面裝上了平板玻璃窗，以浮雕玫瑰裝飾其上，牆壁則懸掛著瓦斯燈，招牌還以金色的花體字美化。

但是，俗話說：金玉其外，敗絮其中，而在琴酒殿堂更是如此。這個鍍了金的酒吧，看似是為尋求歡愉的人和琴酒行家打造的奢華遊樂場，實際上卻更像是一個有毒的汙水坑、催生犯罪之地，專門為了大量人群、琴酒和豐厚收益而打造。琴酒儲存在巨大的木桶裡，放置在吧檯上方，隨時準備好供應給下方那些互相推擠的可憐生物，他們的腳邊還有孩童和動物四處亂竄，就像圍在飼料槽旁的家畜一樣。酒桶上大大標著「山谷鮮奶油」（Cream of the Valley）和「最佳奶油琴酒」（Best Butter Gin）

▶琴酒殿堂是酒醉情景的大
熔爐,琴酒在這裡被高
高儲放,價格便宜,不
在意顧客的階級、年齡
或性別。

這類誘人的名字,顯示出行銷機器正在多麼辛勤地運作。店內一張座位也沒有,這裡就像是酒精飲料的速食店。事實上,琴酒殿堂不過就是整形過的琴酒專賣店。與其說它是因應客人想要頹廢風格的飲酒環境而誕生,它還更像是錯誤政策下的產物。

琴酒殿堂的流行雖然來勢洶洶,卻也十分短命。政府在1830年修正了立法上的錯誤,降低了啤酒的稅金,小酒館和酒吧重新提供正常的服務,因此大批顧客從琴酒殿堂出走。但是,琴酒殿堂的精神仍流傳了下去。小酒館開始提升水準,借用琴酒殿堂的設計概念,為維多利亞時期的酒吧風格建立了樣板,而如今在倫敦及其他地方仍能見到這類酒吧。

# 新風格的誕生

## New Styles Emerge

到了十九世紀中期，英格蘭的琴酒拖著沉重的腳步繼續前行，終於不再是琴酒熱時期摻入松節油的廉價爛酒，而是成為琴酒殿堂裡那些還沒那麼細緻，但足以入口的酒。這些「琴酒紳士」值得我們替它掌聲鼓勵。皓礬（salt of vitriol）和明礬不再拿來用作琴酒的原料，更「天然」的選項取而代之，例如歐白芷根（angelica root），讓這些家族的品牌地位更加鞏固，也大大提升了琴酒的暢銷度。以商品信譽的角度來說，琴酒殿堂曾是琴酒發展史上一塊巨大的絆腳石，但不可否認的是，這些店家的銷售手段十分出色。現在，如果琴酒想要成功挑戰名聲和品質都更為優秀的杜松子酒（genever）、雪莉酒和白蘭地，就必須面對幾個殘酷的真相。

第一，琴酒一直以來都是拼湊出來的產品，裡頭使用的植物都是作為「清新空氣」的用途，以掩蓋基酒的「難聞氣味」。而基酒的製作方式三百年來也毫無改變，仍使用壺式蒸餾器一批批生產，生產者也不太在乎實際嚐起來的味道如何。位於源頭的問題必須被解決，因此對當時許多富有企業家精神的蒸餾業者而言，如何更大規模地製造品質更好的基酒，便成了一大動力。

法國化學家愛德華・亞當（Edouard Adam）是先驅之一，他在1804年開發出第一個柱式蒸餾器（column still），並申請了專利。和過去的蒸餾器完全不一樣，亞當的柱式蒸餾器是由他稱之為「大型蛋」的容器水平串接起來，酒精蒸氣能藉著管線從一個蛋通往下一個。烈酒的酒精濃度會隨著進入下一個蛋而提高，而殘餘物則會回收、重新蒸餾。

下一個發明則是皮斯托瑞斯柱式蒸餾器（Pistorius Still），於1817年申請專利，而這是第一個形狀為柱式的蒸餾器。幫浦將蒸氣從底部往上打，而酒汁則是從頂部往下，蒸餾作用則發生在沿著柱體排列的穿孔「薄板」（plate）上。這種設計最為有效，因為能讓溫度從底部的高溫平穩地往頂部逐漸降低。由於乙醇的沸點恰好是攝氏78.3度，理論上能從柱體對應該溫度的特定高度位置萃取出烈酒蒸氣，並取得酒精濃度相當高的烈酒，也排除了大多數（令人討厭的）殘留味道。

接下來的版本，則是由法國工程師瓊－巴蒂斯特・賽尼爾・布魯門索（Jean-Baptiste Cellier Blumenthal）和蘇格蘭法夫的奇爾佩齊蒸餾廠擁有者羅伯特・司坦開發。到了1830年，最終版本終於出爐，由愛爾蘭的貨物稅官員埃尼斯・科菲（Aeneas Coffey）申請專利的設計完美呈現。「科菲式蒸餾器」（Coffey Still）——或後人所稱的「專利蒸餾器」（Patent Still）——是真正的連續式蒸餾，注入酒汁後，流出來的就是高濃度酒精。以那個時代而言，這種設計十分節能：用來注入酒汁的低溫管線，同時也是系統中冷卻高溫酒精蒸氣的冷凝管。這是那個時代的天才之作，直到今天，全世界都還在使用這種基礎設計。科菲的公司於1835年註冊，但到了1872年，他的兒子埃尼斯（Aeneas）將公司交給了工廠領班約翰・多爾（John Dore）。時至今日，約翰・多爾公司（John Dore & Co.）仍在繼續製造蒸餾器，因此獲得了「全世界最老的蒸餾設備製造商」的頭銜。

能製造出酒精濃度更高、更無味的基酒，便是琴酒革命進入下一階段的祕密武器了。烈酒的品質更好，代表不需要使用那麼多植物遮掩糟糕的味道，也代表不需要使用那麼多糖（在當時也一點都不便宜）。琴酒變得更干（更不甜）、味道更細緻，以及——請容我這麼說——更為芬芳。這樣好的琴酒出現的時機也抓得正好。拿破崙戰爭（Napoleonic Wars）期間（1803至1815年），來自荷蘭和比利時的杜松子酒都受到了禁運制裁，因此英國人不得不回頭尋求自家生產的商品。

▲這幅1920年代的雜誌廣
告清楚說明了究竟是哪
個老湯姆由來的版本受
到青睞。

大約是在這個時間點，第一個真正屬於英格蘭風格的琴酒類型誕生了：老湯姆。這款琴酒擁有許多傳奇故事（此話一點都不誇張，有些故事你還真的會相信），稍微多了一點植物風味，也許可說是比我們今天喝的倫敦干型琴酒（London Dry Gin）再甜一點點、更為「親切」的版本。老湯姆琴酒的命名由來眾說紛紜、多采多姿，其中一個故事還是有隻貓掉進一桶琴酒裡，身上的「風味」在垂死掙扎時融進了酒中，因此老湯姆的另一個俗稱就叫「貓水」（cat's water）。更為可信的說法是，老湯姆這名字來自蘭貝斯區（London Borough of Lambeth）的霍奇蒸餾廠（Hodge's Distillery）。酒廠經營者「老」湯瑪士·張伯倫（Old' Thomas Chamberlain）是柯芬園（Covent Garden）一間琴酒殿堂的金主，而老闆湯瑪士·諾瑞斯（Thomas Norris）則是霍奇蒸餾廠的前員工。諾瑞斯向張伯倫買下了一個特定的配方，只供應給最高級的客人，並把這款琴酒儲存在琴酒殿堂吧檯上方標著「老湯姆琴酒」的大木桶裡。這個名字被用來泛稱那個年代飲用的琴酒類型。

1857年的《摻偽檢驗》（Adulterations Detected）是一本用來分辨造假烈酒的指南，其中對照了倫敦和普利茅斯琴酒的配方：「原味或倫敦琴酒」（Plain or London Gin）的原料包含「300萬多公升的二次精餾酒液、31公斤德國杜松子、30多公斤芫荽籽、1.5公斤杏仁餅、0.6公斤歐白芷根、2.7公斤甘草粉」，而「西部鄉村琴酒（West Country Gin），亦稱普利茅斯琴酒」則使用等量的烈酒，而原料只有「6.3公斤德國杜松子、0.6公斤菖蒲根（calamus root）和3.6公斤硫酸（sulphuric acid）」。乍看之下，倫敦琴酒的配方和我們今天喝的琴酒比較相似，成果肯定也比較濃縮。不過，由於高濃縮的植物原料，倫敦琴酒有可能比較接近老湯姆琴酒，而

不是倫敦干型琴酒，儘管兩種配方都不加糖。普利茅斯琴酒沒有使用有甜味的植物，但也使用了較少的杜松子，因此當該品牌聲稱他們做出了世界上第一款「干型琴酒」時，聽起來也比較可信。

新蒸餾法的出現，並沒有逃過荷蘭人和比利時人的法眼。1830年，低地國家南方揭竿起義，形成了當今比利時和荷蘭的國界。比利時政府的第一項舉措便是禁止從荷蘭進口杜松子酒，並降低國產釀造酒（home-brew）的稅金。歷經兩百五十年的戰爭、經濟制裁、禁令和代表性不足（underrepresentation）後，比利時總算展開了他們應得的杜松子酒文藝復興時期。

比利時人很快就開始使用新的蒸餾法，例如賽尼爾·布魯門索的柱式蒸餾器，產能也迅速提升到令人大為驚奇的程度。偉大的米斯蒸餾廠（Meeus Distillery）在1869年建立於安特衛普，一天能生產5萬公升的烈酒。1912年，共有1億公升的比利時烈酒從米斯蒸餾廠生產出來，創下了至今無人打破的紀錄。放到當今的脈絡來看，等同於高登、坦奎利（Tanqueray）、英人牌（Beefeater）和龐貝藍鑽（Bombay Sapphire）在2014年的總銷售量。

另一方面，荷蘭人比較晚才開始採用蒸餾柱，這表示他們仍主要仰賴麥酒來生產，基本上也都是舊式（Oude）風格——至少暫時是如此。幸好，荷蘭人製造麥酒的技術十分了得，甚至好到讓英國、德國和法國的蒸餾師進口這些麥酒，當作自己的烈酒和利口酒的基酒。但是，對杜松子酒而言，二十世紀是個不太友善的時代，因為經濟大蕭條（Depression）和兩次世界大戰就等在眼前。

# 琴酒正是良藥

## Gin is Just the Tonic

要研究琴湯尼久遠的歷史，我們必須先著手調查通寧水（tonic water）的起源，更精確地說，是通寧水的「樹皮」。通寧水不只是一種帶甜、帶酸、發出嘶嘶氣泡的水，還含有一種關鍵的成分：奎寧（quinine）。奎寧是一種很有效的止痛劑、退熱劑，也是特別優秀的抗瘧疾藥。

奎寧是從金雞納樹（Cinchona tree）天然製造的一種成分。這種紅色樹皮的樹共有九十多個品種，恰好也是咖啡樹的親戚。秘魯金雞納樹皮在大約1631年時被引進歐洲，當時就連最厲害的醫生，都完全不知道造成「沼澤熱」（marsh fever）或「發冷病」（the ague）——當時稱呼瘧疾的方式——的成因，也不知道治療方法。

發現金雞納樹的奇蹟故事大致如下：大約在十七世紀早期，秘魯總督之妻欽瓊伯爵夫人（Countess of Chinchón）得了隔日熱（tertian fever，一種每隔兩天就會發作的瘧疾），病得相當嚴重。伯爵夫人在當時是位頗受歡迎的名人，秘魯因此備受譴責，而伯爵夫人重病的消息一路從利馬（Lima）流傳到其他殖民地，包括安地斯（Andean）山區小鎮洛哈（Loxa）。洛哈的提督一路來到利馬，與總督會面，並開出了一個從當地樹木的樹皮提煉出來的特殊藥方。伯爵夫人恢復了健康，而這種樹便以她的名字重新命名為「金雞鈉」，向伯爵夫人致敬。

不過，這個故事只有一個小小的問題——它是完全虛構的故事。伯爵夫人實際上從未染病，直到她在1641年猝死於前往馬德里（Madrid）的旅途中。總督祕書留下的詳細日記也幾乎沒有提到瘧疾，更絲毫沒有提及由樹皮製成的某種神奇藥方。

另一個可能的故事是印加人（Incas）將這種樹的知識（當然是被迫的）傳給了西班牙征服者。記錄了金雞鈉樹的藥用特性最好也最早的文獻，出自

▲金雞鈉為醫學技術帶來革命，也為我們的琴酒帶來了通寧水！

一位名叫安東尼奧・德・拉・卡蘭查（Antonio de la Calancha）的奧古斯丁修道士（Augustinian Friar）之手，他在1638年寫道：「在洛哈鄉間，有著一種被稱為熱病樹的樹木，將肉桂色的樹皮磨成重達兩枚小銀幣的粉末，做成飲料，將能治癒發燒及隔日熱。這種飲料為利馬帶來奇蹟般的成果。」

另一位神父伯納貝·科博（Bernabé Cobó）在隔年寫下了類似的記述，將這種滋補飲料描述為「有些粗糙，而且非常苦」，並建議「這些粉末必須……摻進葡萄酒或任何其他酒類服用。」

我們能肯定的是，進入十八世紀時，金雞納樹皮粉末已被作為抗瘧疾藥廣泛使用，往往會加入葡萄酒和雪莉酒中服用，以遮蓋極其強烈的苦味。伯納多·拉馬齊尼（Bernardo Rammazzini）是摩德納公爵（Duke of Modena）的主治醫生，他在1707年寫道：「金雞鈉樹為醫學這門技藝帶來了深遠的革命，正如火藥之於戰爭的技藝。」

十九世紀以前，西班牙人全盤掌控了奎寧在全世界的供應，直到荷蘭人和英國人成功在爪哇（Java）及印度栽種金雞納樹，這種藥物在殖民地才變得普遍。奎寧最初於1820年在法國被萃取出來，1823年，總部位於費城的羅森葛登父子公司（Rosengarten & Sons）製造出了奎寧藥丸。對大多數人來說，這項進步可是讓他們放下了心中大石，因為他們再也不用忍受通寧水的苦味了。但是，當時位於印度殖民地的英國部隊早就已經開發出了應對方法。他們把通寧水和糖與琴酒混在一起，結果調出了不只味道足堪忍受、還能好好享受的成果。在半個世紀之後挖掘巴拿馬運河的西印度工人，也想出了類似的辦法，將奎寧藥丸混在粉紅檸檬水（pink lemonade）與琴酒裡。在服用者眼中，這想必是個雙重加分。在十九世紀，琴酒仍被視為一種健康飲料。它並非萬靈丹，但也許就和每日服用的多種維他命一樣。1890年，《倫敦醫學誌》（London Medical Recorder）直言不諱地表達他們對此事的立場：「最近我們注意到了『原普利茅斯琴酒』（Original Plymouth Gin）。由於這本《醫學誌》將在印度的同行之間流通，我們呼籲各位關注此物的藥用價值及一般用途。」

伊拉姆斯·龐德（Erasmus Bond）在1858年推出了第一個市售通寧水品牌，而在1770年推出世界上第一個碳酸水品牌的約翰·雅各·施威普（Jean Jacob Schweppe，同名品牌Schweppes的中文譯名為「舒味思」）也很快跟上了龐德的腳步。舒味思的原味氣泡水共有不少於五種的氣泡程度，並聲稱每一種都具備了不同的療效。將近兩百五十年來，舒味思一直都是氣泡水的大師。

我在2004年（見P.239）初次探索自製通寧水的方法時，在英國只買得到舒味思和碧域（Britvic）的氣泡水。如今，不管是網路商店或超市，都有超過一打的氣泡水品牌任君挑選。芬味樹（Fever Tree）這個品牌推出後，帶動了這種飲品的成長。該品牌的聲明相當正確：「當你的琴湯尼有四分之三都是通寧水時，請確保你用的是最好的通寧水。」最棒的通寧水究竟是芬味樹還是其他品牌，這個問題的答案其實十分主觀——真正的情況相當令人耳目一新：一瓶打天下的通寧水品牌可能並不存在，因為每種琴酒都有獨特的植物風味，也因此都有各自最適合的通寧水伴侶。如果你喜歡的話，也可以稱之為對應毒藥的解毒劑——不過，只有芬味樹和東方帝國（East Imperial，可能是擁有最棒的單獨飲用風味）的通寧水會出現在我的名單上。隨著對「工藝通寧水」的需求水漲船高，調酒師也面臨越來越多需要增加通寧水選擇的壓力，加味通寧水便應運而生。如今你能任意挑選聽起來較熟悉、風味較天然的接骨木花、檸檬和甘草，或是試試不尋常的「地中海風味」和「草本風味」。神奇的是，唯一一種經濟實惠的奎寧取得來源就是金雞納樹，因此即便是低價的通寧水品牌，也仍是從金雞納樹樹皮萃取奎寧。

不過，在挑選優質通寧水時，最容易被忽視的因素之一可能是氣泡程度。冰塊和琴酒會讓通寧水的氣泡散失，而在我來看，沒有其他品牌比得上舒味思那彷彿要把你的臉融化的碳酸衝擊——每瓶通寧水裡的二氧化碳都多得不可思議。

▲一戰期間，英國士兵得到
　每日配給的奎寧。

▶這幅1920年代的廣
　告是由威廉·貝里博
　（William Barribal）設
　計，他是當時新藝術風
　格的領銜插畫家。

# 夠勁的潘趣酒

## A Punch and A Kick

哈利‧克拉多克（Harry Craddock）的《薩伏伊調酒手札》（*The Savoy Cocktail Book*）在1930年出版時，琴酒已是調酒師手中最可靠的武器。克拉多克的這份「碩士論文」列出了七百五十種調酒酒譜，其中超過一半都使用了琴酒，或某種風格的琴酒：琴酒、干型琴酒、普利茅斯琴酒和老湯姆琴酒。馬丁尼、司令（Sling）和費茲（Fizz）等調酒正處於巔峰狀態，此時可說是琴酒的黃金年代。

但琴酒能發展至此，一路上並非毫無波折。琴酒在成為調酒界明星的過程，就如同所有尷尬的青少年時期一樣，充滿了令人不快的經驗與邂逅。礙於二流商品的身分，以及在早期調酒界的實驗中老是獲得難喝成果的經驗，琴酒並非是最初調酒用的烈酒──擁有此等榮譽的是白蘭地和威士忌──但琴酒也許是調酒師最有力的實驗對象。

潘趣酒（Punch）比調酒早出現至少兩百年，但十八世紀的「琴酒潘趣」（Gin Punch）這個詞，本

身卻有點自相矛盾。潘趣酒的原料極其豐富，有亞洲來的檸檬和柳橙、來自加勒比殖民地區的香料和糖，以及進口白蘭地或蘭姆酒，一缸要價八先令，實在是非常昂貴。另一方面，英格蘭琴酒就像被廣大困苦民眾濫用的古柯鹼，而我們也早已知道，它的製作成本非常低廉。不用說，把琴酒加進潘趣酒裡根本就是瘋了，就像把一湯匙海洛英加進一杯布根地紅酒一樣。但他們真的這麼幹了。潘趣酒的世界因而迎來了新的一群中產階級消費者，這些人十分樂意用一先令的酒錢，一嚐被玷汙的上流社會滋味。十八世紀的琴酒潘趣酒譜並沒有流傳後世（也許我們該因此心懷感激），不過由於進口的荷蘭琴酒或較劣質的英格蘭琴酒都可以拿來調製琴酒潘趣，因此這種酒似乎有許多不同的用途。一份1749年的日記顯示琴酒潘趣可能不適合人類飲用（據此，應該是以英格蘭琴酒調製的）──其建議用法是在某種配方中加入「一牛角杯的琴酒潘趣」，以治療牛隻的瘟熱病。到了十八世紀末期，有越來越多作為非牲口用藥物的使用方法出現，例如使用琴酒潘趣治療腎結石、促進排汗、改善身體虛弱、治療腳氣病（營養缺乏）及其他諸多用途。

品質更好的潘趣酒當然存在。為塞謬爾‧約翰遜（Samuel Johnson）作傳的蘇格蘭律師詹姆士‧博斯韋爾（James Boswell），在1776年飲用的潘趣酒更有可能是用進口的好貨調製的。博斯韋爾在日記中記錄了與琴酒邂逅的美好一夜──更準確地說，是琴酒潘趣：「我喝太多琴酒潘趣了。對我來說這是一種全新的酒，而我非常喜愛。」

當喬治時代（Georgian period）*邁入尾聲、琴酒殿堂一間間開幕時，琴酒潘趣的酒譜也開始出現。然而，最早的酒譜並不是從琴酒殿堂或醫生手

◀極其和樂、興高采烈的潘趣酒會議室。

冊找到的，而是出自倫敦那些被菸草煙霧燻黃的紳士俱樂部，像是林曼斯飯店（Limmer's Hotel）和加里克俱樂部（Garrick Club）——說也奇怪，甚至還有牛津大學。

《牛津夜酒》（Oxford Nightcaps，1827年出版）是一份由牛津大學委託製作的三十頁小冊子，收錄了各式各樣怪誕又神奇的酒譜。這本書完全可稱得上是「世界上第一本調酒書」——或說是一本只為了混調飲料而寫的書——其中收錄了一份以1200毫升琴酒、柳橙、檸檬、「capillaire」（一種以橙花純露增添香氣的糖漿）與白酒製成的「琴酒潘趣」酒譜。就這樣，沒什麼特別的……噢，等等……這種酒的原料還有犢牛腳凍（calves-feet jelly），也就是小牛腳煮沸後製成的早期明膠替代品。美味極了。

加里克俱樂部潘趣（Garrick Club Punch）這種酒就平易近人多了——由1831年在萊斯特廣場（Leicester Square）開張的同名俱樂部提供。俱樂部的經理是位名叫史蒂芬·普萊斯（Stephen Price）的美國人，他是冰蘇打水的早期擁護者，而這在當時看似是種奇怪的組合——大衛·溫德里奇（David Wondrich）曾在《潘趣酒》（Punch，2011年出版）中寫道：「蘇打水曾是一種流行的解酒良方……被視為潘趣酒的敵人，而非同謀。」加里克俱樂部潘趣的酒譜於1835年發表在《倫敦季刊》（London Quarterly），原料包含了「300毫升琴酒、檸檬皮、檸檬汁、糖、瑪拉斯奇諾櫻桃酒（maraschino）、750毫升水和兩瓶冰蘇打水」。這種酒緊接著風靡全球，為林曼斯潘趣（Limmer's Punch）以及約翰·柯林斯（John Collins）與湯姆·柯林斯（Tom Collins）在1870年代於美國引起風潮的單杯潘趣酒款打下了基礎。

威廉·泰靈頓（William Terrington）的《冷杯與美酒》（Cooling Cup and Dainty Drinks，1869年出版）收錄了八種琴酒潘趣酒譜，包括「加里克潘趣」和他自己的「泰靈頓潘趣」（Gin Punch à la Terrington）——將加里克俱樂部潘趣中的瑪拉斯奇諾櫻桃酒換成綠蕁麻利口酒（Green Chartreuse）。這本書顯然是為了能在飲酒作樂上花大錢的人而

▲加里克俱樂部是一個「劇場演員、高貴人士與受教育之人士可以平起平坐的地方」，他們也喝潘趣酒。

寫，其中列出了鳳梨糖漿和綠茶這種無比奢侈的商品，甚至還教讀者如何分辨德國氣泡水、「氣泡檸檬水」和薇姿（Vichy）的水，接著提供不同冰塊種類的作法及採買處。琴酒出現在泰靈頓的書裡，是一個驚人的信號，顯示了英格蘭琴酒在該書出現前的幾十年間達成了多少成就。他在書裡明確指出要使用「不甜的優質琴酒」，讓我們幾乎能確信他很可能不是在說杜松子酒，而是英格蘭琴酒。從甜轉變到干型的步伐——至少在英格蘭——終於開始加快了。

一大缸潘趣酒（Punch Bowl）是完美的社交調味料，適合言談機智、氣氛高昂的朋友聚會，以及在生意夥伴之間友好地談論政治時飲用。潘趣酒是一個可以享受混調飲料樂趣的運動場，但調酒的發明，卻讓這種團隊遊戲畫上了休止符。泰靈頓的書以及《傑瑞·湯瑪士的調酒指南》（Jerry Thomas' Bartender's Guide）雖然羅列了不少潘趣酒酒譜，卻都更著重在單杯飲用的潘趣酒，後來的書籍更是完全只寫調酒。在接下來五十年間，調酒書籍的內容都是如此。親眼看著經驗老到的調酒師，以靈巧的動作調出專屬於顧客的飲料，能帶來一種施虐般的愉悅。因此，混調飲料的未來並不在渾濁的英格蘭潘趣酒缸裡，而是冰涼的美國調酒杯之中。

---

\*　指大不列顛王國漢諾威王朝1714-1837年的一段時期。

# 美國酒飲
## The American Drink

杜松子酒在美國稱霸了幾乎整個十九世紀。這部分要歸因於大量的荷蘭移民（在曼哈頓成為紐約〔New York，字面意義是「新約克」〕之前，被稱為新阿姆斯特丹）帶來了高品質的烈酒，以及更優秀的蒸餾技藝。美國在十九世紀進口「荷蘭琴酒」的數量，是英格蘭琴酒進口量的五倍。在那個時期成立的美國琴酒蒸餾廠也很快跟進，多數酒廠複製了「荷蘭琴酒」的作法，甚至假造產品的標籤，不止一次惹上法律糾紛。由於調酒越來越流行——部分是因為從1830年代開始，冰塊就變得很好取得——因此美國需要琴酒；而在1840年代誕生的搖酒器（cocktail shaker），代表了美國有多口渴。美國最愛國的烈酒威士忌高居於調酒之王的寶座，進口白蘭地則緊追在後，但琴酒蒸餾廠也如雨後春筍冒出，以滿足大眾需求，並建立起市場。到了1851

▲弗萊施曼這類美國品牌，是美國轉向飲用更干、更冷硬之烈酒的明證。

年，布魯克林已經有了六間蒸餾廠，生產了總共1300萬多公升的穀物烈酒，其中大部分都是為了精餾成琴酒。

美國人的蒸餾指南《霍爾的蒸餾器》（Hall's Distiller，1813年出版）花了整整一章談論「仿製荷蘭琴酒的完整且明確的指示」，也讓我們一窺美國的琴酒和杜松子酒在十九世紀早期的樣態：「不幸地，使用松節油的烈酒變得太過普遍，這也是導致美國琴酒品質低下的主要原因之一。」書中接著提問：「為什麼我們不能製造出和荷蘭一樣好的琴酒？荷蘭琴酒的優越之處想必與某種祕密有關，也只有他們自己知道。」霍爾在書裡為蒸餾師提供了詳細的實際建議，告訴他們該怎麼調整，以模仿荷蘭人的作法。

1870年，美國北方的第一間干型琴酒蒸餾廠開張了，創辦人是查爾斯與麥斯米蘭・弗萊施曼（Charles and Maximilian Fleischmann），來自於1860年代移民至美國的捷克蒸餾師與釀酒師家庭。以俄亥俄州的辛辛那提（Cincinnati）為起點的這對兄弟，早就因新鮮酵母（compressed yeast）而聲名大噪，也成為全世界最大的酵母製造商。查爾斯的兒子朱利亞斯（Julius）在二十八歲當上辛辛那提的市長，而就如同這個迅速成長的商業帝國中的其他商品一樣，他們的琴酒也大獲成功。這支琴酒至今仍在銷售中，品牌則隸屬於薩茲拉克公司（Sazerac Co.）。

美國人接受干型琴酒的速度十分緩慢。最早的調酒書籍如《傑瑞・湯瑪士的調酒指南》（1862年出版）都列入了「荷蘭琴酒」和「老湯姆」，但卻沒有明確指出杜松子酒是否為原料。我說的可是正港的杜松子酒，百分之百的麥酒，沒有用過橡木桶的方式來魚目混珠。對當時認真勤奮的調酒師來說，這項揭示一時讓他們陷入混亂——他們的職業仰賴對於琴費茲和湯姆・柯林斯這類經典調酒的風

▲這幅1929年的插畫，描繪了禁酒時期的警官阻止醉醺醺的乘客在「壯麗號」（Majestic）抵達紐約時登船。

▲傳奇的哈利・克拉多克在1930年代調酒的畫面。有趣的是，他使用的其中一種原料看似是杜松子酒。（圖右）

味理解，而這個真相讓這些調酒世界的基石從根本上產生了轉變。如同烈酒書作家大衛・溫德里奇所說：「這很合理——在干型馬丁尼稱霸之前、琴酒都是調成司令、簡單的潘趣酒或調酒（最原本的調酒，加了苦精和糖），當時『荷蘭琴酒』那醇厚又充滿麥香的圓潤口感比較受人喜愛，而不是倫敦干型琴酒硬邦邦的尖銳口感，甚至連風格介於兩者之間的老湯姆都不那麼討喜。」

《哈利・強森的調酒師指南》（*Harry Johnson's Bartender's Manual*，1888年出版）收錄了十九種琴酒調酒，其中十一種使用了荷蘭琴酒，八種則是老湯姆。這八種的其中之一是「馬丁調酒」（Martine Cocktail），有許多人認為字母「e」是印刷錯誤，因此這便成為第一份馬丁尼的酒譜（見P.236）。威廉・施密特（William Schmidt）的《杯中物》（*The Flowing Bowl*，1892年出版）收錄了十一種杜松子酒的調酒酒譜，使用老湯姆的只有五種。到了1908年，改喝干型琴酒的風潮正全速進展中，比爾・「調酒」・布斯比（Bill 'Cocktail' Boothby）的《世界飲品及調製》（*The World's Drinks and How to Mix Them*）收錄了九種杜松子酒調酒、九種老湯姆調酒，以及六種使用「干型琴酒」的酒譜。

1919年的《全國禁酒法》（Volstead Act）在1920到1933年間，於美國展開全面性的禁令，迫使數千家沙龍、調酒吧、釀酒廠和蒸餾廠關門大吉。調酒產業差點因此而畫下句點，也讓美國調酒界一口氣倒退了十多年，但同時也將美國調酒推進了全球市場，因為才華洋溢的調酒師開始將手藝輸出到歐洲及其他地區。如此突然且必要的知識與技能的傳播，讓倫敦的薩伏伊酒店、皇家咖啡館（The Café Royal）及巴黎的麗池飯店（The Ritz）這些酒吧的水準提升到歷史性的高度。這些執業的調酒師成為下一世代的業界超級明星，而哈利・麥克艾洪（Harry McElhone）及哈利・克拉多克這些響亮的名字，則在酒飲歷史上確保了他們的地位。

某些經典琴酒調酒的概念在二十世紀初期形成，例如布朗克斯（Bronx，1905年）、干型馬丁尼（Dry Martini，1906年）以及飛行（Aviation，1916年）。接著在歐洲及其他地區則出現了「內格羅尼」（Negroni，約1920年）、「新加坡司令」（Singapore Sling，約1922年）、「調情」（Hanky Panky，約1925年）及「勃固俱樂部」（Pegu Club，約1927年）。

從英國琴酒的觀點來看，禁酒令並非全然是件壞事。心意堅定的蒸餾業者開始探索走私商品到美國的新方法，渴望維護琴酒產業（此時英國已經高度依賴含金量高的美國市場），同時也能大幅增加好感度，讓高登和吉爾博（Gilbey's）雙雙於1930年代在美國建立蒸餾廠時，可以直接變現。許多富有企業精神的走私者在禁酒時期從巴哈馬（Bahamas）和加拿大運送琴酒，但其中牽涉的風險，代表商品的價格也跟著水漲船高。同時間，無法取得或負擔走私品的人，便開始自己動手製造。歷史早已證明琴酒是適合DIY的對象，因此松節油再次搶走了杜松子的角色，浴缸則成了蒸餾器的替代品。

# 琴酒的黑暗時代

## Gin's Dark Age

禁酒時期結束後，重返調酒的懷抱對美國人來說並不是個愉快的經驗。禁酒令讓飲酒者露出了最糟的本性，迫使他們墮入敗德酒品的深淵，下探到未曾想像過的深度。當調酒的藝術性如此輕易地被遺忘，又怎麼可能回到當初？於是，美國人向調酒中最受信任、最具代表性的酒款尋求庇護：馬丁尼。「調酒優惠時間」（cocktail hour）因而誕生，鼓勵美國人回歸酒吧、來杯調酒。儘管馬丁尼正經歷它的輝煌時光，這份榮光甚至還一路持續到二戰之後，調酒師的創意和表演技巧卻再也不復見。1935到1980年間，沒有任何一款像樣的琴酒調酒誕生。但此時此刻，琴酒還有更嚴重的問題需要面對。

第二次世界大戰時，大西洋周邊的國家都限制了烈酒的販售。大不列顛（Great Britain）的琴酒蒸餾廠被國家徵收來生產工業丙酮，以製造無煙火藥——一種用在砲彈和步槍彈裡的重要推進劑。最適合拿來萃取丙酮的東西正好是遊樂場上最致命的武器：馬栗（horse chestnut），或稱「七葉樹果」。許多美國蒸餾廠被查封，用來製造作為潛水艇魚雷燃料的工業酒精，儘管有些人會說美國的威士忌產業可是因此受益良多，因為他們的酒多了幾年陳放的時間。雖然比利時和荷蘭在二戰初期試圖維持中立，但納粹仍搶走了他們蒸餾器中的銅料，用以製造軍火。不過，某些蒸餾廠想出了保護設備的妙計，例如菲利斯蒸餾廠（Filliers，見P.195）將銅器藏到附近的湖裡，免受德軍的染指。

比利時在1919年實施了極端的禁令，不准比利時酒吧販售杜松子酒，以對抗過度飲酒的風氣。這項禁令持續了驚人的六十六年，與美國長達十三年的「高貴實驗」——禁酒令——不謀而合。不過，比利時的杜松子酒禁令更多是向法國在1915年的艾碧斯（absinthe）禁令借鏡，當時法國政府刻意誤導大眾，犧牲並驅逐了這款最受歡迎的酒飲，無視酒鬼只要有酒就行的事實。既然沒有杜松子酒喝，比利時人轉而投向啤酒的懷抱。

杜松子酒的損失是啤酒的收穫。比利時啤酒產業在這個時期崛起，直到今日仍稱霸全世界。整段已達飲酒年齡的比利時人世代，居然一生都喝不太到自己國家的國民烈酒，實在令人難以置信。

不論是在國內還是國外，比利時杜松子酒的記憶都開始從酒客的腦海裡去，而荷蘭烈酒則蔚為風潮。正是這個原因，我們才容易把杜松子酒和荷蘭聯想在一起，而不是比利時。即便如此，荷蘭的榮

▼禁酒時期結束，酒客回歸酒吧，但傷害已經造成——調酒的黃金歲月已經來到尾聲。

景也有結束的一天。1960年代末期發生了激烈的杜松子酒價格戰爭，導致整個產業自我蠶食，迫使蒸餾業者偷工減料，最終讓新式（jonge）杜松子酒脫穎而出，成為最終的勝利者。

英國人回頭擁抱琴湯尼，但很快在1960年代便退了流行，被便宜香甜的歐洲葡萄酒、調和蘇格蘭威士忌和雪莉酒所取代。琴湯尼成了上流社會的專屬飲料，被視為只在花園派對、遊艇，或是晉見女王、與女王共享下午茶時飲用。同時間，美國的酒徒再次將目光轉向在過去數十年間變得越來越干的馬丁尼。

戰爭帶來了文化上的進步改變，也反映於戰後的飲酒環境。甜軟的老湯姆很快就過了氣，讓路給冷硬的倫敦干型（London Dry）風格——命名自第一座開始推動這種風格的城市——並成為高球（highball）的新一代英雄。但是好景不常，新的玩家正準備加入這場比賽。

如同伊恩・佛萊明（Ian Fleming，龐德系列原著小說作者）筆下那位讓馬丁尼聲名大噪的傳奇祕密情報員，伏特加同樣充滿迷人的無名魅力，佐以不亞於前者、令人興奮的危險性。俄羅斯伏特加在冷戰時期出現，為最新的酒徒世代帶來一種異國情調及不落俗套的風格。思美洛（Smirnoff）等品牌打著「扣你心弦，奪你氣息」（It leaves you breathless）的口號，在1940年代首次踏上美國的土地。這是很聰明的行銷招數，瞄準那些想靠沒有臭味的口氣隱瞞偷喝情事的人，也針對想尋找社交潤滑劑的顧客。這個作法奏效了。伏特加在美國的銷量在1950到1956年之間成長了一百倍，從四萬箱增加到令人目瞪口呆的四百萬箱。伏特加超越了琴酒，甚至在不久後也超越了威士忌。

這場仗是打輸了。琴酒被視為過時的酒飲，因此行銷方法也往往落於人後。儘管整個1970到1980年代，琴酒在美國的銷量仍維持穩定，二十世紀的這段時期仍無疑是伏特加的年代。琴酒唯一能做的就是保持低調、評估損害，靜靜地觀察等待。它的榮光將會再次到來。

▲伏特加就像身披白甲的戰士、蘇維埃（Soviet）屠夫、無臉的幻影，在1950年代風靡一時。

# 琴酒重返

The Return of Gin

在今天，琴酒本質上仍是一種英國酒飲，雖然它與英格蘭的連結可能是最強的。不過，國際葡萄酒及烈酒研究機構（International Wine & Spirit Record）的數據指出，英國並非最大的琴酒消費國——2014年，我們每人平均喝的量是微不足道的400毫升。如果你跟我一樣，光是一個下午就能喝掉差不多的量，那你可能會對這個數字感到驚訝，即便如此，這還是讓我們（我是英國人）的人均飲用量落在全世界第五名。

第四名的西班牙已有一段時間是頂級琴酒品牌的重要市場，例如英人牌（Beefeater）和坦奎利（Tanqueray）。在第三名的荷蘭，一人平均每年喝掉大約700毫升的標準酒瓶量。第二名則是斯洛伐克，每人一年平均喝掉1.2公升。第一名則是了不起的菲律賓，他們喝的量比其他國家都來得多，每人一年平均喝掉可觀的1.4公升——大約是美國的六倍（如果這些聽起來開始有點酒鬼傾向，記得俄羅斯人平均一人每年都會喝掉14公升的伏特加）。

琴酒經歷了以各種標準而言都極為混亂的旅程後，終於抵達了最令人興奮的階段。從中世紀萬靈丹滋補飲料為源起，一路來到富貴顯要之人的餐桌，進入戰場，再抵達新的王國；琴酒吞噬貧窮階層，殘酷地引誘脆弱之人墮落，又崛起成為最受青睞的調酒原料，接著屈服於最糟的命運：成為沒沒無聞的無名小卒。

許多脈絡構成了琴酒重獲新生的故事。不過，這故事無疑是從一瓶藍色玻璃酒瓶開始的。龐貝藍鑽（Bombay Sapphire）用奢華感及道地的琴酒本色收服了所有人，還增添了清新且平易近人的風味。進入1990年代尾聲時，琴酒的救援部隊開始集結。忠堅分子如英人牌（見P.95）、坦奎利（見P.174）、施格蘭（Seagram's）和高登（見P.172），以及來自法國的絲塔朵（Citadelle）與蘇格蘭的亨利爵士（Hendrick's，見P.178）成為新的英雄，很快地，胡尼佩羅（Junípero，見P.224）、馬丁米勒（Martin Miller's，見P.126）、海曼（Hayman's，見P.116）、希普史密斯（Sipsmith，見P.141）也加入行列。

新的蒸餾廠和產品能這麼有效且一再步步地高升，肯定是因為先有市場的出現。在重新發現經

典調酒文化，以及伴隨著1930及1950年代的女性時裝潮流的時期，形成最大宗的市場，進而引領了新一波強調品質與服務的酒吧誕生，同時也注重原料的來源和真實性。調酒師對原料的意識比以往都來得高，而從技術與專業精神的角度來說，他們受過的訓練確實也更精良。對產品的意識，以及對調酒歷史的探詢，在市場中創造了一個缺口，讓生氣蓬勃、意欲突破創新或再現往昔榮光的年輕商品有大展身手的空間。

工藝蒸餾運動改變了烈酒世界的地景，直到相當晚近的時間，才改由笨重的大型企業所支配。工藝蒸餾（以及釀造和其他工藝活動）在諸多方面都不遺餘力：支持小人物、支持在地產業，以及讓生產者能自由創新、拓展烈酒的廣度。光是在美國和英國，2015年時，平均每週都有兩間蒸餾廠開幕。但是，工藝蒸餾運動並不只限縮在這些市場。烈酒愛好者、釀酒師、工程師和瘋狂科學家基本上在全世界的已開發國家都紛紛設立起琴酒蒸餾廠。我最近聽聞葡萄牙現在已經有了七間釀酒廠——在十年前可是一家都沒有。許多新的酒廠毫無顧忌地利用琴酒作為過渡期的變現商品，同時讓威士忌、蘭姆酒或白蘭地在倉庫裡陳年。但是，其他許多酒廠則將琴酒視為未來事業的關鍵角色。

如今已有超過三十個國家正在生產琴酒，有著大量各色各樣的風格，使用數百種獨特的植物。儘管「London Dry」（倫敦干型琴酒）是個定義模糊的詞彙，仍維持著琴酒風格之王的地位，但昔日寵兒如老湯姆與桶陳琴酒已被拂去灰塵、重新妝點，往往忠實不二地以原始配方重現。頂級琴酒（super premium）與特頂級琴酒（ultra premium）如今擺滿了酒類專賣店的商品架，裝在雕花玻璃的包裝裡，並以花俏的小物（bells and whistles，字面意義為鈴鐺與口哨，意思是華麗的裝飾、譁眾取寵的額外功能）裝飾點綴（有人真的在包裝上加了鈴鐺）。這些價格高貴得令人目瞪口呆的商品，在不過短短幾年前可能還會讓你捧腹大笑。「新西式」（New Western）風格琴酒更是大幅度地往杜松子之外的領域探索，進入花香、柑橘、香料和果香的世界。某些新品牌採用了最新式的蒸餾法和萃取法，盡可能追求最忠實的風味呈現。如今，琴酒使用的植物多為採集搜尋而來，杜松子的產地與風土也被仔細檢視，製作流程也為了消費資訊透明度而攤開在陽光之下。

▼一系列現今全世界最好的琴酒，各有不同酒瓶的形狀、顏色和容量。

# 如何製作琴酒？

HOW GIN IS MADE

# 基酒
## The Basics

絕大多數的烈酒都是將某種發酵過的農產品進行蒸餾而誕生。不論使用的是穀物、水果或草類，植物中天然的澱粉或糖分都是讓酵母能夠進行發酵作用的燃料動力。不過，即使經過蒸餾的過程（新生成的酒精分子會先是被拆開擴散於空中，接著再度聚集），製作出來的產品也通常能將原有的生物脈絡帶進液體。

例如，龍舌蘭就是以植物龍舌蘭製作的產品，這類酒也因此帶有胡椒味與植蔬的調性。白蘭地以葡萄製成，酒中因此賦予了範圍廣泛的水果香氣。麥芽威士忌常常保留了其出身謙遜的大麥（Barley）影子。波本威士忌的圓潤與甜香風味則一部分源自玉米。即使是最為中性的烈酒伏特加，也仍然保有些許對於穀物、糖或澱粉的思源敬意。琴酒則完全是個例外。製作琴酒的蒸餾基酒基本上並不重要，重要的是與基酒一起蒸餾的材料。

琴酒屬於一個俗語稱為加味烈酒與利口酒的龐大家族。除了琴酒，這些烈酒包括一系列的茴香味的烈酒，以及葛縷子（caraway）與蒔蘿香氣的斯堪地那維亞地區的蒸餾酒（akvavit），這些烈酒都並非由製作它們的原料所形塑，而是因製作後期添加的香氣風味成形。其實，這些加味伏特加都是蒸餾自穀物、水果或其他植物的糖分發酵液，但任何源頭的線索絕大部分都會被水果、植蔬、辛香料、青草或草本的特性所掩蓋。以這種方式製作烈酒之人必須具備高超的風味掌控能力，才能控制哪些香氣能留下而哪些該除去，最終能帶入酒款瓶中的風味通常也參雜了更多成本考量。這類加味烈酒的製作可以使用以下三種最具代表的方式之一完成，或是混合使用。第一種就是簡單的浸泡。傳統利口酒的作法就是如此，直接將原料（種子、樹皮等等）浸於烈酒（通常是中性酒精）以萃取出香氣。當然，這種方式會同時萃取出香氣與顏色，而這樣的酒色不一定是製酒人希望留下的。在琴酒的例子中，製酒之人會希望產出透明澄淨的酒液，所以浸泡之後還會再行蒸餾。

第二種方式，以專業術語而言稱為再蒸餾（re-distillation），因為這類酒款會使用至少已經過一次蒸餾的中性烈酒。再蒸餾的過程中，浸泡了各種原料的沸騰酒液蒸氣會呈無色，並帶著各式被挑選出來的香氣。最後產出充滿濃縮揮發性香氣分子與酒精的澄清液體。

第三種方式是將「現成」的香氣化合物直接為中性烈酒添加口味。不像製作調酒，這類烈酒酒款能直接完成所有調酒必須進行的基本硬活兒。當然，這種作法也是沒什麼不好。

用以上任何方法為烈酒添加的香氣表現，會比從澱粉發酵並蒸餾擁有的香氣更為鮮明尖銳。另外，琴酒使用的植物都只具備相當少量或甚至沒有糖分／澱粉，也使得對它們進行發酵並蒸餾顯得毫無意義或根本不可能。即使真的對這些植物進行蒸餾，也仍必須考量相關成本與實際執行因素。

本書包含的絕大多數琴酒都混合使用了第一與第二種製作方式。例如，百列布迪斯（Gabriel Boudier）的番紅花琴酒（Saffron Gin）就是一款在裝瓶前曾浸泡過番紅花的蒸餾琴酒，酒款也因此帶有金黃色調。某些琴酒則是混合了第二與第三種製作方式。例如，亨利爵士（Hendrick's）的酒款之一就在蒸餾之後添加了些許小黃瓜萃取物。

本書沒有任何一款琴酒僅使用了第三種製作方式，用這種方式製作的琴酒比較偏向廉價的超級市場品牌酒款。這類酒款其實常被視為冒牌貨；藏在虛有其表的草本香氣後面，實質上僅僅是一種加味伏特加的狡詐騙子。

# 中性烈酒

## Neutral Spirit

所有琴酒都來自中性烈酒。如同擺放著植物的空白桌布、等待輕放上菜餚的白盤，或是靜候音樂洩入的靜謐空間。

中性烈酒可以用任何富含澱粉或糖分的農作物製作，例如穀物、馬鈴薯、葡萄或糖蜜。以發酵過穀物（最常見的就是玉米與小麥）做成的中性烈酒，有時會稱為穀物中性烈酒（grain neutral spirit，GNS）。若是使用穀物或馬鈴薯，首先必須加熱以將澱粉裂解成糖分，但在所有情況中，都一定會再添加酵母菌並讓它發酵成烈性啤酒（beer）或烈性酒（wine），稱為酒汁（wash）。

中性烈酒的蒸餾過程會以柱式蒸餾器完成。這些在蒸餾廠吃苦耐勞的柱式蒸餾器的模樣實如其名地都相當龐大，有的甚至是高達好幾層樓高的塔柱。在運作過程中，會向柱式蒸餾器持續倒入低酒精濃度的酒汁，這些酒汁會經過蒸氣的加溫，蒸氣同時也會迫使酒汁穿過一系列的有孔隔板。每一隔板間都如同獨立的蒸餾器，在各層隔板中根據不同的沸點分餾出來。最終穩定流出的是近乎純乙醇的酒液，再加上許多循環導回系統源頭的廢料，這些都將粗暴地從最終殘餘的酒精液體中蒸餾剔出。

現代壺式蒸餾器（pot still）僅可能產出體積酒精濃度（ABV，alcohol by volume）達85%的烈酒，同時還必須經過多次的蒸餾過程。酒精濃度85%聽起來似乎相當濃烈，它也的確十分強烈，但記得

85%的酒精濃度，代表酒液中有15%是其他東西，例如水與其他發酵剩下的各種雜質。在威士忌與白蘭地中，就是這些「不純」的剩餘雜質賦予其特質。而在琴酒中，讓其閃耀的星星則是植物調性的物質，所以烈酒必須要乾淨且純粹。

柱式蒸餾器應能產出體積酒精濃度超過95%（美國酒精純度〔proof〕190）的烈酒。這樣的酒精濃度中，剩下的基本物質特性已經少到可以視為「中性」。而將中性烈酒以水稀釋之後就會得到伏特加。雖然許多伏特加酒廠會宣稱自家產品並不僅僅是中性（有些確實如此，但有些酒款則非），但伏特加依規定必須要以這種方式製作。

如果製作琴酒的中性烈酒是越純越好，那麼何不蒸餾出酒精濃度100%的純酒精呢？這是因為當酒精濃度到了96.48%時，乙醇與水會形成共沸（azeotrope）；共沸是發生於兩種液體混合物的蒸氣成為擁有相同組成成分的現象。雖然仍有其他方式可以做出濃度100%乙醇的液體，但光是蒸餾反覆進行再多次都無法改變此現象。

絕大多數的蒸餾廠都會直接購買中性烈酒，以大型容器或酒桶（drums）盛裝，並由輪船運送。不過，還是有少數幾家蒸餾廠會製作自家的中性烈酒，這些酒廠大都有收錄於本書，例如擁有坦奎利與高登的卡麥隆橋（Cameron Bridge）、翠斯（Chase）、亞當斯（Adnam's）、蘭利（Langley）、擁有亨利爵士的格文（Girvan）、紀凡（G'Vine）與諾利（Nolet's）。

中性烈酒的基本原料究竟會不會影響最終產品的整體品質，這一直是眾蒸餾廠爭論的議題。以伏特加而言，我認為馬鈴薯、葡萄、裸麥或大麥等原料確實會賦予酒液些微的差異，但若是酒液又與一系列香氣豐沛的植物蒸餾之後，我不太相信中性基酒的原料還能發揮多少影響。

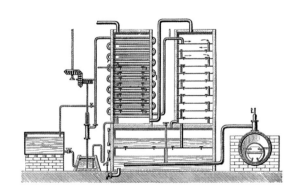

◀一幅源於十九世紀的蒸餾器材圖像，此機器稱為柱式蒸餾器，也稱為科菲式蒸餾器，取名自愛爾蘭人艾尼斯・科菲。

# 浸泡與煮沸

## Steep And Boil

將原料浸泡於烈酒，並煮沸成為富有香氣的蒸氣，這種稱為蒸餾的方式是一種萃取濃縮風味最古老且最基本的方法。所有倫敦干型琴酒都是用這種方式製作，而所有蒸餾琴酒都會經過一定程度的壺式蒸餾，此時的植物會浸泡於烈酒並開始煮沸。煮沸烈酒的熱能會使植物升溫，裂解將植物結合為整體的細胞結構，同時拆開化學鍵結並釋放香氣。同樣的過程也發生在燉煮咖哩的過程，兩種成果也相當類似：在周遭空氣中釋放揮發性香氣分子。蒸餾琴酒的過程中，最輕盈的香氣分子會被升起的揮發氣流朝上帶起，當它們抵達蒸餾器的頂端時，會被向下拉入林恩臂（lyne arm，也被稱為天鵝頸），接著進入冷凝器。冰冷的水會以幫浦打入並穿過冷凝器，當烈酒蒸氣冷卻便會轉回液態，形成酒精、水與香氣分子等可溶化合物。從開始到結束的整個過程，可以花費數小時到大半天。蒸餾的速率會受到以下幾項因素影響，包括蒸餾器的形狀與尺寸，以及蒸餾師打算用多大力道推行蒸餾過程——所有變因也都會影響成果的風味。

首先從冷凝器流出的剔透酒液稱為酒頭（heads／foreshots）。由於琴酒是以純中性烈酒製作（見P.54），所以不像威士忌或白蘭地會捨棄最初約15%的蒸餾酒液，琴酒的酒頭不會造成顯著的風險。然而，酒頭可能會含有不可溶於水的化合物，這些物質會殘留覆蓋於蒸餾器內部，或是來自前次蒸餾的殘餘物質。傳統蒸餾師會根據一系列「脫水」測試決定是否針對酒頭進行「分段取酒」（cut）；脫水測試就是將水加入烈酒，看看酒液會不會出現霧狀的現象。一旦添加水的酒液保持澄清就可被視為「適飲」，此時蒸餾師會開始收集酒頭或蒸餾中段的酒液。這就是蒸餾過程中兩次「分段取酒」的第一次，兩次分段時機可視為收集烈酒的起始與終點。除去琴酒配方本身，分段取酒的時間點也許是

▲琴酒製作過程包括將草本植物浸泡於中性烈酒，以及再將其煮沸成為香氣豐沛的蒸氣。

關乎琴酒特質最重要的決定。有些蒸餾師表示他們會根據鼻嗅決定取酒時機，有些則是以手感受酒液。在自動化程度較高的蒸餾廠中，第一次分段取酒會依照慣例，為其設定特定的時間。

當琴酒的核心蒸餾完成之後，蒸餾師就可以開始「嗅聞」成果。其中某些植物的調性會比較快顯現，例如杜松子幾乎會在蒸餾的一開始就展現，而芫荽的香氣會在接近終點時出現。隨著蒸餾過程推進，蒸餾酒精的強度將漸漸增強，使得香氣漸次削弱並喪失其明亮與細緻的表現。若是時間拉得更長，蒸餾過程的氣味會變成熬煮植物的味道。對蒸餾師而言，勢必希望收集最大量的酒精，但同時須兼顧品飲的風味。第二次分段取酒標示了蒸餾烈酒的終點，而接下來流出的酒液就會收集成酒尾（feints）。酒尾無法進入等待販售的酒瓶中，但絕大多數的蒸餾師依舊會收集酒尾，並倒入接下來的蒸餾批次，或是回收再利用做成中性酒精。

# 蒸氣浸潤

## Vapour Infusion

　　將琴酒的浸泡與煮沸（見P.55）具體視覺比擬為泡一杯茶相當貼切。茶包代表的就是草本植物，而從水與中性酒精杯中冉冉升起芳香蒸氣就是琴酒。不過，如果我們把茶包吊在完全碰不到液體的杯子的上方呢？我每次在解釋蒸氣浸潤的琴酒製作方式，都喜歡提到這個比喻。

　　蒸氣浸潤的琴酒製作過程大約在十九世紀中期首度現身，最初記載於1855年一位法國蒸餾師的手札《香甜酒與酒精蒸餾準則》（*Traité des Liqueurs et de la Distillation des Alcools*'）。不論龐貝藍鑽宣稱什麼，蒸氣浸潤製作法比較傾向為了實用必要與便利性而誕生，而非不同風味的創新作法。

　　1830年代出現的柱式蒸餾器，由於連續柱式與蒸氣動力等設計的改良，讓烈酒品質有了飛躍性的成長。這個時代設計出的其他蒸餾器則借用了傳統壺式的元素，再混合一些柱式蒸餾器的概念。其中的例子之一就是「卡特馬車頭」（Carter head）蒸餾器，由於知名蒸餾器製造商約翰·多爾（John

Dore）工作的銅匠卡特所設計。卡特馬車頭蒸餾器就是一種簡單的壺式蒸餾器，由蒸氣套層加熱，上方再直接加裝一個改良的柱式蒸餾器。這種蒸餾器一樣只能一批完成之後再進行下一批，但加裝了柱式蒸餾器之後，就能製作出比銅壺蒸餾器強度更高且更純淨的烈酒。

　　1863年，英格蘭沃靈頓（Warrington）的橋街蒸餾廠（Bridge Street Distillery）就裝了一臺此蒸餾器。用於純化低酒精濃度的酒液，此蒸餾器相當實用，但當人們開始試著以其蒸餾琴酒時，卻發現柱式蒸餾器效果實在太強，產出烈酒的調性幾乎也一併被剃除了。解決的方法就是在林恩臂的尾端加裝一個密封桶槽，槽中裝有帶孔的籃子，籃中裝的就是滿滿的琴酒植物原料，這些植物將正要進入冷凝器的烈酒蒸氣澈底浸潤。而此方法出奇地成功。

　　對蒸餾師而言，此蒸餾方式具備一大優勢，也就是提高製作轉速。傳統浸泡與煮沸的情況中，蒸餾師必須在每一批蒸餾之間清除所有沉澱於壺底煮過的植物，有時還必須經過鹼洗方能除淨。清潔與再次裝填蒸餾壺都須花費時間與勞力，而且相當麻煩。

　　一旦蒸餾器加裝了蒸氣浸潤槽，植物原料便可以不再與蒸餾器或液態烈酒有所接觸。裝著植物原料的「彈藥匣」只須簡單地插放進對的位置，蒸餾完成再把彈匣退出即可。柱式蒸餾器只需些微的清潔或甚至完全不需要，因為蒸餾器本身只須對付乙醇與水，而這兩種物質本身就是清潔用品的原料！理論上，蒸餾師在使用蒸氣浸潤時，可以在數分鐘之內完成酒尾的分段取酒、更換植物的網架，然後再度啟動蒸餾器。

◀巴門納克蒸餾廠（Balmenach Distillery）的植物網架，每一個帶孔的抽屜裝著不同植物。

# 蒸餾
## Distillation

　　有了中性烈酒之後，是時候正式進入琴酒製作流程了。如同我們先前提過的，琴酒的類型標示受到各式各樣的規範影響，同時，並非酒標寫上琴酒之後，酒瓶裡的酒液就可以浪漫地成為我們希望它能符合的標準。我們將在這裡向各位介紹製作琴酒風味化合物與植物蒸餾烈酒的方法與器材，並且也會聊到琴酒的分段取酒與裝瓶。

　　在所有製作琴酒的情況中，蒸餾師都會全程監控。各位腦中幻想的那間蒸餾廠裡，辛勤工作的蒸餾師可能正穿著連身鍋爐工作服，以及一雙包有鋼片鞋頭的靴子，他的雙手套著硬皮甲如同鏟子一般，而其嗅覺與味蕾已練就擁有如超人般敏銳感知的境界。

　　我的確認識一、兩位形象相當符合這個幻想的琴酒蒸餾師，但絕大多數製作琴酒的人們可以說是模樣相當多元的一群人，從頂著蓬鬆大鬍子的嬉皮，到消瘦的年老紳士，以及中間形形色色的人們。而且也千萬別以為這是一種男性獨尊的職業。女性的嗅覺已經證實比男性更為優異，而本書記載約半打的蒸餾廠都是由女性主掌飲品事業的船舵。

　　蒸餾師的首要責任就是製作品質優良的產品，同時持續監測與管理蒸餾過程以達到產品的穩定品質。想要蒸餾出既平衡、複雜又充滿誘人香氣的成果，並非只是打開蒸餾器開關那麼簡單，就像是烤一個結婚蛋糕也絕不僅是把烤箱打開一般容易。了解酒精與植物是不可或缺的基礎，但要能創造真正偉大的琴酒，還必須能掌握蒸餾器溫度與蒸氣壓力的狀態，以及這些狀態如何進一步影響風味萃取與琴酒的成分組成，同時還必須懂得捕捉裝入瓶中的最棒酒液。

▶ 在近期成立的「精釀」蒸餾廠中，經常可以看到這種壺式蒸餾器。如果需要蒸餾出強度更高的酒液，可以讓烈酒直接進入中間的精餾柱式蒸餾器。

# 減壓蒸餾

## Low-Pressure Distillation

減壓蒸餾的起源是科學實驗室，有機化學實驗室中會利用旋轉蒸發器（rotary evaporator）等儀器，分離或濃縮不同沸點的液體。簡單地說，旋轉蒸發器就是一種擁有在加熱水槽上旋轉玻璃燒杯的蒸餾器。系統中的壓力會控制混合液體的沸點，而下方的水槽會進一步將溫度調整成此沸點，不斷旋轉的燒杯則是為了增加混合液體的表面積，促使蒸餾過程加速。

旋轉蒸發器是一種全然原創的蒸餾器，但諷刺的是，它仍艱辛地經過了廚房與酒吧的歷練，才有人發現了旋轉蒸發器擁有製作加味烈酒的商業可能。這背後的原因就是它的尺寸與成本。容量僅僅1公升的旋轉蒸發器就輕易地要價約美金七千四百元，而容量最大的20公升的成本直接上看美金六位數。

重要的是，藉由降低液體的沸點，便能保留更多容易被熱能影響的化合物，這些化合物會在傳統蒸餾溫度被摧毀或變性（de-natured）。當然，浸泡與煮沸時保有的某些揮發性較低的化合物，很可能無法在低溫環境蒸餾出來。所有植物都擁有一系列相當複雜的化合物，而且還都有各自不同程度的揮發性。減壓蒸餾器的美妙之處就在於它讓蒸餾師得以找到煮沸植物的理想溫度，同時展現其最佳風味樣貌。一般而言，減壓與低溫蒸餾在處理柔軟與細緻的植物（花朵、新鮮草本與水果）方面最有利。質地堅硬的辛香料、根部與樹皮比較傾向在較高溫度時釋放物質。幾乎等同於減壓蒸餾同義詞的兩款琴酒，分別是薩科里德（Sacred，見P.135）與奧克斯利（Oxley，見P.150）。奧克斯利琴酒使用的是一款獨一無二的真空蒸餾器，能創造幾乎完美真空的蒸餾環境。在這般的減壓中，代表液體的沸點會小於攝氏0度，並一路落在大約攝氏-6度。這臺蒸餾器不需要任何額外的加熱，因為周遭的大氣溫度就已經足以驅使烈酒蒸發。不過，維持冷卻系統與真空幫浦的運作依舊必須花費可觀的能量。

◀某些蒸餾廠會採用桌面型旋轉蒸發器進行減壓蒸餾。其他像是薩科里德琴酒的蒸餾廠則是會打造一間滿滿都是玻璃容器相連的蒸餾室。

# 一倍法與多倍法
## One-Shot And Multi-Shot

如果各位聽到某個琴酒狂抱怨著「multi-shot」琴酒,請放心,他說的不是什麼豪飲儀式,或激烈的試飲流程。「一倍法」(one-shot)、「兩倍法」(two-shot)或甚至「多倍法」(multi-shot)其實是蒸餾師之間互不認同的重大爭論。一倍法就是將固定體積的中性烈酒與固定重量的植物進行蒸餾的製備方式(見P.64),蒸餾出來的酒液會加水稀釋至裝瓶的濃度,如此便完成了。而多倍法琴酒的製作過程則是以重量數倍以上的植物,產生容量一致的烈酒,酒類專賣店裡賣的倫敦干型琴酒絕大多數都是以多倍法完成。多倍法產生的濃縮琴酒會在裝瓶之前,以水與中性烈酒進行稀釋。

多倍法的優點顯而易見,也就是僅僅一次的蒸餾過程,就可以生產容量為一倍法好多倍的成品。不過,一倍法陣營的擁護者會認為多倍法不僅非傳統、非精釀,而且還……作弊。

證明的方式當然就是直接品嚐,而根據盲品的經驗,經過稀釋的多倍法與經典的一倍法之間的確有些許差異。假設一臺裝著植物的蒸餾器在蒸餾過程不會到達某種植物揮發的飽和點,(如果其中的數學計算沒出錯的話)也許我們可以承認一瓶不論是用一倍或多倍法製作的琴酒,都會擁有等量的烈酒、水與植物萃取物。

既然我們都說到了這個話題,然後雖然各位可能不是很在意,但我還是想要表達我不太喜歡「一倍法」與「多倍法」的說法。在我的眼中,這種說法粗魯且不恰當,但基於某些我也不知道的原因,這些詞令人遺憾地成為蒸餾廠之間的標準慣稱。

常見的多倍法琴酒品牌包括:高登(Gordon's)、坦奎利(Tanqueray)、英人牌(Beefeater)、傑森(Jensen's),以及任何蘭利(Langley)和泰晤士(Thames)的酒款。常見的一倍法琴酒酒款則包括:龐貝藍鑽(Bombay Sapphire)、希普史密斯(Sipsmith)、多德(Dodd's)、湯瑪士戴金(Thomas Dakin)與塔克文(Tarquin's)。

▼琴酒的酒標依法無須宣告酒款是以一倍法或多倍法製作。

# 合成琴酒

## Compounding

在琴酒世界中，合成琴酒（Compounding gin）一直就像是一句髒話。合成的確並非最值得驕傲的琴酒製作方式，產出合成琴酒當然也無須具備什麼藝術家的才能。依照定義，合成琴酒是一種混合物，它也確實以混合而完成。它的每一股琴酒風味（包括來自原料、天然或非天然）都會與中性烈酒及水混合，然後創造出看起來與聞起來都像是琴酒的東西。而且根據法定，它也真的是琴酒！數量廣大的加味伏特加就是以這種方式製作，還有那些放在超級市場中模樣可疑且僅僅標示了「琴酒」的產品。這樣的產品背後沒有蒸餾師（比較像是混合師），其中唯一真正的技巧就是混調的配方，以及如此有效率地做出聞起來且嚐起來都很像倫敦干型琴酒的化學調酒。

好幾年來，我都是用這種方式看待合成琴酒，但某天我遇到了很有趣的一件事。如果合成琴酒是混合自濃縮香料與中性烈酒，那麼，這不就是多倍

法製作的琴酒嗎？當然，多倍法琴酒有經過蒸餾，不過許多複合香料萃取也都經過蒸餾，這兩者之間真的有差異嗎？

真相就是它們並無二致，問題就出於因分類深陷矛盾困局的專有術語。我們通常會自然地預設合成琴酒並非蒸餾琴酒，因為其製作過程傾向於某種程度的抄捷徑與省成本。我們也通常理所當然地認為標榜產地源頭、手工精釀與風味的琴酒品牌，就是一倍法的倫敦干型琴酒。大多時候，這樣的結論確實如此，但這絕對不是放諸四海皆準的規則，因此我們也應該先談談琴酒的分類（見P.78），在我們依據酒標長得很可信或其他狡詐的騙術而下結論之前，可以更了解琴酒的製作過程。

讓我們拿薩科里德琴酒（Sacred，見P.135）與亨利爵士琴酒（Hendrick's，見P.178）作為比較。薩科里德琴酒採用品質頂尖的植物，在家庭式實驗室分別將每種植物浸泡與蒸餾成超級濃縮液。接著，這些萃取液會與大量中性烈酒混調（或是複合），然後在裝瓶之前以水稀釋。薩科里德琴酒是一種合成琴酒，但它也是一種倫敦干型琴酒，因為其符合了此琴酒類型的所有條件。另一方面，亨利爵士琴酒是以銅質壺式蒸餾器完成蒸餾，擁有一切正統合法的模樣，但酒瓶裡依舊包括蒸餾後才添入的小黃瓜與玫瑰萃取液。而亨利爵士琴酒因此不能稱為倫敦干型琴酒。

綜而言之，沒錯，某些（也許是絕大多數）合成琴酒都有點作弊。以一倍量的杜松子萃取液與一千倍量的中性烈酒混合，永遠都無法擁有銅壺單次蒸餾琴酒的那份香氣與細緻質地的自豪。

◀亨利爵士蒸餾廠一景，一
袋袋的植物相當醒目，
但其琴酒的一部分風味
也用上了合成物質。

# 分段取酒與裝瓶

## Cutting And Bottling

現在，琴酒的核心產物擁有至少70%的酒精濃度（倫敦干型琴酒的標準），而且酒精濃度甚至可能高達90%，而它也準備好進入製作的下一階段了。

對於合成或多倍法琴酒而言，此時正是加入中性烈酒稀釋的時機。此階段也會進一步以添加純水的方式將酒液稀釋為裝瓶的酒精強度。

在歐洲，琴酒的酒精濃度至少為37.5%，美國的規範則稍稍高一些為40%（美國酒精純度80Proof）。頂級琴酒酒款幾乎都傾向於擁有至少40%的酒精濃度，某些酒款的濃度還更高。其實，只要仔細瞧瞧頂級琴酒酒款們，也許就會發現它們幾乎每一支的酒精濃度都不太一樣──41.4%、43.7%、45.2%等等。這並不表示酒精含量越高的酒款就越優質，這也不是一種宣告自己獨占某種特定酒精含量之類的引人矚目（雖然某些品牌的確似乎做到了這一點）。

根據酒液酒精濃度的不同，琴酒植物香氣調性的呈現會相當不同。相較於水分子的結構，攜帶香氣的分子在化學結構上更像酒精分子，因此香氣分子比較傾向與酒精分子結合。這表示酒精濃度較高的飲品比較會將香氣分子緊抓不放，僅釋放少量的香氣物質。若是加進些許水（麥芽威士忌飲者經常使用的品飲方式），香氣將突然迸現。在琴酒中，將酒精濃度限制在某個特定量的作法，確實可以放大或抑制某些特定植物調性，蒸餾師因此可以調控希望飲者接收到的香氣特質。

然而，對以上種種而言諷刺的是，很少飲者會將琴酒從瓶中倒出直接品嚐。琴酒會被混合，可能是與通寧水，也可能添進調酒中，一旦經過種種混調之後，所有香氣細節也將難以體會。即使各位喝的是僅僅加了冰塊的琴酒（會這樣做的你真的是少數），琴酒依舊會被稀釋，而香氣也將因此有所不同。就算正在閱讀本書的你可能就是全球大約僅存二十位會在室溫純飲琴酒的人，手中玻璃杯的形狀與尺寸依舊與香氣的感知有所關聯。重點就是，除了在一切可受控制的試飲室中，然後除非酒款附有詳細的混調指南，琴酒酒款的酒精濃度究竟是多少並不特別重要。

▶位於英格蘭沃靈頓的G&J蒸餾廠是英國境內仍在營運的最古老琴酒蒸餾廠，我們能在廠中看到超級市場的琴酒酒款（右）與超級頂級的琴酒酒款（下），都靜置於同一屋簷之下。廠裡是各種科技魔法施展的龐大操作場景，僅需六名或七名的員工就能確認所有流程是否依照計畫實行。

# 杜松子酒的製作

## How Genever is Made

杜松子酒（Genever）的製作準則相當模糊，所以每一間蒸餾廠的製作流程都不一樣。琴酒是一種植物蒸餾精華，有時會與中性烈酒混調，然而一瓶杜松子酒至少會由三種成分組成（其中也包含水分），有時甚至包含更多。根據不同成分的比例，杜松子酒會分別標示為年老（Oude）、年輕（Jonge）、穀類（Corenwijn）與以下等等類型，但這些名詞周遭圍繞著許多矛盾，尤其絕大多數是「年老」與「年輕」之間的矛盾。大多數人聽到「年老」（old）都會聯想到「陳年」（aged），而且既然許多杜松子酒都會經過橡木桶陳年，會有這樣的連結十分自然。然而，橡木桶陳年並非

「年老」風格的必要條件（這是「穀類」風格的必要條件），但此風格也的確經常會經過陳年。其實，「年老」與「年輕」的分類名稱比較適合改為「舊式」（old-fashioned）與「新式」（new-fashioned）。

首先，最重要的成分就是麥酒，它是一種香氣豐沛的穀物基底壺式蒸餾酒液。穀物的糖化原料可以由裸麥、玉米、小麥與大麥的任何比例組成，組成的比例將影響最終杜松子酒的特質。荷蘭與比利時生產的所有麥酒之中，99%都是由菲利斯蒸餾廠（Filliers Distillery，見P.195）製作，這間蒸餾廠接受客製化配方的訂製。若麥酒有使用小麥與玉米，那麼穀物就會先與水混合，接著加熱至高溫以讓澱粉鬆開。當混合物降溫之後，就會再加入裸麥，然後是大麥。如果大麥經過了發芽，就會在此階段釋放出酶（酵素），其能將穀物澱粉裂解成可以進行發酵的結構簡單糖分。不像麥芽威士忌，法律允許發芽大麥穀物直接以澱粉酶代替發芽大麥。接著，便從糖化液體導流出充滿麵包香氣的香甜「麥汁」（wort），加入酵母菌之後就啟動了發酵作用，糖分便是在此階段轉換成酒精。這個階段須花費大約三到七天不等的時間完成，時間不一是因為此過程進行的速度會直接影響風味，當然，此過程也會根據配方與品牌的不同而進行調整。發酵過的糖化或酒汁，開始進入連續式蒸餾器蒸餾出酒精，並在相連的壺式蒸餾器中進行兩或三次的再蒸餾。某些蒸餾廠的這些過程會僅使用壺式蒸餾器，例如贊丹（Zuidam，見P.213），如此製作出的酒液會更不甜（更干）且具備更鮮明的果香，另一方面，菲利斯蒸餾廠使用柱式蒸餾器的酒款會帶有更明顯的堅果與穀物調性。

一開始使用柱式蒸餾器時，產出酒液的酒精濃度大約會是48%。經過接下來的蒸餾程序之

後，酒精濃度可能會來到80%，但通常會是接近70%。從柱式蒸餾器流出的第一階段蒸餾成品稱為「ruwnat」（粗洗，rough wet）；第二階段從連接的壺式蒸餾器流出的成品稱為「enkelnat」（單洗，sigle wet）；第三階段從連接的第二個壺式蒸餾器流出的成品稱為「bestnat」（最佳洗，best wet），或者也稱為麥酒。若是選擇進行第四階段蒸餾，那麼從連接的第三臺壺式蒸餾器流出的酒液則稱為「korenwijn」（穀物酒），這與杜松子酒分類風格中的穀類杜松子酒（*Korenwijn*，也稱為*Corenwijn／Corenwyn*，請見下方）同名卻所指不同，各位別混淆了。

　　一部分的麥酒會與杜松子及其他植物（可選擇添加與否）一同進行再蒸餾，其他植物則包括芫荽籽、葛縷子或茴香籽。接著，濃縮的莓果麥酒（*habaida moutwijn*）會與未經加味的麥酒混調。

有時候也會再添加一些浸泡中性烈酒的植物蒸餾酒液。

　　直到十九世紀中期，杜松子酒都是以這類方式製作。1831年連續式蒸餾器問世之後，則改變了一切。廉宜、中性且無香的烈酒讓重視經濟效益的杜松子酒蒸餾廠有了新的選項，可以稀釋香氣豐沛的麥酒，並把麥酒的蒸餾時間拉得更長。杜松子酒也因此有了今日我們所知的不同類型：麥酒（100%麥酒）、穀物酒（麥酒須占至少51%）、舊式（15～51%麥酒）、新式（麥酒占15%以下，但通常少於5%）。

　　麥酒、植物蒸餾酒液與中性烈酒混合之後，蒸餾師只須以水將酒液稀釋到裝瓶的正確酒精濃度——這也是所有新式杜松子酒的製作方式。另外，這些酒液也可以倒入橡木桶陳年，木桶不可大於700公升，陳放時間不可少於一年。

# 植物

## Botanicals

植物是琴酒（杜松子酒）的必要元素，因為它賦予了琴酒香氣與味道。簡而言之，植物原料就是從植物身上取下的物質，或是所有從植物長出來的東西，像是水果、種子、根、樹皮、花、葉子或草。可以選擇的原料幾近無窮，而我認為這也是琴酒正在復興的重要動力之一，蒸餾師能夠為特定的風味樣貌自由調整配方。

一般而言，琴酒的製作方式與精油一致。一樣都是加熱溶劑（琴酒的例子就是酒精），並利用蒸氣帶出植物中的揮發香氣化合物。所有植物物質都包含了一系列的化合物，有些化合物我們可以嚐到，有些則是能夠聞到。更傾向於被我們聞到的分子（例如松樹、肉桂或檸檬）會比嚐到的分子輕，這也就是為什麼我們會先聞到這些氣味——它們更容易被帶進我們的鼻中。我們會將這類分子形容為更「揮發」（volatile）——這個名詞相當貼切，因為「volatile」一字帶著有趣、不穩定且常常難以捉摸的意思。

琴酒的製作重點就是從一系列獲選的植物中，萃取出一個目標範圍的揮發香氣分子。除了配方之外，萃取這些物質的力道，以及植物本身的品質，都會決定琴酒的風格。更有趣的是，某些琴酒最誘人的特質其實同時存在於各種不同的植物裡。例如，讓琴酒帶有香甜、森林與松木香氣調性的蒎烯（pinene），就出現在杜松子、芫荽籽、歐白芷（當歸屬）、肉桂與許許多多其他植物。因此，在琴酒的歷史中，各式各樣的植物都以自身擁有的蒎烯輔助支持琴酒中杜松子的香氣，同時也因其他與之和諧的風味強化杜松子的調性。

近日，琴酒的世界又有了一些轉變，雖然仍有許多品牌堅持經典的杜松子主調風格，但看著眼前大千植物世界，也讓許多人開始實驗各種奇異又美妙的植物組合。接下來的數頁之間，我們一同探索一些較為經典的琴酒植物，並且在下一章節〈琴酒世界之旅〉與各位探究當代琴酒的新樣貌。

▶ 當琴酒的植物配方完成之後，這種天然原料的品質能否在一批批蒸餾之間保持穩定品質，就單看這間蒸餾廠的選擇了。

# 杜松子

Juniper

杜松（*Juniperus communis*）是一種松柏科植物（coniferous plant），並隸屬於柏科（Cupressaceae）。杜松能成長至高達10公尺，存活年齡超過百歲，但為了製作琴酒而栽種的杜松則被設計為樹長較矮且更接近樹叢樣貌。杜松是全世界生長地理範圍最廣的樹木，從原居地的阿拉斯加西部，進入加拿大與美國北部、格陵蘭沿海地區、冰島，再到歐洲全境、北非與亞洲北部及日本。不論在酸性或鹼性土壤，杜松似乎都頗為心滿意足，而且各式各樣的地形上都看得到杜松的身影。

杜松的生長速度緩慢，悠哉地生長大約十年之後才會開始開花結果。不像絕大多數的樹木物種都可以在同一棵樹上找到雄性與雌性的花朵，杜松植株則是分為獨立的雄性與雌性。黃色的雄花會在春季於嫩枝靠近尾端之處綻放，並向風中釋放花粉。雌花長得小小一簇，在授粉之後會變成微小的錐狀，然後漸漸轉為質地柔軟，並進一步變成杜松漿果。

杜松子的形狀如同稍微不規則的球體，漿果一開始為綠色，但大約在十二至十八個月的成熟之後，顏色就會轉深成為藍紫色。新鮮杜松子的直徑約為0.5到1公分。每一顆漿果中包含大約三至六個三角形的種子，它們依靠吃食漿果的鳥兒將種子向四周散布。由於杜松漿果的成熟時間相當長，所以在一棵樹上同時看到掛著成熟與未成熟的果實。這也意味著同一棵樹的三次採收期可以橫跨兩年之久。

絕大多數用來製作琴酒的杜松子都來自義大利或馬其頓。英國也找得到杜松，尤其是蘇格蘭，但是近年來櫟樹猝死病菌（Phytophthora austrocedrae）大量滅絕了高達70%的英國杜松，整體而言，杜松在不列顛群島上已是瀕臨絕種的物種。

琴酒產業每年都會使用驚人巨量的杜松，在此情況之下，實在很難想像絕大多數的杜松都不是人為種植或設有杜松園，而杜松子的採集也比較像是獵尋搜索而非簡單地採收。傳統上，杜松採集者會繞著杜松樹，一面敲打樹枝，一面以圓形的淺籃收

▼一棵俯視著安納普納（Annapurna）山脈的杜松樹，位於尼泊爾境內的喜馬拉雅山。

集杜松子。豐收時，資深的杜松採集者一天能收集到與自己體重相當杜松子。

藥用杜松的最早紀錄可以追溯至約西元前1500年的古埃及，當時棕色的腓尼基杜松（*Juniperus phoenicea*）果實會製成濕敷糊藥以治療關節與肌肉疼痛。古希臘奧林匹克比賽中的運動員則會大口吞進杜松子，相信如此能增進比賽的表現。羅馬人會以杜松子治療一系列的消化疾病，而知名的草藥醫學家卡佩柏（Culpepper）會用杜松子浸泡液緩解脹氣，如今依舊有人會如此使用杜松子精油。

杜松子精油的體積與成分會根據果實的成熟度、樹木的年齡、採收的時期與當地風土，而有相當巨大的變化。一般而言，杜松毬果的精油含量最高可達大約3%，此時大約是果實即將進入完全成熟的階段。杜松子精油中已經被辨識出超過七十種化合物，但其主要是由五種充滿香氣的化合物組成，稱為萜烯類（terpenes）。蒎烯是杜松子中主要的萜烯類，想必大家都不難猜出蒎烯散發著什麼樣的香氣。其實，杜松子包含了兩種蒎烯：$\alpha$-蒎烯，為兩者中最主要的，帶有森林雪松般的香氣；$\beta$-蒎烯的含量則相對少了許多，聞起來有類似翠綠聖誕樹的香氣。

杜松子中其他重要的萜烯類還有香葉烯（myrcene），帶著縈繞不去的草本苔蘚香氣；檜烯（sabinene），擁有溫暖的淡淡堅果香；以及檸檬烯（limonene），帶著一股清新與柑橘類的氣味。

▶處於生長週期第一年的杜松子。果實已然成形但依舊堅硬且顏色呈綠。

▼成熟的杜松子，很可能處於生長週期的第二年。

▲製作琴酒的杜松子通常會經過乾燥。風乾大約需時三週，若使用脫水機則大約需時數天。

---

**10公斤的一般要價：**英鎊70元（美金104元）。

**常見於：**亞當斯首波（First Rate，見P.89）、多德（見P.154）、希普史密斯（見P.141）、希普史密斯VJOP（見P.143）、坦奎利（見P.174）、英人牌（見P.95）、高登（見P.172）、塔克文（見P.145）、惠特利尼爾（Whitley Neil，見P.128）……這名單還可以繼續。

**風味輪廓：**松樹、皮革、水果、柑橘、青草、胡椒、香甜。

# 芫荽

## Coriander

芫荽（*Coriandrum sativumis*，即香菜）的綠色葉子在中東、亞洲與中美洲料理十分常見。北美洲對於芫荽葉的稱呼源於西班牙字「cilantro」，因為這種植物常見於墨西哥料理。芫荽的葉子與枝莖擁有明亮、青草般且相當豐沛的香氣，另一方面，討厭芫荽氣味的人（約占全球15%）會有非常激烈的反應，這是因為某種基因體質，使得某些人會聞到此植物中醛類（aldehydes）的一股噁心的「肥皂味」。

製作琴酒使用的芫荽並非其葉子，而是種子——或者應該說是果實。芫荽的果實與葉子嚐起來十分不同，因為乾燥的過程會除去大部分新鮮芫荽的鮮活青綠特性。這些完美的沙色小球可以在當地超市的香料區找到，當然也可以在你的琴酒中覓得。相較於芫荽葉，芫荽的果實擁有遠遠更多元的用途，主要因為其顯著的香氣化合物能與其他原料譜出美好的交響樂章。芫荽籽廣泛用於印度的各式咖哩料理（此地稱之為「dhania」），也會當成洋蔥與小黃瓜的醃漬香料，或是南非香腸（boerewors）中的香料，也會用於某些柑橘小麥啤酒與草本利口酒，在琴酒植物列表中也是僅次於杜松子的第二順位。

芫荽籽擁有明顯的檸檬香氣，我個人認為甚至比檸檬更檸檬。世上許多植物配方列表根本完全沒有任何檸檬或柑橘類的頂級琴酒，其柑橘類香氣都源自芫荽籽。芫荽籽的柑橘調性可以源自四種萜烯類的組合：沉香醇（linalool）、瑞香酚（thymol）、蒎烯與乙酸香葉酯（geranyl acetate）。沉香醇很受喜愛的辛香調性花朵香氣目前經過大量合成製造，全球幾乎一半以上的芳香清潔用品都有使用此化合物。瑞香酚會讓人感受到溫暖的木質調香氣；乙酸香葉酯則偏花香且具有陰柔感；而松樹針葉與堅果則擁有高濃度的蒎烯。蒎烯也是杜松子的重要成分，所以它有效地以新鮮且強烈的雪松木質調香氣結合了兩種植物。

就如同其他植物，芫荽籽的風味輪廓也會因為特定的品種與產地不同而有差異。目前廣泛認為最優質的芫荽籽品種為*microcarpum*品種。這類植物繁茂生長於東歐、俄羅斯與斯堪地那維亞（諷刺的是，這些地區的料理都很少使用芫荽），並以其擁有強烈風味的小型水果聞名。另一種替代品種是源自亞熱帶的*vulgaris*，生長於印度、部分亞洲地區與北非。

◀磨成粉的芫荽籽香氣會很快地散失，所以最好顆粒完整地儲藏。

**10公斤的一般要價**：英鎊40元（美金60元）。

**常見於**：Dr. J、坦奎利倫敦琴酒（見P.174）、克雷莫恩1859（Cremorne 1859）。

**風味輪廓**：甜香料、檸檬香蜂草（lemon balm）、鼠尾草、雪松、白巧克力、檸檬酪（lemon curd）、檸檬水、伯爵茶。

# 豆蔻

## Cardamom

豆蔻是繼番紅花與香草之後，世上第三昂貴的香料，由於琴酒中幾乎不會出現番紅花與香草，因此以製作琴酒而言，豆蔻是最為高價的植物原料。豆蔻的製作處理過程相當麻煩，每一階段都必須控制在特定的品質標準。

豆蔻的原生地是印度南部，周遭的國家也都將豆蔻視為經濟作物，但目前全球最大豆蔻種植國家為瓜地馬拉。瓜地馬拉現今每年30000公噸的豆蔻產量，還須感謝德國咖啡種植者奧斯卡・馬尤斯・克洛夫（Oscar Majus Kloeffe），他在十九世紀末將豆蔻植株從印度帶到此處種下。

今日，作為調味用的經濟作物豆蔻有兩個屬，這兩個屬則都屬於薑科（Zingiberaceae）。小豆蔻（*Elettaria Cardamomum*）是一般的綠豆蔻，而香豆蔻（*Amomum cardamomum*）則是另一種黑色（或棕色）的類型。能在許許多多印度食物與藥草中見到的綠豆蔻擁有比黑色豆蔻更強烈的香氣，嘗起來更「青綠」也更新鮮，而黑色豆蔻的辛香料調性與煙燻特質則在亞洲料理中相當實用。兩種豆蔻都極為強烈，所以都只要一點點就足以達到想要的效果。

當豆蔻還在植株上時，其豆莢會呈淡淡的橄欖綠而且離地非常近，有時甚至如同一條條串珠項鍊匍匐於地表。採收之後會先洗淨，然後以精確的攝氏50度乾燥約六小時。去梗後的豆莢會以通過不同尺寸網篩的方式區分等級，目的為除去未成熟或過熟的豆蔻。最常見的分級方式為手工進行，人工挑揀丟棄皺縮或染病的豆莢。豆蔻的品質是首要標準，因此在準備包裝販售之前再度經過額外的審查篩選也並非罕見。印度與斯里蘭卡的豆蔻會分為三種等級：阿勒皮粗綠（Alleppey Green Bold，AGB）、阿勒皮特粗綠（Aleppey Green Extra Bold，AGEB）與阿勒皮優選（Alleppey Green Superior，AGS）。豆蔻豆莢越是翠綠便越是昂貴。在琴酒製

▲綠色豆蔻的顏色越鮮明，便擁有越高的價值。

作過程中，豆莢會完全磨成粉、僅僅去殼或是保持完整等不同作法。

綠色或黑色豆蔻都包含了一系列的萜烯類：桉油醇（cineol），這是尤加利樹香氣的主要來源；以及帶有清新調性且芳香的乙酸松香酯（terpinyl acetate），某些柑橘類樹種與松油的葉片中也含有此化合物。這兩種萜烯類也會出現在迷迭香與羅勒。區分這兩種豆蔻的方式就是綠色豆蔻有一股柑橘類、萜烯類與檸檬的健康香氣，而黑色豆蔻則偏向$\beta$-蒎烯，因此帶有木質與草綠的風味調性。

---

**10公斤的一般要價**：英鎊300元（美金445元）。

**常見於**：多德（Dodd's，見P.156）、科尼安普思教授（Professor Cornelius Ampleforth）海軍強度浴缸琴酒（Bathtub Navy Strength Gin，見P.93）、209號琴酒（209 Gin）、薩科里德豆蔻琴酒（Sacred Cardamom Gin）、所羅門（Opihr，見P.112）。

**風味輪廓**：辛香料、草本、青綠、薑、葡萄柚、清新、溫暖。

# 甘草

## Liquorice

▲甘草根的價格頗為昂貴，所以千萬別把它誤認為火種！

甘草（*Glycyrrhiza glabra*）其實就像扁豆與豌豆，它們都是一種豆科植物，能結出帶有豆莢的果實。甘草的豆莢幾近毫無用處，我尚未聽到任何甘草豆莢的實際應用例子。讓調香師興奮不已的當然就是甘草植物的根，人們重視的就是其強烈的甜味與大地調性的茴香特質。甘草的藥用歷史可以回推至醫學本身的發展時期。古代中國藥師將甘草立為頂級藥草的地位，因為甘草能用來對付發燒、喉嚨痛、咳嗽與呼吸疾病。古埃及人則將甘草當作娛樂飲品，他們會將甘草根做成非酒精甜飲，像是一種加水稀釋的糖蜜汁。

如今，醫藥領域仍有使用甘草，但許多非酒精的軟性飲料、食品與菸草也有使用甘草。全球約估超過產量一半的甘草根都用於菸草調味，甘草的甜香與大地風味似乎很適合強化菸草的風味，同時軟化其刺鼻澀口的感受。我父親有一陣子就是甘草口味捲菸紙的愛好者。

甘草根中有一種強烈的天然甜味成分，稱為甘草素（glycyrrhizin，取自希臘文「gluku」，意為甜；以及「rrhiza」，意為根）。甘草素相當甜，是一種比蔗糖甜度高五十倍的物質，所以甘草素讓人感到最強烈的不是使人牙痛般的猛烈攻擊，而是綿延不去的甜味。甘草根的甘草素含量可以占淨重的4～25%，所以它的甜味攻勢可以相當強烈。

我曾在位於卡麥隆橋的高登蒸餾廠工作過一日（見P.172），甘草是某一琴酒酒款的十種植物原料中，唯一不能自動倒入蒸餾機的。這代表我必須扛著一包大約10公斤重的甘草根粉，然後試著將它們從艙口倒進去。我到現在都能記得當油油的粉塵被我吸入後，它們變成一種黏在我舌頭表面上的甜膠。那個味道我一整天都擺脫不掉。

除了賦予樟腦那股特色鮮明香氣的主要酮類（ketone）葑酮（fenchone），甘草根也有高含量的化合物茴香腦（anethole）；約占淨重3%。茴香腦也是茴香（fennel）與洋茴香（anise）的「茴香香氣」主要來源，這類植物都屬於繖形花科（Apiaceae），這也正是甘草之所以與這類植物擁有如此相似香氣的連結。

**10公斤的一般要價：** 英鎊100元（美金148元）。

**常見於：** 亞當斯首波（Adnam's First Rate，見P.89）、英人牌24（Beefeater 24，見P.97）、文島烈酒（Spirit of Hven）、威廉翠斯倫敦琴酒（William's Chase London Dry，見P.104）。

**風味輪廓：** 大地調性的糖漿、糖蜜、茴香、木質調性、草本。

# 鳶尾

## Orris

香根鳶尾（*Iris pallida*）是克羅埃西亞的達爾馬提亞（Dalmatia）地區的原生種，是一種堅忍的植物，擁有如劍般的葉片，以及紫色到白色之間的花朵。鳶尾花被認為是法國「百合花飾」（fleur-de-lys）的原型，但是植物學家真正比較有興趣的則是鳶尾的根（或根莖）。鳶尾經人類栽種的歷史最早可回溯至羅馬時期，當時便是為了鳶尾的根部，鳶尾根因為芬芳與固香的作用（一種能夠聚集與強化其他香氣的氣味）而相當珍貴。今日，香根鳶尾產量卻驚人地小，主要集中於義大利，尤其是托斯卡尼（此處通常將香根鳶尾稱為「giaggiolo」）；另外還有它的後裔佛羅倫斯鳶尾（*I. germanica var. Florentina*），生長在摩洛哥、中國與印度；而德國白鳶尾（*I. germanica 'Albicans'*）也有用於鳶尾科植物產品中。

目前已知三年的生長期是鳶尾根莖發展產量最佳的時間，因為根莖的生長會在三年之後漸緩。鳶尾根的採收期偏好選在乾季，因為其根部會在此時因脫水而自然脫落。在切取根部之後，植株會再度插回土壤準備長出新的根。採收下來的根莖會經過洗淨、削皮與乾燥。由於全球以經濟規模栽種的鳶尾土地面積僅八十公頃，因此採收與處理過程一般而言都相當手工。另外，2公升的鳶尾精油（orris butter）大約需要花費1公噸的鳶尾根。

新鮮的鳶尾根聞起來只像是味道重一點點的土壤。需要至少五年以上的乾燥期才能發展出我們想要的花朵調性，這似乎是因為根莖中暗沉乏味的氧化物質，與稱為鳶尾酮（irones）及紫羅酮（ionones）的芳香化合物群有相近的關係。鳶尾所擁有的特殊鳶尾酮與紫羅酮的組合，產生了複雜的花香與木質調性，由於其在香水與琴酒領域占據的珍貴地位使得售價高昂，也因此我們能夠忍受如此漫長的製備處理期。

---

**10公斤的一般要價**：英鎊250元（美金370元）。

**常見於**：馬丁米勒（Martin Miller's，見P.126）、倫敦之丘（London Hill）。

**風味輪廓**：木質調、鋸木屑、鳶尾花、紫羅蘭、玫瑰、覆盆子、脂粉味與強烈的「紫」系花香。

▼香根鳶尾如此美麗的花朵，必須擁有如此醜陋的根莖（但香氣絕妙）才算公平。

# 肉桂與桂皮

Cinnamon & Cassia

人們常常將肉桂與桂皮彼此混淆，尤其是北美地區，那兒許多當成肉桂販售的商品其實裝的都是桂皮。雖然肉桂與桂皮都歸屬於樟屬（Cinnamomum genus）樟科（Lauraceae family），但它們並非來自同一種植物。不過，兩者的採收後製方式類似，都先是採集自年輕的內樹皮，經過日晒乾燥之後捲成長得很相像的香料棒。

樟屬擁有超過三百個物種，但以科學角度而言，其中只有一種肉桂。肉桂通常會稱為錫蘭肉桂（Ceylon cinnamon），因為它幾乎只能在斯里蘭卡覓得，錫蘭肉桂的學名為「Cinnamomum verum」，直譯之意就是「真正的肉桂」。錫蘭肉桂可以稱為肉桂界的香檳，而它香氣滿溢的樹皮捲以無數柔軟如絲絨質地的薄片為特色。另一方面，桂皮（Cinnamomum cassia）則比較像是樹皮物種界的灰皮諾（Pinot Grigio），平價且能廣泛取得。絕大多數的桂皮都源自中國（因此也俗稱為中國肉桂）與越南，但桂皮廣泛生長於南亞與馬達加斯加。桂皮的英文「cassia」源自希伯來文的「qātsa」，意為「剝除樹皮」。桂皮捲的截面只會看到它是以一、兩個厚厚的樹皮層捲起。

肉桂樹的芳香精油廣泛用於肉類調味、速食調味料、香腸與醃漬食物、烘焙料理、糕點、軟性飲料、菸草調味，以及牙科與藥品製程。許多烈酒與利口酒也會添加肉桂。

絕大多數的琴酒酒款使用的都是桂皮，而且多數宣稱使用肉桂的琴酒其實原料都是來自中國或越南的桂皮樹。不過，還是有少數例外。希普史密斯的琴酒配方同時採用了源自中國的桂皮，以及馬達加斯加的肉桂。

我們熟悉的肉桂香氣源自一種叫做桂皮醛（cinnamaldehyde）的香氣化合物。錫蘭肉桂的桂皮醛含量勝過桂皮，但另一種僅生長於越南且較不為人知的西貢肉桂（Cinnamomum loureiroi）則擁有技壓群雄的桂皮醛含量。它的精油占淨重的3%，其中超過80%都是桂皮醛。其他所有肉桂物種都擁有的化合物還包括蒎烯、沉香醇、檸檬烯與莰烯（camphene）等熟悉的成分（見P.66）。

相較於我們對肉桂較柔和圓潤的印象，琴酒中桂皮的香氣其實更辛辣些，會有如此表現其實拜其中萜烯類的 α-胍烯（α-guaiene）所賜，它讓琴酒多了一些木質調的刺激。但是，我個人認為像是桂皮

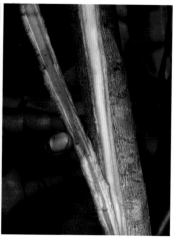

◀ 這些樹皮捲即是桂皮，可從它們中空且質地硬脆的結構看出。

◀ 世上所有桂皮與肉桂至今仍是以手工剝除與揉捲。

▲肉桂會在濕季採收，因為此時樹皮會較為柔軟。

這類稍微辛辣些的植物，反而有緩和酒精灼燒感的效果，再藉由肉桂的香氣平衡這些許的炙熱調性，否則可能會變得過於硬澀或突兀。換句話說，這樣的炙熱特質之所以能夠接受，就是因為其香氣的協助。

10公斤的一般要價：桂皮英鎊60元（美金90元），肉桂英鎊150元（美金220元）。

常見於：所羅門（Opihr，見P.112）、黑木（Blackwood）與科尼安普思教授（Professor Cornelius Ampleforth）海軍強度浴缸琴酒（Bathtub Navy Strength Gin，見P.93）。雖然幽微，但蘭利8號（Langley's No. 8 Gin，見P.126）尾韻也有明顯加了桂皮的特徵。

風味輪廓：甜味辛香料、木糖（wood sugar）、溫暖、煙燻與一股猛然且帶有藥味特質的香氣。

▲這幅源自1671年的蝕刻畫中，可見工人正在現今的斯里蘭卡剝著肉桂樹皮。今日斯里蘭卡的肉桂分級依舊根據其捲條的直徑大小分級。

# 歐白芷

Angelica

當歸屬為繖形花科，是一種擁有空心莖的灌木類，因此當歸屬的植物也是芫荽、洋茴香、茴香、蒔蘿與防風草（parsnip）等許多植物的親戚。

目前已知的當歸屬物種有超過六十個。其中部分常見於中華料理與藥方，例如物種當歸（*Angelica sinensis*），其他還有部分當歸屬的物種為歐洲及美國西岸的原生種。歐亞的當歸屬物種如歐白芷（*Angelica archangelica*）是琴酒領域最關注的物種之一。歐白芷的學名源自希臘文「arkhangelos」，因為相傳正是大天使加百列（Archangel Gabriel）將歐白芷引入人間。歐白芷繁盛生長於斯堪地那維亞全境，早在西元十世紀之時，歐白芷就是頗具聲望的藥草，用於治療呼吸疾病以及幫助消化。歐白芷也是冰島與丹麥法羅群島（Faroe Islands）的傳統料理食材，當地稱之為「hvonn」，並視之以蔬菜的方式食用。歐白芷的應用方式其實也不限於物質世界；在中世紀，經常可見孩童將歐白芷葉做成項鍊佩戴以驅逐邪靈，人們也普遍相信女巫會盡量遠離歐白芷。

到了十七世紀，人們將大天使加百列降凡的希望投注在歐白芷身上。當時黑死病正席捲歐洲，人

◀乾燥後的歐白芷根其實難以與其他乾燥植物根區分，嚐起來也是很有植物根的感覺。

們開始相信咀嚼歐白芷有趕走瘟疫的功效。因此，英國鄉間的歐白芷幾乎盡數被拔除。各位如果動了自己摘採歐白芷的念頭可能要小心，因為它長得相當類似毒水芹（water hemlock），而毒水芹擁有致命的毒性。

如今，莖部長得很像芹菜（因此也被稱為野芹）的歐白芷有時會做成黃綠色極甜糖衣裝飾，用於蛋糕或調味布丁；不過目前可能已經不像三十多年前地那般流行。歐白芷的微小果實（種子）有時會用於為艾碧斯（Absinthe）添味，偶爾也會加入琴酒。

但是，我們最有興趣的還是歐白芷的根部。其乾燥之後會散發出無與倫比的草本與麝香調性，若是以水沖煮成茶還可作為藥草。因此，許多（近乎於絕大多數）知名酒類都添入了歐白芷根，例如草本利口酒、義大利苦酒（amari）與苦精，包括夏翠絲（Chartreuse，也稱蕁麻利口酒）、班乃迪克汀（Benedictine，又稱法國廊酒）、芙內特（Fernet）與加利安諾（Galliano）。歐白芷根的採收期為植物尚處年輕且青嫩，通常是一年之內，甚至在它尚未有機會繁殖下一代之前。

◀歐白芷很適合做成糖，或是沖煮成帶有胡椒香的甜茶。

▲英國許多地區都長有野生的歐白芷，但各位千萬別與長相相近的毒芹或牛防風（cow parsnip）混淆了。

　　我總是會聽到人們說歐白芷根在琴酒裡扮演的角色就是連結其他植物，而非因為它自身原有的香氣。的確，任何至少擁有四種植物的琴酒，其配方幾乎都包含了歐白芷根。對我來說，歐白芷根本身嘗起來通常會有草本與溫暖的特性——很像是有機健康食物店散發的香氣。這樣的綠色草本調性部分源自一種稱為茴香萜（phellandrene）的萜烯類，單獨的茴香萜帶有胡椒、薄荷與些許柑橘類的香氣。再加上檸檬烯（檸檬精油）與琴酒的老夥伴蒎烯（松木），就能漂亮地融入琴酒大家庭。即使如此，我個人認為歐白芷根的香氣與其他帶有香氣的植物根（例如鳶尾根、牛蒡及蒲公英根）並沒有多大差異。我也希望之後能看到更多採用的牛蒡與蒲公英根的琴酒。

**10公斤的一般要價：**英鎊160元（美金237元）。

**常見於：**普利茅斯（Plymouth，見P.132）、馬丁米勒（Martin Miller's，見P.126）、高登（Gordon's，見P.172）、英人牌（Beefeater，見P.95）、坦奎利3號（Tanqueray, No. 3，見P.174）。

**風味輪廓：**溫潤草本、清新但帶有些許胡椒與大地調性的麝香香氣。

# 清淡LIGHT

風味地圖
FLAVOUR MAP
此頁收錄的是本書的琴酒名單，各款琴酒依照它們的風格與風味深度錯落於不同位置。「經典」琴酒為較傳統的杜松子導向酒款，「現代」琴酒則也許帶有較多檸檬風味，或是聚焦於跳脫成規的原料。

**經典CLASSIC**

**Greenall's Original London Dry**
格林諾倫敦琴酒
37.5%ABV | P.112

**Juniper Green**
格林杜松
37.5%ABV | P.150

**Bombay Sapphire**
龐貝藍鑽
40%ABV | P.100

**Beefeater**
英人牌24
45%ABV | P.97

**Gordon's London Dry**
高登倫敦琴酒
47%ABV | P.174

**Bombay Original**
龐貝經典
37.5%ABV | P.100

**Caorunn**
科倫
41.8%ABV | P.164

**Beefeater London Dry**
英人牌倫敦琴酒
40%ABV | P.97

**Star Of Bombay**
龐貝之星
47.5%ABV | P.100

**Plymouth**
普利茅斯
41.2%ABV | P.134

**Sipsmith**
希普史密斯
41.6%ABV | P.142

**Ford's**
福特
45%ABV | P.149

**Tarquin's**
塔克文
42%ABV | P.145

**Bombay East**
龐貝東方香料
42%ABV | P.100

**Tanqueray London Dry**
坦奎利倫敦琴酒
43.1%ABV | P.176

**Portobello Road No. 171**
波特貝羅路171號
42%ABV | P.152

**Citadelle**
絲塔朵
44%ABV | P.191

**Hayman's London Dry**
海曼倫敦琴酒
40%ABV | P.118

**Quinine 1897**
奎寧1897
45.8%ABV | P.94

**Rutte Dry Gin**
呂特琴酒
35%ABV | P.194

**Citadelle**
絲塔朵
44%ABV | P.191

**Burleigh's**
布倫海姆
40%ABV | P.160

**Old Raj Blue Label**
老拉吉藍標
55%ABV | P.181

**Zuidam Dutch**
Courage Dry Gin
荷蘭人贊丹勇氣琴酒
44.5%ABV | P.214

**Sipsmith VJOP**
希普史密斯VSOP
57%ABV | P.143

**Pickering'**
皮克林
42%ABV | P.184

**Cream**
鮮奶油琴酒
43.8%ABV | P.92

**Warner Edwards Harrington Dry**
華納愛德華哈靈頓干型琴酒
44%ABV | P.158

**Burleigh's Distiller's Cut**
布倫海姆蒸餾師特選版
47%ABV | P.160

**Jensen's Bermondsey Dry**
傑森伯德西琴酒
43%ABV | P.121

**Dorothy Parker**
桃樂絲帕克
44%ABV | P.231

**Hayman's Royal Dock**
海曼皇家海軍
57%ABV | P.118

**Hepple**
海柏
45%ABV | P.130

**Fifty Pounds**
五十鎊
43.5%ABV | P.148

**G'Vine Nouaison**
紀凡結果
43.9%ABV | P.204

**Gin de Mahón**
馬翁琴酒
38%ABV | P.200

**Perry's Tot**
培里陶德
57%ABV | P.231

**Hayman's Old Tom**
海曼老湯姆
40%ABV | P.118

**Broker's**
柏克紳士
47%ABV | P.125

**The Lakes**
群湖琴酒
43.7%ABV | P.123

**Silent Pool**
寂靜之湖
43%ABV | P.140

**Dodd's**
多德
49.9%ABV | P.156

**Old English Gin**
老英式琴酒
44%ABV | P.128

**Williams Chase Great British Extra Dry**
威廉翠斯大英「特干」
40%ABV | P.104

**Martin Miller'S**
馬丁米勒
40%ABV | P.127

**Hernö Swedish Excellence**
赫尼瑞典傑作
40.5%ABV | P.206

**Jensen's Old Tom**
傑森老湯姆
43%ABV | P.121

**Professor Cornelius Ampleforth's Navy Strength**
科尼安普思教授海軍強度琴酒
57%ABV | P.93

**厚重HEAVY**

# 清淡LIGHT

**Sacred**
薩科里德
40%ABV｜P.136

**The Botanist**
植物學家
46%ABV｜P.186

**Death's Door**
死門
47%ABV｜P.226

**Bloom**
布魯（花樣）
40%ABV｜P.111

**Oxley**
奧克斯利
47%ABV｜P.151

**Filliers Dry Gin 28**
菲利斯28琴酒
46%ABV｜P.196

**Hendrick's**
亨利爵士
41.4%ABV｜P.180

**Gilpin's**
**Westmorland Extra**
**Dry**
吉爾平威斯特莫蘭特干
47% ABV｜P.149

**G'Vine Floraison**
紀凡花開
40%ABV｜P.204

**East London Liquor**
**Co. Batch No. 2**
東倫敦烈酒公司批次
2號
47%ABV｜P.106

**Aviation**
飛行
42%ABV｜P.225

**Whitley Neill**
惠特利尼爾
42%ABV｜P.128

**Eden Mill Original**
伊登彌爾經典
42%ABV｜P.168

**St. George**
**Botanivore**
聖喬治植物食客
45%ABV｜P.232

**Thomas Dakin**
湯瑪士戴金
42%ABV｜P.113

**Monkey 47**
猴子47
47%ABV｜P.209

**Williams Chase**
**Eureka Citrus Gin**
威廉翠斯發現橙橘
40%ABV｜P.104

**Gin Mare**
馬瑞
42.7%ABV｜P.202

**Tanqueray No. Ten**
坦奎利十號
47.3%ABV｜P.176

**Darnley's View**
達恩利目光
40%ABV｜P.147
P.143

**St. George Terroir**
聖喬治風土
45%ABV｜P.232

**Edinburgh Gin**
愛丁堡琴酒
43%ABV｜P.170

**Few American Gin**
珍稀美國琴酒
40%ABV｜P.228

**Pickering's 1947**
皮克林1947
42%ABV｜P.184

**Half Hitch**
半結
40%ABV｜P.114

**Langley's No.8**
蘭利8號
41.7%ABV｜P.126

**Berkeley Square**
伯克利廣場
40%ABV｜P.111

**Nolet's Dry Gin**
**Silver**
諾利純銀琴酒
47.6%ABV｜P.212

**Adnam's Copper**
**House**
亞當斯銅屋
40%ABV｜P.89

**Zuidam Dutch**
**Courage Old Tom's**
荷蘭人贊丹勇氣老湯姆
40%ABV｜P.214

**Williams Chase**
**Elegance 'Crisp'**
威廉翠斯優雅「清脆」
48%ABV｜P.104

**Professor Cornelius**
**Ampleforth's**
**Bathtub Gin**
科尼安普思教授浴缸
琴酒
43.3%ABV｜P.93

**Adnam's First Rate**
亞當斯首波
48%ABV｜P.89

**Nolet's Reserve**
諾利珍藏
52.5%ABV｜P.212

**Opihr**
所羅門
40%ABV｜P.112

# 厚重HEAVY

# 琴酒風格類型

## Classification

在我們開始對付琴酒的種種複雜性之前，首先，讓我們定義琴酒與杜松子風味烈酒到底是什麼。幸運的是，琴酒酒標分類經過了歐盟（European Union）的規範，首次公布為1989年，並在2008年更新收錄於現行的《烈酒與飲品法規》（Spirit and Drink Regulation），它還有個時髦的標題「110/2008」。美國（1991年）、加拿大（1993年）與澳洲（1987年）也都有頒布類似規範，這些便是我們今日琴酒分類的依據。

### 杜松子風味烈酒 Juniper-Flavoured Spirit Drinks

這是包含所有杜松子飲品類型最一般且廣義的統稱，各位可以把它想成包含了所有類型的集合。我們將在接下來的數頁之間，探索這個類別中兩大主要角色的種種細節，這兩個類型就是琴酒與杜松子酒。

任何標示了「杜松子風味烈酒」（Juniper-Flavoured Spirit Drink）的飲品之體積酒精濃度須至少為30%，同時必須具備清晰可辨的杜松子香氣。除此之外，其他想要做的變化都不設限，包括顏色、糖分、調味（人工合成或天然），任君挑選。

### 琴酒 Gin

想要製作並販售稱為「琴酒」的產品，其實簡單得驚人。規範中，琴酒與杜松子風味烈酒之間僅有一個不太重要的差異，那便是酒精濃度。歐洲的琴酒酒精濃度須至少37.5%，美國則是40%。除此之外，兩者的規範定義一致；須擁有杜松子香氣（來源為人工合成或天然皆可），而且杜松子必須是主要風味。不過，由於風味為主觀判定，所以這一點至少可以說是處於模糊地帶。市面上有越來越多缺乏杜松子風味的產品，正歡欣地以琴酒或甚至倫敦干型琴酒（見下方）的身分推出。這些產品許多都

是美味的柑橘、辛香料或草本風味烈酒。但是，它們可以稱作是琴酒嗎？根據法規而言，不可以。但是，因為世上沒有「琴酒蓋世太保」挨家挨戶地把門踹開，這些品牌毫無疑問地無論如何都能繼續上市。我並不會想要責備他們創造出絕妙產品的渴望，即使這些產品的主要風味並非杜松子，但是，也許琴酒需要劃分出一個新類型以容納這些叛逆分子（請見「新西式琴酒」）。

所以，琴酒是一個很具彈性的名詞。任何顏色、人工香精以及再多糖分都可以。簡而言之，各位可以走進任何一家附近的酒類專賣店，買一瓶伏特加，然後在裡面隨意丟一把杜松子，等你走到家時，各位就已經有權合法地將手中那瓶酒以琴酒之名販售——而且，這瓶酒還可能比市面上某些稱自己為琴酒的商品好喝許多。

### 蒸餾琴酒 Distilled Gin

由歐盟劃分出的蒸餾琴酒是一種擁有特定差異的琴酒：必須使用蒸餾過的植物。在實際執行層面，這表示琴酒中的杜松子成分就算再少，也必須放在酒精濃度至少為96%的中性烈酒與水中，經過再蒸餾；之所以稱為「再」蒸餾，是因為中性烈酒本身就已蒸餾過至少一次。

這聽起來很不錯，對吧？不對。規則總是用來打破的，規則裡面沒有寫到其實我根本可以拿兩、三顆杜松子與中性烈酒蒸餾，然後用更多烈酒、水、糖、添色劑與天然或人工合成的香精（包括杜松子香精）稀釋。而這類作法會進一步讓我們對此琴酒類型標示產生不信任，不過，另一方面，還有像是亨利爵士（Hendrick's）與馬丁米勒（Martin

▶ 選擇把所有植物原料——列在酒瓶上的琴酒越來越常見了。這些就是各位探索琴酒方位的最佳嚮導。當然，本書也是！

GIN

MICRODISTILLERY

12 BOTANICALS-LONDON DRY

*A creamy aromatic gin with a bouquet of Juniper berries, fresh cut Orange, Lime & Lemon combined with Cardamom, Angelica & enhanced by distilled Frankincense (Boswellia Sacra) from which the name Sacred is derived*

THIS BOTTLE OF SACRED GIN HAS BEEN HAND-CRAFTED BY AWARD WINNING BOUTIQUE MICRODISTILLER IAN HART AND CARRIES A UNIQUE BOTTLE NUMBER:

No. Vbc 617

PRODUCE OF LONDON

Miller's）等品牌，它們一樣於蒸餾過後添加了調味香精，因此歸屬於蒸餾琴酒大家庭，但生產的卻是令人敬重的酒款。

實際的狀況便是，某些品牌以「蒸餾琴酒」包裝的酒款不斷地挑戰琴酒本該是什麼的概念，但這些酒款依舊屬於蒸餾琴酒的範疇。其他大約99%的品牌則謹緊守「倫敦干型琴酒」的分類不放，但是倫敦干型琴酒的精緻製程也似乎賦予它們將其他類別視為「降級」的地位。我的看法是如果「蒸餾琴酒」沒有更進一步的特定定義，那麼此分類就有點無用。

## 老湯姆琴酒Old Tom

老湯姆是目前仍有生產的最古老英式琴酒。老湯姆的琴酒類型並不被歐盟承認，所以如何製作老湯姆其實並沒有指示規範。其實，就算是隨便在瓶子裡裝進一些跟琴酒完全不相關的東西，然後以「老湯姆」之名販售，也沒有任何人能夠阻止。但是，在調酒師的感性與理性中，老湯姆就是神聖的液體，它在最受喜愛的少數調酒誕生之時出現，並零星錯落在過去一百五十年間眾多偉大調酒書籍的書頁間。在目前少數幾支老湯姆的酒款中，不論是使用大量甜植物原料，或直接添加糖分，幾乎都延續著較甜的風格。

## 倫敦干型琴酒London Dry

我們終於進入一個擁有能夠信賴定義的琴酒類型。嗯，不過除了「倫敦」二字指的並非地理位置，倫敦干型琴酒可以在世界任何一處角落製作。某些蒸餾廠（沒錯，就是以倫敦為據點的蒸餾廠）甚至一度為了倫敦干型琴酒到底是在哪兒製作的種種問題，大感困擾，但此產業絕大部分都已經擺脫了這個名詞矛盾，主要是因為同時還有另一端的人清楚了解倫敦干型琴酒只與倫敦這座城市有一點點相關。

在柱式蒸餾器（也稱為連續式蒸餾器）發明不久後，倫敦干型琴酒風格就在倫敦竄紅，並逐漸取代了老湯姆，成為最主要的琴酒風格。連續式蒸餾器能產出較純淨烈酒的特質，讓我們有了較為澄澈的琴酒，其中有了不甜的酒款，也就是「干型」琴酒。雖然許多混調飲料與調酒都偏好採用糖，但添加糖是（或曾經是）一種讓東西美味的昂貴方式。不論是酒款已經夠美味而不用添加，或是消費目標族群都是醉到不在乎的人，只要找得到不用添加糖的方法就成功了。另外，糖會對飲者產生負面影響、使味蕾厭膩與傷害牙齒。當目標只是絕對的澈底醉倒，那麼不甜的烈酒可以讓各位更快抵達終點。

不過，倫敦干型琴酒是琴酒產業中相當重要的一個極端，它需要更為嚴謹的製程，但同時也保證了在琴酒產業某種程度的利潤。倫敦干型琴酒的規範與蒸餾琴酒完全一致，但其風味必須僅源自蒸餾天然植物原料，蒸餾之後不可添加任何香氣——其實，只能添加中性烈酒、水與糖（1公升最多只能含有0.1公克）。

## 普利茅斯琴酒Plymouth Gin

這是一個完全獨有的類別與原產地名稱。或者，至少曾經是。直到2015年之前，普利茅斯琴酒必須使用來自達特木（Dartmoor）的水，並且只能在英國得文（Devon）的普利茅斯（Plymouth）製作。由於普利茅斯沒有其他任何琴酒製造商，所以普利茅斯黑修士蒸餾廠（Plymouth's Blackfriars Distillery）的琴酒，就是全英國唯一擁有產品地理標示（geographical indication，GI）的琴酒。然而，這在2015年的2月有了轉變，有些遺憾的是，這個古老過時的分類失去了受到保護的地位。雖然撤銷產品地理標示保護是由歐盟發起，但真正下了決定的是普利茅斯的琴酒產業本身，他們理應在2015年2月之前，寄送一份描述當地琴酒「特殊地理位置與感官特性」的文件，但他們並未寄出。

表面上來看，產品地理標示像個無害的古老紀念品，甚至可以是普利茅斯琴酒品牌的獨特賣點，因此他們放棄此保護的背後原因似乎意味不明。不過，想想如果今日有一間全新的蒸餾品牌打算開在普利茅斯，宣稱會符合所有普利茅斯的產品地理標

示，然後準備分一杯產地名稱的羹——此情形就可能會對現有品牌的銷售與行銷產生有害的打擊。可惜，我們現在已經再也看不到故事這樣進行的後續了。

關於普利茅斯類型的最後一點：產品地理標示賦予普利茅斯的地位與名聲，其實也可以視為一種禁錮。擺脫地理標示的束縛之後，普利茅斯琴酒未來就可以在任何地點製作，並且使用任何他們喜歡的水。

## 其他地理標示杜松子烈酒
## Other Geographically Indicated Juniper Spirits

目前歐盟認證的杜松子風味烈酒總共有十八個受到產品地理標示保護。其中大約有半數為來自荷蘭、比利時、法國與德國的杜松子酒。剩下的則可以大約分為琴酒或杜松子白蘭地，產地則是西班牙、立陶宛、德國與斯洛伐克。

馬翁琴酒（Gin de Mahón）並非知名的琴酒類型，但在這些不為人知的琴酒類型中，也許它稱得上是最知名的。馬翁琴酒源自西班牙的米諾卡島（Minorca），而馬翁琴酒必須在這座島嶼的首都製造。目前只有一個琴酒品牌受到此地理標示保護，那就是索里吉爾（Xoriguer），此琴酒品牌的歷史可以回溯至十八世紀。米諾卡島的琴酒並未在國際之間形成太大的影響力，但若是各位曾在此島度假，馬翁琴酒一定會在你心中留下印象。索里吉爾採用柴燒蒸餾機生產白蘭地（eau de vie，葡萄酒蒸餾烈酒），以及當地的杜松子，並且在裝瓶之前會先以美國橡木桶陳放。

維爾紐斯琴酒（Vilnius Gin／Vilniaus Džinas）源自立陶宛的首都維爾紐斯。維爾紐斯琴酒同時也一字不漏地被用作品牌名稱，而且維爾紐斯這座城市為何又如何能夠得到地理標示保護，我其實也不太清楚。維爾紐斯琴酒品牌目前僅僅三十歲，在普利茅斯與索里吉爾面前就好似小寶寶，所以目前似乎也不太可能會有其他品牌想要跳出來共享地理標示保護的市場。維爾紐斯琴酒的規範與倫敦干型琴酒完全一致，而杜松子、蒔蘿籽、芫荽籽與橙皮等

等是幾項此琴酒類型會使用的植物。

施泰因哈根（Steinhäger）是一種德國琴酒的類型，其源自西伐利亞（Westphalian）的施泰因哈根市，這裡也是唯一擁有製作施泰因哈根琴酒許可的地方。此地的地理標示保護的可靠認證就是此城鎮擁有蒸餾杜松子水與精油的悠久歷史。十九世紀期間，施泰因哈根便成立了大約二十間蒸餾廠，其中兩間至今依舊生產著施泰因哈根琴酒，分別是1766年成立的H. W. 希利希特（H. W. Schlichte），以及

▲某些蒸餾廠會製作不只一種風格類型的琴酒，例如傑森。

後進的菲斯藤尼奧（Zum Fürstenhof），其在1902年於德特摩德（Detmold）成立，並在1955年搬至施泰因哈根（Steinhägen）。

H. W. 希利希特推出了四種施泰因哈根琴酒（或是他們所稱的杜松子利口酒〔Juniper Schnapps〕），其中最有趣的酒款就是原版希利希特施泰因哈根（Schlichte Steinhäger）。這款酒以杜松子酒風格的陶瓶裝盛，其中的酒液不僅是與杜松子一起蒸餾，而是直接用杜松漿果發酵至酒精濃度15%的酒液蒸餾而成，再也找不到比這個更杜松子的琴酒了！

最後就是杜松白蘭地（Borovička），這是一種斯洛伐克風格的的杜松子烈酒，類似干型琴酒。只有斯洛伐克可以製作杜松白蘭地，其中還包括各式產地與類型。

## 「新西式琴酒」New Western Dry Gin

新西式是某些現代琴酒蒸餾廠提倡的一個不太明確的名稱，尤其是美國的琴酒酒廠。這並不是一個符合法規的琴酒類型，但比較像是一個區分，區分出老派倫敦琴酒團體（沒錯，我說的就是你們，坦奎利與英人牌），以及現代採用一系列柑橘、辛香料、草本與花香調的琴酒，這些酒款宛如嘲笑法規般的，讓許多其他植物與杜松子一起分享著主舞臺。

如果新西式的琴酒類型落實為真正的分類，其實能帶來兩種好處。首先，這能讓那些拋開傳統的創新（也就是它們真正的本質）琴酒們，在數量不斷成長的狀況下有個歸屬。再者，也可以讓倫敦琴酒類型更嚴謹，為那些對杜松子誓言忠誠的品牌建立一座聖殿。最終，消費者也能因此受益，能在購買時得到更多品牌選擇的資訊，這也正是酒標標示最初的目的，對吧？

## 杜松子酒Genever

對於正要探索杜松子酒（Genever／Jenever／Geneva／Genebra／Holland(s) Gin／Dutch Gin）的人們而言，這個類型看起來如此複雜，而且似乎還有發音錯誤的陷阱，很有可能會在一開始便望之卻步。老實說，實際情形也的確經常如此。尤其是此類型的酒款該如何製作並沒有清楚的法規控管。根據法規，杜松子酒其實只需要在荷蘭、比利時或某些法國與德國地區製作即可，其中甚至不需要含有酒精！

同樣的情形一樣發生在新式（Jonge）、舊式（Oude）與穀類（Korenwijn）三個類別，它們的規範同樣也只限縮於製造的地點。製作杜松子酒的方式很特別地僅僅受到傳統與不成文的法則規範，這也是之所以我在接下來的段落中把所有「必須」的名詞，都換成了「應該」。若想了解更多關於杜松子酒製作過程的細節，請見第62頁。

**新式杜松子酒**是最接近倫敦干型琴酒的杜松子酒類型。製作新式杜松子酒的的原料包括中性烈酒與杜松子（蒸餾過或未經蒸餾）。可以加入其他風味，也可以加入糖分（1公升最多只能含有10公克），其中麥酒的含量比例可以達到15%。由於中性烈酒（見P.54）可以用任何農產品製作，所以某些酒款會特別標示為穀物杜松子酒（Graanjenever），代表中性烈酒完全採用穀物原料，而非糖蜜或其他糖類製品。

**舊式杜松子酒**必須含有15-50%的麥酒，其餘則包括杜松子、其他可選擇是否添加的植物香精、糖分（1公升最多只能含有20公克）與中性烈酒。可以另外添加顏色，如果想要，也可以經過橡木桶的陳放。

**穀類杜松子酒**是比舊式杜松子酒還要古老的類型，其中包含了51-70%的麥酒。相較於新式與舊式，穀類杜松子酒更常以橡木桶陳放，而其堅韌的風味表現其實更接近威士忌而非琴酒，也因此更適合經過木頭的柔和作用。它也像舊式杜松子酒，1公升的酒液最多能含有20公克糖分。

▶博斯（Bols）的旗艦杜松子酒款並未明列類型，但由於其擁有的高含量麥酒，因此應屬於穀類杜松子酒。

# 琴酒世界之旅

## THE GIN TOUR

# ENGLAND

## 英格蘭

對於一種原料幾乎都來自英格蘭以外地區的飲品來說，琴酒與英格蘭之間密不可分的糾結關係饒富趣味。但在某些方面而言，琴酒如同帝國橫掃世界各地的液態足跡，沿著各個殖民地一路蒸餾出琴酒的風味。英國女王會喝琴酒，首相邱吉爾也喝琴酒，而且也許各位會覺得與聽到的不太一樣，但是詹姆士·龐德也喝琴酒。不論是在美好或紛亂的時代，琴酒一直是最能代表英國的經典之一。

如果本書是在二十年前完成，英國琴酒的故事結尾會悲慘許多。當時，倫敦只有一間蒸餾廠（英人牌Beefeater），分布在英國其他地區的蒸餾廠也可以只用一隻手數完。到了本書真正開始撰寫的今日，英格蘭境內約有五十間琴酒蒸餾廠，共同推出一百五十個獨特的品牌。這些蒸餾廠絕大多數都是獨立、小型且具備強烈動機的新酒廠——如果各位住在英格蘭，你家方圓50公里之內就有一間琴酒蒸餾廠的機率實在不低，因此，感染上這波琴酒復興的興奮氛圍其實並不難。

唯一的問題是，每當一間打著獨特賣點的新琴酒蒸餾廠成立時，這座池水就會變得更淺，也變得更混濁一些。許多新品牌行銷酒款的手法都依靠逐漸貧乏無力的家族歷史故事、珍貴的植物原料與工匠手藝的製程。放眼望向酒類專賣店的酒架，某件事會變得相當清晰：這些如今很容易被眼睛忽略的老牌子，它們會屹立不搖地變老是有其原因的。這些品牌的酒款曾經歷過遠比琴酒復興更恐怖的時期，而當今日紛飛的塵埃終於落定——各位請放心，他們甚至可能沒有注意到發生什麼事了。

不過，這不代表某些剛萌芽的新手並未盡心投入。創新所帶來的自由已經給了琴酒製作者探索琴酒新疆土的機會。從風味萃取工藝技術的投入，到以創新思維融合的大規模生產，某些世上最有趣的琴酒至今依舊誕生於英格蘭。

▶今日的英格蘭可以看到所有風格的琴酒製作者，從產業約聘蒸餾師，到自家後院的精品型科學家。問題是：我們能從瓶中喝出來什麼差異？

# ADNAM'S

## 亞當斯

亞當斯在啤酒釀酒產業是相當受敬重的品牌，值得敬佩的是他們還同時經營好幾間（可惜數量正在下滑）酒吧、酒類專賣店，以及一或兩間的旅館與小型家庭旅館。1872年，亞當斯於現今很受歡迎的薩福克郡（Suffolk）臨海小鎮紹斯沃德（Southwold）成立，是一間每年大約產出九萬桶啤酒的釀酒廠。到了2010年，他們成立了「銅屋蒸餾廠」（Copper House），以曾經裝設於此的銅製鍋爐命名，短短數年之後，他們已經創下了每年銷售十萬瓶的紀錄。

亞當斯銅屋蒸餾廠的成功故事中，他們的首席蒸餾師約翰‧麥卡錫（John McCarthy）無疑扮演相當重要的角色。我對約翰的第一印象就是一位徹頭徹尾的蒸餾廠工程師：強壯的肩背、大嗓門、寬大的雙手，以及絕不廢話。但是，只要掀開這個外表一點點，就會看見他如同還在上學的好動小朋友，而這一面的他同時也建立了一間自己設計的實驗性

糖果店。我最近一次拜訪他們的蒸餾廠時，就看到約翰正為了一個冷萃咖啡壺的微小細節小題大作。這讓我想到我們的第一次碰面，當時是在亞當斯銅屋蒸餾廠成立不久後的貿易展。他在那樣的場合引誘我到一個安靜的角落，然後偷偷地從他的隨身酒壺倒給我一些神祕的烈酒。結果其實是艾碧斯的樣本，是他當時許多正在進行的小計畫之一。這些「探索的路徑」某些被塵封在廚房櫥櫃，有的則真的裝瓶成為今日亞當斯系列酒款的一員，目前亞當斯總共推出超過十幾支酒款，其中三款屬於琴酒。亞當斯的行銷部門能跟上腳步也很不可思議。

約翰在銅屋蒸餾廠難掩笑容跳上跳下的模樣，彷彿這裡就是他價值數百萬英鎊的遊樂場。我想，這裡的確就是他的遊樂場。銅屋蒸餾廠由他設計、

▼亞當斯的「銅屋」是全英國設備最精良的蒸餾廠。左邊的不鏽鋼柱式蒸餾器負責製作所有銅屋所需的中性烈酒。

建造，並一路經營至今，說到產品發展更是由他一手策略謀畫。對一位前釀酒廠控制系統工程師而言，實在做得不錯。讓約翰得到這份工作，除了他自身工程專業，還有那經過準確計算的一股衝動。2011年，亞當斯的老闆強納森‧亞當斯（Jonathan Adnams）邀請約翰和他一起參加在密西根舉辦的蒸餾課程。在回程班機上，亞當斯和他討論了在啤酒廠施行蒸餾計畫的可能性。當時，對於烈酒的了解僅限於「我喜歡」的約翰毛遂自薦了這項工作。四年過後，雖然在啤酒廠廣大企業營收中，烈酒只占了很小的一部分，但這部分正逐年成長。

　　新一波的蒸餾廠只有少數幾間會蒸餾自家中性烈酒——因為設備昂貴、執照取得困難，以及理想上應具備釀造啤酒的能力——而亞當斯就是其中一間。對於關注酒液製造出處與可信確實度的消費者而言，知道亞當斯酒款中的每一滴酒液都來自紹斯沃德的水、酵母菌與穀物，便是能放心的優點。望著眼前穿過銅屋的三層樓高的銅製柱式蒸餾器，將酒精濃度7%的酒汁（使用亞當斯自家七十多歲的酵母菌株發酵）蒸餾至酒精濃度96.3%時，參觀者通常大感驚奇。產出的酒液會進一步稀釋為亞當斯的伏特加酒款強度，或是再蒸餾成加味烈酒系列的琴酒酒款。

　　亞當斯銅屋蒸餾廠生產兩款倫敦干型琴酒，以及一款黑刺李（sloe）琴酒。這幾款琴酒都以1000公升的銅製壺式蒸餾器蒸餾。「首波」（First Rate）琴酒正如其名，屬於經典琴酒中的頂級酒款，裝瓶酒精濃度為48%。此酒款以亞當斯的長岸伏特加（Long Shore vodka）為基底中性烈酒，此伏特加主要採用燕麥與大麥，但首波琴酒是徹頭徹尾設計為經典倫敦干型琴酒的酒款。其配方包含了十三種植物，所以多多少少算是用盡了所有常見的香氣植物，再加上百里香與茴香籽（兩種都是我個人的最愛）。

　　但是，最知名的招牌酒款是名稱頗具巧思的「銅屋」（Copper House）琴酒。約估占亞當斯琴酒總銷量的80%，烈酒總銷量的75%。其基底中性烈酒為大麥伏特加，僅採用了六種植物，此酒款贏得

▲「銅屋」的外觀，能在這兒眺望東英格蘭海岸與紹斯沃德燈塔。此處值得一訪。

了相當多業內的「最佳新酒款」獎項，是名副其實的傑出現代經典琴酒。此酒款最突出的香氣為木槿（hibiscus），但是約翰告訴我銅屋琴酒使用木槿花的唯一理由，就是他曾在某次潛水假期喝到一杯冰木槿花茶，然後決定要在上班的時候也能隨時喝到它。對於從各方接收到的讚賞與關注，約翰總是表現得不為所動。這男人帶有一種令人耳目一新又惹人喜愛的特質，結合了如孩童般的好奇心與讓想像成真的能力。根據木槿花的經驗，我猜也許這份配方成功的最後一項植物就是「幸運」。

**銅屋Copper Hous，酒精濃度40%**

　　煮過的芫荽籽、檸檬香蜂草與一絲絲的松木調性。入口後，會感到比絕大多數琴酒酒款更甜一些，並伴隨些許幽微的熬煮櫻桃、覆盆子與梅子風味，對我來說這就像是在耳邊輕語著「木槿花」。柑橘調性則在尾韻傳來。

**首波First Rate，酒精濃度48%**

　　傳至鼻腔的是香料櫃的落塵與一股縈繞不去的深色香草香氣。很快地就轉換成花朵、柑橘、茴香與一點點肥皂感的芫荽調性，種種香氣結合成樹屋中壓折新鮮樹葉的味道。入口後，帶有花朵、辛香料與鮮活的風味。杜松子的氣味並未如預期般地爆發。

# ATOM
## 原子

對於製作琴酒的世界而言，現在可說是相當奇特的時期。誰想得到一間成立於1980年代的麥芽威士忌郵購零售商，有一天會成為今日琴酒市場最重要也最流行的改革家之一。品牌原子創建於肯特（Kent），大約有八十幾名員工；其中大約有十二位專注於琴酒的製作與銷售。今日，他們製作的琴酒酒款大約有十七款，但這個品牌並沒有自家網站，他們的蒸餾廠（如果可以稱之為蒸餾廠的話）距離增設一間訪客中心其實還相當遙遠。就許多層面而言，原子製作的產品都帶有一點神祕色彩：實驗性的設計、創新的包裝，而且似乎沒有任何創始人。不過，神祕的本質就是會誘人，當再加上它的姊妹公司Master of Malt擁有巨大的零售業影響力，得到的就是二十一世紀的終極神祕烈酒合成專家。

在原子集團旗下，包括線上飲品零售公司Master of Malt、品牌經銷Maverick Drinks（負責FEW、紐約蒸餾公司〔NY Distilling Co.〕與聖喬治的行銷與配銷），以及自家的產品開發公司原子品牌（Atom Brands）。各位也許已經覺得聽起來有點頭暈，但這僅僅是這些老兄深入觸手的半數領域。他們另外製造並經銷了一種特殊等級的烈酒與利口酒酒瓶封蠟，也推出了一系列以酒為主題的降臨曆（advent calendars，指用來倒數聖誕節的日曆）。如果各位也想要一面順著降臨曆倒數迎接聖誕節，一面品嚐大約三十款琴酒（誰會不想？）不如就買一份他們推出的「Ginvent」降臨曆吧。

烈酒製造與品牌經銷是原子集團十分後期才拓展出的業務，就在建立起品飲零售的影響力之後。他們的「製造工具套件」包括一條裝瓶線、一臺離心機與一對旋轉蒸發器。多數實際進行的是類似混合的工作，因為他們最最龐大的品牌科尼安普思教授（Professor Cornelius Ampleforth）一系列酒款就是合成琴酒。他們也曾經接受過《泰晤士報》（The Times）與《旁觀者》（The Spectator）雜誌委託製作琴酒，同樣接受過委託的琴酒還包括奎寧1897、鮮奶油琴酒與起源系列（Origin range）。

各位很快就會讀到，我與原子琴酒及Master of Mal公司的紳士們有過一段悠久且愉快的歷史。由班‧艾凡森（Ben Ellefsen）率領的原子團隊同時擁有強大的經濟支援，以及熱情洋溢的創新文化，相當令人嫉妒。團隊也因此有能力利用他們創造的產品不斷地試探各種琴酒風格類型，也常常會讓旁觀者咬著牙地說，「啊，我先想到就好了。」

### 鮮奶油Cream

先向各位說明一下，這個品牌的創立我其實也有稍微插手。差不多在他們的產品推出時，我的團隊與我正在發想設計一份酒單，提供給我在2011年開幕的第二間酒吧崇拜街口哨店（The Worship Street Whistling Shop）。這份酒單的概念比較像是在分享那些淹沒在無情現代流行中的酒。而其中一款我們準備讓它回春的老酒就是「鮮奶油琴酒」（Cream Gin），這曾是一個相當流行的名詞，用來形容在十九世紀琴酒殿堂供應的品質中上琴酒酒款。雖然也有一些資料顯示這是當時一種以琴酒混合鮮奶油的飲品（到底有什麼東西不會拿來與鮮奶油混合），但這個名詞比較常使用的方式類似於「crème de cassis」中的「crème」，也就是「琴酒中的精華」或是「最棒的琴酒」。我們覺得如果真的照字面把「鮮奶油琴酒」做出來，應該很幽默也很具挑戰性。

▶最初，鮮奶油琴酒只有在我倫敦的調酒酒吧崇拜街口哨店製作。它的美味……不不，我有偏見。

不過，直接做出鮮奶油加琴酒的調酒並不是一個特別吸引人的點子。以琴酒、鮮奶油與可可利口酒（crème de cacao）作成的調酒亞歷山大（Alexander cocktail），也曾經試著征服這項榮耀後失敗後悄悄地將地位拱手讓給一旁更傑出的手足——白蘭地亞歷山大（Brandy Alexander）。我們曾經想過可以用酵素分解乳化物，讓鮮奶油變得澄清，但最終我們把概念投注在讓琴酒與鮮奶油一起蒸餾。我們用自己的旋轉蒸發器在非常低溫的狀態之下蒸餾成功，所以我們知道鮮奶油煮不得。蒸餾出的酒液是扎扎實實的透明澄淨琴酒，更多了一股油滑的奶油感。

這款酒變得相當受歡迎，短短六個月之後，我們就與原子琴酒達成協議一起生產並裝瓶販售我們的「鮮奶油琴酒」。這款酒至今的製作方式完全一致，鮮奶油一樣與琴酒一起蒸餾，然後再添入酒精濃度較高的琴酒，以符合裝瓶酒精濃度。每一瓶鮮奶油琴酒都包含了140毫升的鮮奶油蒸餾液。

### 鮮奶油琴酒Cream Gin，酒精濃度43.8%

變形版的倫敦干型琴酒。杜松子奶油與草本，帶有一點油脂調性與些許柑橘起司蛋糕的飄香。入口後，口感厚實，飽滿且充斥美味的乳香。還有杜松子、芫荽（如加了香料的檸檬）與大地系辛香料的味道。餘韻在酒液於舌面徘徊不去時久久不散。在口哨店，我們會以甘夏香艾酒（Gancia Bianco）4：1的比例做成馬丁尼，並以蘿蔔綴飾。

### 起源Origin

這系列的酒款幾乎可以變成本書的植物小章節，因為它已經有點不像單純的琴酒品牌，更接近一種研究風土與產地如何影響杜松子風味的調查。每一款琴酒（總共七款）都是以英國小麥烈酒與各個單一產地杜松子蒸餾製成，這些地區包括馬其頓、科索沃（Kosovo）、克羅埃西亞、阿爾巴尼亞、保加利亞、義大利與荷蘭，並且不添加任何其他植物。

如果各位是琴酒狂熱研究者（讀到此的各位其實也已經不遠了），就會發現這系列酒款透露了各式各樣關於杜松子眾多面向的迷人資訊。如果各位正在考慮成立自己的琴酒品牌，我猜這系列一定是你的必買清單。

另一方面，如果各位有點擔心這系列比較像是有趣的實驗而非能好好享受的琴酒酒款，別害怕，購買一瓶700毫升的酒款，就會附贈一個大約10毫升（兩茶匙）的冷蒸餾植物酊劑。各位可以聞一聞、嚐一嚐，再好好想一想那支酒款中杜松子受到土壤、地點與氣候什麼樣的影響，然後自行混合其他植物以完成你的琴酒。讚！

### 義大利—阿雷索Arezzo, Italy，酒精濃度46%

鮮美的藍色杜松子漿果、油感皮革，但依舊頗為清雅。中等濃縮程度。

### 科索沃—伊斯托克Istog, Kosovo，酒精濃度46%

更清淡、更飄逸，同時帶有綠色尤加利樹葉、薄荷與月桂葉的調性。加入水之後便抓住更多松木與豆蔻香。口中的灼燒感最為強烈，但伴隨著與之搭配合宜的薑香。

### 荷蘭—梅珀爾Meppel, The Netherlands，酒精濃度46%

較為宏大的皮革與調味菸草香。入口後帶有甜感，並伴隨更明顯的皮革、洋茴香、白胡椒與鹽。加水能讓酒液變得更甜。

### 馬其頓—史高比耶Skopje, Macedonia，酒精濃度46%

濃密的松木與紫羅蘭、黏稠且透熟。柔軟的皮革。口感較為厚實，如同杜松糖蜜。尾韻帶有胡椒調性。

### 保加利亞—大普雷斯拉夫Veliki Preslav, Bulgaria，酒精濃度46%

蠟感松木、糖漬紫羅蘭與些許清新檸檬調性。為五款琴酒中口感最清淡：空洞無味且沒特色。

# 科尼安普思教授
## Professor Cornelius Ampleforth

　　毫無意外地,科尼安普思教授這個奇特的名稱的確是虛構人物。不過,這號人物也在市場逐漸淡去。它以樸質的棕色紙包裝(不採用金屬),然後以頗具時代感的字型裝飾,科尼安普思教授的系列酒款(不只有琴酒)是對琴酒歷史上最糟糕的一些時刻極為諷刺的重新想像。

　　此品牌目前大約每年產出三萬五千瓶酒款,所以儘管酒款看起來有種「在我家地下室製作」的氛圍,但它可不是小型琴酒品牌。原子集團的「製造設備」並不具備生產如此大量倫敦干型琴酒的能力,所以這些酒款都坦蕩蕩地以合成琴酒之姿販售。其中每一種植物都以巨大的平紋細布(起司紗布)包成「茶包」,然後浸泡於中性酒精,最後把所有植物浸泡液全部加在一起就直接裝瓶。

　　教授最近的琴酒酒款大約有半打,包括一款命名巧妙的「浴缸琴酒」(Bathtub Gin)。其中有一版為「海軍強度」(Navy Strength),兩種版本都還有經桶陳的酒款可以選擇;另外還有一款「老湯姆」(Old Tom),以及一款「黑刺李琴酒」(Sloe Gin)。也許各位會單純因為酒瓶的外貌就衝動購買,但這些琴酒真的都很不錯。

### 浴缸琴酒Bathtub Gin,酒精濃度43.3%

　　宛如胡蘿蔔蛋糕:薑、肉桂與丁香。其花香融合了啤酒花、接骨木花與橙花。其實也帶了一點蘋果酒的刺激香氣,頗為強烈。添加水之後,會出現柳橙汽水的味道。口中傳來以桂皮調味過的現打鮮奶油的風味,並漸漸轉為松木調性的杜松子香與柳橙卡士達鮮奶油。這款琴酒很適合用來做成極為美味的白色佳人(White Lady)調酒,其辛香料調性能與柑橙利口酒及檸檬汁搭配得宜。

### 海軍強度Navy Strength,酒精濃度57%

　　聞起來酒感濃烈。雄壯的酒精味牢牢掩蓋了幽微的杜松子與溫和的辛香料調味的風味。入口後

的味道則明確以杜松子為主。此酒款不甜且堅硬，入口後數秒內都如同繃緊著神經。尾韻出現了些許桂皮與丁香調性。整體而言，它的平衡比浴缸琴酒更好。此酒款可以做成十分優質的經典干型馬丁尼（dry Martini），我保證。

### 奎寧Quinine 1892

難道這是一款已經混入奎寧的琴酒嗎？嗯，不完全是。帶著苦味的奎寧因為分子太大所以難以蒸餾出來，這也是為什麼我們不可能聞到奎寧的味道。然而，我們可以蒸餾出某些金雞納樹皮中的香氣，這款酒就是以此混合了分別以減壓蒸餾的粉紅與白葡萄柚、橙皮與檸檬皮。這兩項成分再與其他材料一起稀釋成經典倫敦干型琴酒，其他材料包括芫荽、肉豆蔻、桂皮、肉桂、鳶尾、甘草、歐白芷，然後當然還有杜松子。

此品牌在2015年8月20日上市，印度裔英國醫師羅納德·羅斯爵士（Sir Ronald Ross）就是在1897年的同一天發現瘧疾的傳播方式。羅斯在印度塞昆德拉巴德（Secunderabad）利用瘧疾病人胡笙·可汗（Husein Khan）的血液感染了八隻蚊子之後，便解剖了這些蚊子，並在它們的肚中發現瘧疾的寄生蟲。羅斯也因為此開創研究獲得了諾貝爾獎。

所以，它嚐起來不像琴湯尼，但依舊唇齒留香。因為每販售一瓶，此品牌就會將其中的英鎊五元捐給慈善機構「英國不再有瘧疾」。英鎊五元便足以為非洲暴露於瘧疾風險之下的一個家庭，購買、運送並裝上一頂蚊帳。現在就買一瓶吧！

### 奎寧1897Quinine 1897 Gin，酒精濃度45.8%

聞起來就是經典倫敦干型琴酒。堅實的杜松子與帕瑪紫羅蘭（parma violet，一種英國經典的紫羅蘭口味糖果片）。加水之後會出現葡萄柚與柳橙汁的香氣。入口之後反而一樣相當經典。胡椒調性的杜松子與冷涼感的辛香料結合出良好的平衡。中段風味出現些許苦味，接著闖入的是芫荽與甘草香氣，再加上一股溫暖且不甜的調性一路綿延至尾韻。當然是做成琴湯尼呀，老兄！

# BEEFEATER

## 英人牌

實在很難想像一個叫做「食牛者」（Beefeater）*的品牌究竟是如何讓它的經典倫敦干型琴酒席捲全球。英人牌再加上龐貝藍鑽（Bombay Sapphire）、高登（Gordon's）、施格蘭（Seagram's）與坦奎利（Tanqueray），可以一起組成每年超過百萬箱出產的菁英俱樂部。英人牌也是因為有了這些品牌也才需要彼此爭奪倫敦干型琴酒的榮冠。老實說，這些酒款都十分相似，但是英人牌擁有一項明顯的優勢：它是倫敦製造（made in London）。

英人牌的故事從詹姆士・布魯（James Burrough）在1835年於得文出生展開。布魯曾接受過藥劑師的訓練，也因為身為藥劑師所以有機會一路到了加拿大並再度回到倫敦，最後他終究決定將自己習得如鍊金術般的技藝，投入更令人愉悅的用途。布魯身為藥劑師生涯時的收入想必不錯，在年滿二十八歲的那年，他就買下了位於切爾西（Chelsea）的卡勒街蒸餾廠（Cale Street Distillery）。那年是1863年，倫敦的琴酒殿堂正炙手可熱，工業革命也正全速運轉。卡勒街蒸餾廠在1820年成立，是大倫敦區超過四十間蒸餾廠的一員。雖然對於布魯早年如何闖入烈酒市場的事蹟我們不太清楚，但從一份1876年的存貨表單中，就已經可以看到一系列的琴酒酒款，包括「老切爾西」（Ye Old Chelsea）、「詹姆士布魯倫敦干型」（James Borough London Dry）與老湯姆風格的琴酒。

布魯的英人牌最早文獻可以回溯至1895年。此配方似乎從未改變，今日採用的一樣是相同的九種植物：杜松子、歐白芷根、歐白芷籽、芫荽籽、甘草根、鳶尾根、橙皮與檸檬皮——扎實的倫敦干型琴酒風味。

布魯在1897年過世，七年之後，卡勒街蒸餾廠搬到了倫敦蘭貝斯區（Lambeth）。新的蒸餾廠的

▲英人牌也許不是優雅的琴酒，但幸運地它們是相當美味的琴酒，其他就都不重要了。

* Beefeater指的應該是倫敦塔的守衛兵，就是瓶身上的那人像，因為他們的薪餉某部分會配給牛肉，所以才會間接有像是食牛者這樣意思的小名。

▲曾經用來為英人牌購入的
中性烈酒進行蒸餾的蒸
餾器,但現在僅僅是閒
置於此。

隔壁鄰居就是知名的皇家道爾頓(Royal Doulton)陶瓷與餐具製造商。兩間公司大約在當時就開始合作,布魯推出某些新款威士忌與琴酒,然後皇家道爾頓製作酒瓶。

在普利茅斯(Plymouth)與英人牌製作琴酒超過四十年的首席蒸餾師戴斯蒙德‧佩恩(Desmond Payne),他幾乎就是活生生的琴酒蒸餾師「不死軍團」(old guard)。他是一位受到良好教育的溫文紳士,但說到琴酒時就會燃起強烈的熱情。某次,戴斯蒙德正與英人牌國際大使提姆‧史東斯(Tim Stones)帶領幾場小型蒸餾課程的訓練,然後他請提姆幫他測量某些微量的鳶尾根。提姆量了,但數字是0.005公克,因此問了問戴斯蒙德,這位蒸餾師回答:「我想,你對製作琴酒的態度有些傲慢。」

在接下來的兩年內,人們喝盡了六千萬瓶的英人牌酒款。蒸餾廠的植物倉庫放滿了大量原料——

大約是100公噸。每一蒸餾批次大約都會用掉半公噸的植物,每一次的裝填都是透過人工,然後浸泡二十四小時之後再進行蒸餾。他們製作的是多倍法琴酒,因此會再蒸餾之後以中性烈酒稀釋。製作英人牌琴酒與英人牌24琴酒便動用了五臺蒸餾器,總含量為22000公升。

但這並不代表英人牌蒸餾廠是銅製蒸餾器止步之地。廠內就有五座加裝了柱式精餾器的巨大壺式蒸餾器,宛如巨大的青銅衛兵看照了蒸餾廠的活動。這五座蒸餾器已經沉睡了超過三十年,基於如此龐大的尺寸與多臺數量,英人牌蒸餾廠也許完全有資格成為全世界擁有最大量閒置烈酒設備的冠軍。

英人牌在蘭貝斯區蒸餾廠的產品有超過99%的數量都是經典倫敦干型琴酒,但是我最近一次的一年兩度拜訪之旅,為的則是英人牌24。另一

▲首席蒸餾師戴斯蒙德·佩
恩正在查看蒸餾廠內的
筆記與配方，這些資訊
的保存可一路追溯至詹
姆士·布魯的年代。

款數量規模遠遠更小的是布魯特選（Burrough's Reserve）——英人牌首度以純飲設計的琴酒酒款。近期，英人牌卻推出了不少特別酒款，但布魯特選的特殊地位絕對是所有琴酒加起來都敵不過的。此酒款以標準英人牌配方製作，以微型壺式蒸餾器（268公升）蒸餾，最後接上威士忌的「蟲桶」（worm tub）冷凝器。這是全蒸餾廠最古老的蒸餾器，可追溯至1870年代。蒸餾出這以布魯為名的琴酒後，會再進一步以尚德麗葉（Jean de Lillet）橡木桶陳放。

### 英人牌倫敦琴酒Beefeater London Dry，酒精濃度40％

一剛始最引人矚目的就是檸檬雪酪（sherbet）、柳橙雪酪與綠色杜松子。大地調性的歐白芷根風味則會以檸檬馬鞭草（lemon verbena）沉靜，接著杜松子加入戰局，同時帶有油脂與干型的感覺。口感相當經典：干型但不會過於緊澀。炎熱的杜松子與柑橘調性帶頭衝鋒，為一路通往尾韻的洋茴香與胡椒開道。

### 英人牌24Beefeater 24，酒精濃度45％

杜松子與柑橘風味一樣為主要調性，但其中有透著些許柔軟的綠色風味。如同抹茶、蕁麻（nettle）與苔蘚，當然還有一點點浸泡過的茶葉、烘焙與堅果的香氣。特別純淨的酒精恰當地乘載著風味，但依舊透著非凡的光芒。讓酒液停留在口中，其中的細微特徵就會變得明顯：萊姆精油與葡萄柚木髓（pith）。

# BOMBAY SAPPHIRE

## 龐貝藍鑽

我第一次正式對G&J的琴酒上癮是在大約十九歲的時候，當時我在康瓦爾（Cornwall）當地一間酒吧當廚師。不過，那間酒吧只進高登的琴酒，對當時的我來說，這也是世上唯一的琴酒。那年我生日快到的時候，酒吧老闆遞給了我一個看起來可能是瓶子包裝的長方盒。包裝裡是一份直接撼動我內心深處的奇妙禮物。冰川般藍色的玻璃瓶，珠寶般精確的切工，散發著金黃光輝的紋飾，以及一張以維多利亞女王臉龐作為的擔保。這是一瓶龐貝藍鑽琴酒。它改變了一切。而我也相信我並非唯一一個感謝龐貝藍鑽點燃這片世界好奇心的琴酒飲者。龐貝藍鑽曾經是（或在某些層面而言依舊是）琴酒復興故事得以展開的動力，此話一點也不誇張。

1959年，一位住在美國紐約的律師艾倫·蘇賓（Allan Subin）開始轉型成為烈酒進口商，發想並推出了龐貝干型琴酒（Bombay Dry Gin）。蘇賓的太太是英國人，蘇賓本人也多多少少是親英派人士，所以他決定在英格蘭本土蒸餾他的產品，並使用G&J格林諾蒸餾廠（G&J Greenall，見P.108）的蒸氣浸潤型「卡特馬車頭」蒸餾器。此酒款的配方根據1761年G&J格林諾蒸餾廠成立者湯瑪士·戴金，不過戴金肯定從未製作過類似龐貝干型琴酒的烈酒，因為他在1821年過世之後的十幾年才有了蒸氣浸潤的蒸餾方式。

直到1980年代中期，也就是正值琴酒的黑暗時代，龐貝終於挖到寶藏⋯⋯嗯或是說挖到藍鑽。這項功勞一定要歸屬於烈酒夢想家米歇爾·魯（Michel Roux），他可以說是近期相當成功的絕對伏特加（Absolut Vodka）背後的最大功臣。當他將心思放到琴酒身上，並在沃靈頓的G&J格林諾蒸餾廠工作時，他對琴酒突然冒出了新的體悟。只要找到些之前從未聽過的植物、以及一個不僅能夠洗白英屬印度還能讓它變得迷人的名字與包裝，然後龐貝藍鑽

就在1987年誕生了。龐貝藍鑽以龐貝經典（Bombay Original）為基礎，再加上一些額外的原料，包括華澄茄（cubeb berries）與天堂椒（grains of paradise，又稱摩洛哥豆蔻），兩種辛香料都與胡椒粒有關。

目前，龐貝烈酒公司為百加得國際集團（Bacardi Global Brands）所擁有，此集團也是全球最龐大的家族飲品公司。百加得集團花了大筆資金，才以三年的時間將龐貝生產線完全遷移至嶄新蒸餾廠，此地是位於北威塞克斯（North Wessex Downs）的原雷弗斯多克磨坊（Laverstoke Mill）。此場址早在西元十世紀就已經是磨坊，而且在1086年的《末日審判書》（Domesday Book）就已經被提到了。1719年，磨坊由亨利·波特改建為造紙廠。直到1968年之前，雷弗斯多克造紙廠都負責為英格蘭銀行（Bank of England）造紙，波特的公司同時也為英國紙幣引進並發展了浮水印。對於一個自身僅有短短歷史的琴酒品牌而言，這些歷史都實在太吸引人了，所以他們決定買下此地。

新蒸餾廠在2012年開工動土，到了2013年便開始裝設各臺蒸餾器，2014年秋季便向大眾開張。這是我見過最壯觀的琴酒蒸餾廠，此話一點都不誇張。由湯瑪士·海澤維克（Thomas Heatherwick）設計的非凡植物溫室就像是一座小型的生態系，其中居住著一百二十個植物物種，每十種植物就有一種用於龐貝藍鑽。令人刮目相看的還有溫室的增溫熱源甚至源自蒸餾間剩餘過多的熱能，而每一片玻璃也都經過特殊結構設計，若是卸下幾片玻璃，整座溫室就有坍塌的風險。很受驚豔嗎？不僅如此，雷弗斯多克磨坊裡面還有一間調酒學院、一間馬丁尼杯博物館、一間植物感官體驗室，以及公司與蒸餾廠員工的辦公室。每個月此蒸餾廠都會有七千五百名訪客，每一位參觀者進場時都能得到一個「個人互動導覽」，此裝置配有微晶片，會在訪客靠近埋

▲龐貝藍鑽是最知名的頂級琴酒品牌之一，在說到正統道地的琴
　酒方面，此品牌幾乎每一項條件都完美達成。

在蒸餾廠四處地板下方的感應器時，啟動對應的語音解說。

　　如果各位覺得漢普郡（Hampshire）郊區還不夠綠意盎然，這座蒸餾廠也擁有無人能出其右的「綠色」環境能源友善。此廠只約有一半的耗能源自他們的攝氏900度生質燃燒鍋爐（biomass boiler）的回收利用，以及分別放置於蒸餾器前後的精密熱回收系統。每當全英國最純淨的白堊河川泰斯特河（River Test）流經這座蒸餾廠時，水位會上升一點點，蒸餾廠的水渦輪機也會啟動，加入能源陣線，再為蒸餾廠添加所需的十分之一電力。

　　每次談到這些額外的驚人事蹟與成就，其實很容易忘記雷弗斯多克磨坊是一間琴酒蒸餾廠，而且還是非常傑出的蒸餾廠。蒸餾廠在任何時間都有大約50萬公升的高酒精濃度中性烈酒的庫存，但產線僅需十個工作天就能耗盡。他們的烈酒會以3萬公升的水槽，這種水槽可以在兩小時之內完成卸貨——速度是各位當地汽油／天然氣幫浦的五倍。

　　這樣的蒸餾廠可能連想像都有點困難，更別說實際建造與每天的經營了。嗯，這樣的疑問我們也許該問問尼克・福特漢姆（Nik Fordham），他是蒸餾廠建築師、生產經理、首席蒸餾師與雷弗斯多克蒸餾廠大使。擁有生物學與化學雙榮譽學位的尼克，曾經踏上成為科學研究與發展的道路。但他在後來投入了烈酒製造領域，當他還在英人牌擔任蒸餾廠經理時，用僅僅兩年的時間完成了需時三年修習的釀造與蒸餾研究學位，途中還獲頒琴酒與伏特加協會獎（Gin & Vodka Association Award），

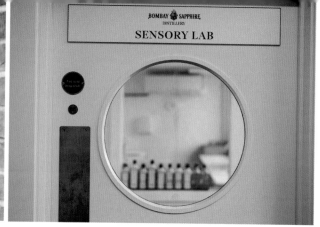

▲在這裡的乾燥室（Dry Room）中，參觀者將進行一場龐貝異國植物配方原料的感官體驗之旅。

▲別讓雷弗斯多克磨坊如畫般的美景設計矇騙了。這是一間完全運作的琴酒蒸餾廠，裡面擁有所有該具備的蒸餾器、辦公室，還有訓練學院與一間實驗室。

以及蘇格蘭酒廠同業公會（Worshipful Company of Distillers）的獎學金。

漫步在蒸餾廠中，我們的話題隨興跳躍，從投入當地野生物種計畫（雷弗斯多克被列為特殊科學價值地點〔Site of Special Scientific Interest，SSSI〕），到他在每一臺蒸餾器裝設的循環系統，能依據蒸餾溫度自動調節流速。當尼克向他的前公司說他即將離開去龐貝藍鑽，他們問他什麼條件才能讓他留下。尼克說：「幫我蓋一間蒸餾廠。」他們婉拒了。真是一大損失。

### 龐貝經典Bombay Original，酒精濃度37.5%

如氣泡嘶嘶作響的柑橘香氣、檸檬雪酪與鮮活的芫荽籽。接著出現的是植物根的氣味，柔和、堅果調性與藥草的氣味。其他各種香氣都包裹在杜松子之中。入口後的味道則有更多大地土壤風味，並且比龐貝藍鑽柔和。殘存不去且昏沉，杜松子的風味一路繚繞至尾韻。一款完美的G&T琴酒。調酒的裝飾可以是一長條檸檬皮或黃葡萄柚皮。

### 龐貝藍鑽Bombay Sapphire，酒精濃度40%

首先吹來的是一陣純淨、綠色與柑橘風味的新鮮清風，很快地是活躍的粉紅胡椒粒與強烈的芫荽籽，最後緩步而來的是較干性的辛香料。酒體輕盈，但依舊擁有強烈力道與深度。入口後可以嚐到

杜松子、乾燥果皮與許多的胡椒調性香氣。對我來說，這款琴酒做成白色佳人與飛行（Aviation）總是有非常美味的表現。

### 龐貝東方Bombay East，酒精濃度42%

沒錯，就是東方主題。此酒款帶有新鮮青草的萊姆與檸檬調性，無所不在卻不會過於濃烈。其中帶有一點甜味，就像會加在泰式咖哩的溫潤紅糖。入口後風味偏向杜松子，但飄渺；接著柑橘香氣闖入，讓味蕾中段干性特質就像是用乾硬畫筆刷過的黃色顏料。雙唇都能感到黑胡椒輕搔的刺激。各位可以試著用琴琴騾子（Gin-Gin Mule）品嚐此酒款——最後以薑汁汽水添滿酒杯，擠上些許萊姆，再灑上一點糖漿。

### 龐貝之星Star Of Bombay，酒精濃度47.5%

對於蒸氣浸潤的琴酒而言，其強度無與倫比。佛手柑的香氣濃厚，快速、明亮，但同時柔軟且沒什麼活力。口腔的加溫使得帶有胡椒特徵的杜松子打頭陣，但是當辛香料真的猛然現身時，也注入了一股柑橘風味。每一次發想一些奇妙的酒譜設計時，這款酒都依舊能達到平衡。各位一定要嚐嚐此酒款的馬丁尼，越干越好。最後只需要很小一片的葡萄柚或佛手柑皮。

▲雷弗斯多克磨坊曾經是一間造紙廠，負責印刷英國與澳洲聯邦銀行（Commonwealth bank）的紙幣。某段短暫時期中，它還曾是警犬訓練中心。

◀雷弗斯多克磨坊著名的植物生態系（訪客參觀導覽的景點之一），這裡如同香氣飄現一般，從蒸餾室之間突然浮現。

# CHASE

## 翠斯

大約有一個世紀以來,翠斯都是英國第一間獨立工藝白烈酒蒸餾廠,以我個人小小淺見,翠斯可稱為許多其他蒸餾廠的範本。當翠斯在2007年開始建造之時,其實沒有什麼可以依循的公式,我想也有不少對於它是否會成功存疑。無論如何,他們決定全力以赴,建造一座有能力製造超過酒精濃度96%烈酒全尺寸的柱式精餾器,。這些設備絕不廉價,因此這是極具勇氣但必要的決定,而這正是翠斯成為英國少數幾間擁有此設備的琴酒蒸餾廠。不過,將翠斯稱為「蒸餾廠」其實不算公允。翠斯其實是一間工作農場,裡面的人們會穿著雨鞋到處走動,拖拉機也隨興地停在這兒、那兒。每一年,農場都會舉辦一場酒業音樂季「搖滾農場」(Rock The Farm),這個家族會邀請調酒師到田野露營,還有到穀倉共飲。此蒸餾廠打從第一天便開始將誠實與正直當作重要考量,這也是我之所以如此景仰此品牌與這個家庭的原因之一。

翠斯蒸餾廠的故事要從威廉·翠斯(William Chase)說起,他是一名來自赫里福德郡(Herefordshire)的馬鈴薯農。在2002年建立起一個相當成功的洋芋片事業,泰瑞(Tyrrell's),若是各位住在英國對此洋芋片品牌一定不陌生。泰瑞洋芋片是美味的帶皮洋芋片,所以這一包炸過的薯片毫無疑問地要價超過一英鎊。成立與經營一間洋芋片工廠其實並不容易,所以威廉找了一位工程師夥伴,名為傑米·巴克斯特(Jamie Baxter),而傑米在未來某一天將會幫助威廉建立他的蒸餾廠,以及其他許多蒸餾廠。

後來發現,小型馬鈴薯並不適合製作洋芋片。2004年,威廉想到他可以把剩餘的馬鈴薯庫存拿去蒸餾成伏特加,而他也剛好在美國遇到一間就是如此經營的小型蒸餾廠。威廉向傑米說,「幫我建造一間蒸餾廠吧!」而傑米也高興地答應了。幸運地是,這項努力背後擁有可以支持的資金,因為威廉

當時正準備將泰瑞洋芋片品牌售出（報導指出該品牌最終以三千萬英鎊的價錢賣出）。

人們對於翠斯的關注主要聚焦於原料。說到底，他們就是農夫，而他們的中性烈酒依舊百分之百使用種在赫里福德郡自家農場的蘋果與馬鈴薯蒸餾。他們在蒸餾自家烈酒時，沒有任何節省成本的概念，1公升的馬鈴薯或蘋果製的烈酒成本，大約是直接購買穀物烈酒的五倍。他們之所以會這麼做，單純是認為這樣能做出更好的烈酒。

我在翠斯品牌發展相當早期就與他們接觸，第一次與這些傢伙碰面是在聖誕節食品展，那時他們第一間於2007年開幕的蒸餾廠才剛運作六個月。因為是在如此初期的草創階段（當時的產品只有伏特加與一些水果利口酒），他們的品牌名稱仍是叫做泰瑞，但很快就改名了。接著，他們推出更多酒款，其中包括了「威廉琴酒」（Williams Gin）。這款酒當時還在相當初期的概念化階段，我很幸運地在此酒款得發展期就拿到了樣品，由主導品牌的威廉其兒子詹姆士（James）幫我取得。此酒款以蘋果烈酒為基底，採用翠斯蘋果酒蘋果園的果實釀造。蒸餾威廉琴酒蒸餾器的名字可能是史上最棒的，叫做「琴妮」（Ginny），蒸餾配方包括啤酒花、接骨木花與蘋果等等。對我而言，早期版本有的花香與啤酒花香氣有點過重。詹姆士、傑米與威廉想必也有相同想法。最終產品的確將這類香氣強度降低一些。

之後，所有發展變得相當瘋狂。產品列表也增加了無數利口酒，包括威廉琴酒、威廉大英

◀威廉翠斯蒸餾廠體現了將穀物裝進玻璃瓶中的蒸餾方法，不過他們用的不是穀物，而是蘋果與馬鈴薯。

▶美味的酒液、漂亮的酒瓶，還有每支酒免費附贈的領結——實在挑不出毛病了。

▲重視產品的細節，以及四周鄉間密不可分的關係，就是翠斯成功的關鍵。

琴酒（Williams GB Gin）、威廉塞維亞柳橙琴酒（Williams Seville Orange Gin）、翠斯發現橙橘琴酒（Chase Eureka Citrus Gin）、威廉黑刺李與桑椹琴酒（William's Sloe & Mulberry Gin），以及翠斯水果杯（Chase Fruit Cup）。

### 威廉優雅「清脆」Williams Elegance 'Crisp'，酒精濃度48%

這款力道猛烈的琴酒，擁有非常強烈的香氣，發酵水果、蘋果奶酥（apple crumble）、啤酒花與胡蘿蔔蛋糕（滿滿的肉桂香料鮮奶油起司霜）。沒錯，入口後確實相當純淨且爽脆；柔軟的植蔬調性如同月相盈虧般的對比，桂皮、乾燥羅勒與接骨木花則像是一道道反擊。宏大、複雜且並不那麼灼燒。這是一款與水果果汁能美妙搭配的琴酒。蘋果就是最明顯的選擇。

### 威廉大英「特干」Williams Great British 'Extra Dry'，酒精濃度40%

濃縮。鼻腔像是經歷一場水果沙拉狂歡，接著是卡士達塔與杜松子。杜松子在口腔的味道特別鮮明，同時伴隨不甜、堅果辛香料與柔軟的草本調性。飽滿又充滿果香，但不甜，風味一路延伸至尾韻。是琴湯尼的常勝酒款。

### 翠斯發現橙橘Chase Eureka Citrus Gin，酒精濃度40%

檸檬軟糖與糖漬檸檬皮的風味，但不是新鮮刺激的檸檬香氣。入口後檸檬木髓的特質漸強，然後轉為明亮的檸檬汁。尾韻綿長且穩定，伴隨黑胡椒與柑橘皮緩慢地退卻。如果各位喜歡十足的檸檬味，別考慮了，就將這款酒與苦檸檬汽水（bitter lemon）做成調酒。

# EAST LONDON LIQUOR COMPANY
## 東倫敦烈酒公司

　　生產「手工精釀」的琴酒也很不錯。但是，不論是採用乘羊駝摘採喜馬拉雅山芒果，或是以威尼斯穆拉諾島（Murano）吹製玻璃盛裝，要是一瓶也賣不掉那就一點兒也不重要。在金字塔頂端的頂級琴酒領域中，酒款的售價持續攀升，不是售價飆升，就是酒瓶容量越來越少。對於一間想要在接下來五年之後仍能永續經營的蒸餾廠來說，就必須克服從農夫市場攤位高價收購「新奇原料」，還要確保某些產品能夠持續重複地售出。那麼，能夠被重複購買最有效率的方法就是讓酒款擠進酒吧的酒單。

　　東倫敦烈酒公司就沒有這類問題。其創始人艾力克斯・沃爾佩特（Alex Wolpert）的野心非常顯而易見，不僅在投資方面明確地投注於位在東倫敦的博・瓦爾夫（Bow Wharf）酒廠（前膠水工廠），同時也考慮進攻行銷領域並提高酒款的售價。簡而言之，他們的計畫不是想辦法人手一瓶，而是吸引許多會購買一整箱的人。然後讓他們繼續購買更多箱。想想艾力克斯的工作背景其實應該就不會對於這種行為手法過於驚訝了，艾力克斯曾在倫敦的酒吧與餐廳公司Barworks擔任經營經理，此公司多方經營，例如肯頓啤酒廠（Camden Brewery）、連鎖餐廳The Diner，以及哈克斯頓旅館（The Hoxton Hotel）等等。Barworks也在背後支持此計畫，就我所知這是首度出現的經營類型：一間小型獨立蒸餾廠打算將工藝烈酒帶進大眾市場。

　　他們找來了蒸餾師傑米・巴克斯特（見

▼擁有琴酒、威士忌、伏特加與蘭姆酒等一手好牌，東倫敦烈酒公司很快成為英國營運最穩定的酒吧。

P.102），協助他們完成配方開發與蒸餾廠設備規劃，後來則是由生物化學家湯姆・希爾斯（Tom Hills）取代。蒸餾廠裡的有粗獷的木頭、外露的鋼鐵與倉庫的玻璃牆，還有一對驚人的荷斯坦（Arnold Holstein）蒸餾器（分別是650公升與450公升）。製造三款琴酒、一款伏特加與在不遠未來將推出的威士忌。東倫敦烈酒公司也從美國進口蘭姆酒與裸麥威士忌再標上自家酒標，所有自家酒款與一些其他品牌都會在他們的蒸餾廠調酒酒吧與商店販售。廠內還有一間功能齊備的廚房、酒窖有一間熟成倉，還有能夠停放最多五十輛汽車的空間，待在東倫敦烈酒公司蒸餾廠的一天，其實就像是逛著一間以酒精為主題的購物廣場。

除了中性烈酒，所有產品都是在蒸餾廠中從製造一路到裝瓶。他們的標準倫敦干型琴酒裝在透明的平價白酒酒瓶中，但是那個古怪的馬兒上下顛倒酒標，就讓這款琴酒帶有不經意的嬉皮風格（將歷史中對於膠水製造工業相當「實用」的老馬，做了有趣的變化）。降低酒瓶成本的考量還包括團隊必須將產品的批發價維持較低的價格。而各位能以不到英鎊二十元的價格買到一支700毫升的琴酒。調酒酒吧則可能可以用不到英鎊十五元的未稅價格購買，這也讓東倫敦烈酒公司的倫敦干型琴酒價格相當親民，而且會認真考慮將它使用為酒吧自選琴酒。蒸餾廠裡的酒吧也的確就是如此使用，但加上了幾十種Barworks公司營運中的產品，而光是這樣其中應該就有能夠繼續運作的商業模式。不過，這並不代表他們必須依靠這個銷售模式，因為他們從自2014年10月開始的銷售版圖，就已經向外出口至新加坡、日本、南非與大部分的歐洲。

他們也接連推出兩款「特別珍選款」的倫敦干型琴酒，我想未來會看到更多這類酒款。批次1號（Batch No.1）玩弄著將大吉嶺茶葉當作植物的

概念，酒精濃度稍稍調高一些來到45%。批次2號（Batch No. 2）是力道更強一點的烈酒，酒精濃度為47%，也是我嚐過堪稱最草本的琴酒。

蒸餾廠的酒吧（與停車場）讓東倫敦烈酒公司成為最值得參訪的蒸餾廠之一。各位可以在玻璃牆後方的酒吧，一面看著蒸餾廠的運行，一面享受美食與美酒到心滿意足。

**倫敦干型琴酒London Dry Gin，酒精濃度40%**

辛香料可以稱之為這款酒的主打，伴隨著大地調性的薑與豆蔻。也透著一些柑橘香氣，但杜松子的風味再度退居幕後。加水之後能展露芫荽的風味，若是加通寧水還能更為強化。口感輕盈、緊實且不甜。很適合搭配通寧水，再加一點苦檸檬汽水更棒。

**批次1號Batch No. 1，酒精濃度45%**

一開始帶有溫暖的薰衣草與迷迭香風味，在熟悉的豐滿杜松子現身之後，幾乎瞬間退卻。加水之後會出現活潑爽利的葡萄柚香皂的味道，但整體口感為干型。入口後確實如預期般的非常不甜。如果你喜歡馬丁尼，推薦這款琴酒。

**批次2號Batch No. 2，酒精濃度47%**

涼爽煮過的小黃瓜與新鮮薄荷，因此這款琴酒初聞就有美味希臘優格小黃瓜醬（tzatziki）的味道。接著漸漸飄移至更多發黴、橡木苔（oak moss）風味，但整體印象依舊是安定冷靜的感受。入口後有許多草本風味，伴隨乾燥羅勒、乾燥草本（savoury）調性與乾燥紫羅蘭花朵。尾韻持續以草本風味為主。此酒款能做出美味的草本馬丁尼，但同樣也很適合與薄荷及萊姆做成南方（Southside，以琴酒為基酒的莫希托〔Mojito〕）。

▶一個擁有自家蒸餾廠的獨立烈酒品牌能推出一瓶英鎊二十元的琴酒？沒錯。

# G&J DISTILLERS

## G&J蒸餾廠

　　位於柴郡（Cheshire）的沃靈頓鎮佇立於梅西河（Mersey）的河岸，不知自己到底屬於利物浦（Liverpool）還是曼徹斯特（Manchester）的郊區，或者都不是。乍看之下，沃靈頓不太像是一個會有蒸餾廠的地方，尤其是全英國最古老又仍在運行的琴酒蒸餾廠，但是這裡的歷史深厚，而且身懷眾多琴酒品牌。

　　在十八世紀，沃靈頓就位於重大發展擴張的中心，這波浪潮就是工業革命。當英國第一個運河網絡建立，而連結起利物浦與倫敦一帶時，梅西河變成可以航行的河流。製造業蓬勃發展，連帶興盛的還有漁業、電線製造、肥皂製造、玻璃吹造與紡織製造，而釀酒在當時是此城鎮的主要貿易項目之一。哪裡有釀酒，蒸餾就不遠了。而這句話可以說是G&J蒸餾廠實實在在的創建歷史。

　　1760年2月，一位來自沃靈頓擁有雄心壯志的年輕商人湯瑪士・戴金（Thomas Dakin），從一位富有的年老未婚女子手中買下了橋街西邊的一整條土地。當時，他花了英鎊八百一十六元，大約相當於今日的英鎊十五萬元。他計畫用這塊土地建造一座蒸餾廠，以當時的眼光而言，這完全是瘋狂之舉。

　　此時英國的蒸餾產業如同一灘死水，因為一道長達三年的蒸餾禁令，這項禁令則是由於穀物歉收，需要保留穀類用於製作麵包。琴酒在經歷了三十年「狂熱」的致命打擊之後，此時的名聲依舊深埋谷底。然而，在這一片愁雲慘霧之間，戴金似乎看見了機會。到了十八世紀的尾聲，橋街蒸餾廠已經成為繁榮興盛的家族事業，其中包括製造樓層、儲倉空間、一間店舖與住宿服務。不僅如此，他們還推出了其他酒精飲品，包括波特（Porter）、雪莉（Sherry）、艾爾啤酒（Ale）、蘭姆酒（Rum）與白蘭地（Brandy）。

　　1790年，蒸餾廠的營運交棒至戴金的兒子，愛

▼卡特馬車頭蒸餾器（圖左）與改造版壺式蒸餾器（圖中），直到相當近期，龐貝藍鑽都還是使用它們製作。

▲就算是G&J蒸餾廠的營運規模,火力與蒸氣壓力的控制依舊是以人工雙眼謹慎地監視。

▲裝瓶已是自動化程度相當高的流程。

德華。不過,絕大部分蒸餾廠營運的壓力都是由愛德華的太太瑪格麗特・斯坦頓(Margaret Stanton)應付。由具事業心的女性掌管釀酒廠與蒸餾廠的營運在當時並不算罕見,1809年的一場董事會中,瑪格麗特還被列為「橋街蒸餾廠的整流者」。瑪格麗特也是歷盡艱辛與耗費心神才順利得到這份工作,愛德華在1802年驟逝,1815年他們的長子愛德華・斯坦頓・戴金(Edward Stanton Dakin died)也離開人世。也許各位會想說能力卓越的湯瑪士・戴金(當時為七十九歲)也許會重新執掌,協助蒸餾廠度過難關,但瑪格麗特以一人之力繼續推動營運。

到了1860年代,戴金對於製作琴酒的熱情似乎逐漸退卻,蒸餾廠便租給了釀酒世家格林諾家族,他們大約在湯瑪士・戴金的店舖開幕之時於附近的聖海倫斯(St Helens)也建立起自己的事業。1870年,格林諾家族終於以英鎊三千五百元的價格買下了橋街蒸餾廠,以及湯瑪士・戴金所有酒款的配方。1926年,蒸餾廠遷移至位於勞休斯巷(Loushers Lane)的新址,該公司繼續在二十世紀不斷成長,主要多虧了品牌伏帝亞伏特加(Vladivar vodka)。

2005年災難驟降,廠中裝瓶產線突然爆發大火。如湖水般巨量的烈酒變為火焰的燃料,一路延燒演變成自第二次世界大戰之後,柴郡歷經的最嚴峻火災。除了公司辦公室之外,一切付之一炬。不可思議的是,格林諾的首席蒸餾師喬安・莫爾(Joanne Moore)在大火發生僅僅十天之後,便重新開始恢復製造。當然,那只是臨時的應變設施,之所以需要是因為必須產出其他人下訂的酒款。他們隨後在鄰近的沃靈頓郊區的工業用地建造新蒸餾廠,並在2007年將製造產線轉移至此地。

如今,格林諾的蒸餾廠叫做G&J蒸餾廠,全英國最大型的白色烈酒製造商。英國製琴酒總數約有六成都從他們蒸餾廠的大門運出,約占全球琴酒供應總量的兩成。擁有這間蒸餾廠的Quintessential Brands集團在此廠生產五款自家品牌名稱同名的酒款:格林諾(Greenall's)、布魯(Bloom)、伯克利廣場(Berkeley Square)、所羅門(Opihr)與湯瑪士戴金(Thomas Dakin)。他們同時也蒸餾出產蘭頓(Langton's)、布洛克曼(Brockman's)、波德仕(Boodle's)、博依(Boë)與鬥牛犬(Bulldog)等琴酒品牌的酒款——再加上布魯與伯克利廣場就有六款琴酒的名稱都是「b」字母開頭。英國所有超市琴酒品牌都是由此處製造,直到近期,G&J蒸餾廠生產的酒款更加入了第七個「b」開頭的品牌:龐貝藍鑽(Bombay Sapphire,見P.98)。此品牌至今也是在此處裝瓶。

蒸餾廠擁有兩間幾乎一模一樣的蒸餾間——經過2005年的教訓之後,為了意外事故應變所設計——兩間都各有一臺卡特馬車頭蒸餾器(曾用來製作龐貝藍鑽,現在為百加得集團所有)、一臺約

▲此照片捕捉到的大約是G&J蒸餾廠巨大裝瓶與包裝工廠產線的五分之一。

▲幾乎所有英國的琴酒與伏特加超市自有品牌都在此處生產與裝瓶。

翰多爾壺式蒸餾器,以及另一臺加裝了蒸氣浸潤槽的壺式蒸餾器。其中一間蒸餾室還有一臺球型的8號蒸餾器(No. 8 still),容量相對而言較小(500公升),用來製作新系列的琴酒。所有G&J蒸餾廠製作的琴酒都是利用多倍法,除了湯瑪士戴金。

G&J蒸餾廠的裝瓶產線模樣十分復古,會讓人想起《魔鬼終結者》(Terminator)系列電影中的機器人工廠,雷射、壓力感應平臺、紅外線掃描器,以及一臺一萬英鎊的噴嘴裝瓶機,每分鐘裝填數量上看三百瓶。這臺機器在處理四十支不同形狀酒瓶時,通常能在不到五分鐘的時間內,完成卸裝、清潔、裝填、封蓋、貼標籤、裝箱,並堆放在等著出貨的棧板上。一切過程都在僅僅半打的員工監控之下就可以完成。

## 伯克利廣場Berkeley Square

雖然感覺G&J蒸餾廠的首席蒸餾師喬安・莫爾展現了高度靈活,試著在Quintessential Brands集團之下推出的系列酒款中,嘗試探索琴酒世界的極限。但若是談到「新」,就連布魯與伯克利廣場2008年推出的品牌,以現在的標準而言,都已經可以算是

步入暮年了。布魯的酒款中我們可以看到花香的強調、所羅門是辛香料,而伯克利廣場想表達的全都是草本。羅勒、薰衣草、青檸葉(kaffir lime leaves)與「手搓鼠尾草」(別想歪了)等特質,一起結合出這款擁有鮮綠滋味的琴酒。不過,卻不太強調杜松子的表現,所以我會將它歸類為我所稱的「強烈風格化」的倫敦干型琴酒。

羅勒、鼠尾草與薰衣草的處理過程中,會先裝進平紋細布(起司紗布),再將整包以高酒精濃度的酒精浸泡二十四小時——就像在你的紅酒燉牛肉料理中丟進一束香料——然後再進行蒸餾。平紋細部包其實相當必要,伯克利廣場早期的實驗中,總是會發現烈酒裡帶著些許綠色色調,推測可能是某些草本中的葉綠素的沉澱所致。比較傳統的植物原料再加上青檸葉則會經過四十八小時的浸泡,也就是瓶身酒標上「48」所代表的意思。根據伯克利廣場表示,蒸餾的過程相當緩慢,目的是輕柔地慢煮所有原料——我個人是有點難以接受這樣的說法,因為不管蒸餾器如何運作,所有植物都必須再提升至攝氏80度的烈酒中熬煮。

身為Quintessential Brands集團中的一員,這個品牌的行銷可謂多采多姿。我曾經聽過伯克利廣場

是「陽」而布魯是「陰」的用語，因此這款琴酒比較偏向男性導向。我覺得包裝的確頗為陽剛，而且Quintessential Brands集團也的確將此產品以「琴酒世界的單一麥芽威士忌」推銷，但是，除了鼠尾草與羅勒帶來的嚴肅、香薄荷特性，我實在想不透為何這款琴酒不能用更多不同的方式，讓所有人都享受。

### 伯克利廣場Berkeley Square，酒精濃度40%

鼠尾草相當鮮明，伴隨著洋茴香——宛如北京烤鴨。鼠尾草擁有美味的苔蘚與綠色調性，接著很緩慢地出現乾燥羅勒的香氣。入口後有強烈的草本香氣，但更為干型且更多木質特性，而非新鮮且鮮活。乾燥的羅勒再添加薑的風味。各位可以嘗試加冰塊純飲，也可以試試做成琴湯尼，並以小黃瓜與薄荷裝飾。

## 布魯Bloom

不是我太憤世嫉俗，但你看看那個酒瓶，植物配方中還有洋甘菊與忍冬（honeysuckle），而且當然再加上這個品牌的名稱布魯（Bloom，也譯為花樣），不禁讓我覺得此琴酒想要打進女性市場的意味也太高調了。當然，萬一我真的說出這個連結，就必須冒著延續強化刻板女性氣質這類陳腔濫調的風險，所有眼光銳利的挑剔女性飲者可不是只有稍稍光顧此品牌。另一方面，我也暴露在離間男性飲者與布魯琴酒罪名的危險之中，因為男生不喜歡花，對吧？唯一的作法就是接受這個品牌就是明確的男女通用品牌，接受它的包裝與風味都是恰巧偏向花朵調性。如果各位喜歡花，也喜歡花的風味——不論你是男人或女人——你都該試試這款琴酒。

在所有嚴謹的發想中，喬安·莫爾在到處嘗試倫敦干型琴酒的極限時，創造了一款她相當有興趣的產品。透過使用洋甘菊、忍冬與柚子等花朵與柑橘特性，找到了一種不使用平常「熬煮」這些纖細原料的方法，做出新鮮且十足芳香的琴酒，而且重要的是，這種方式並未完全捨棄我們在倫敦干型琴酒中喝到的杜松子風味。

### 布魯Bloom，酒精濃度40%

優雅精緻的花香。柚子與忍冬是兩個最主要的風味，至少可以說是微妙。嚐起來依舊是這般令人心疼地溫柔。酒液帶有架構也有技巧，但除了最初的甜味與柔和的柑橘調性一路綿延至尾韻，其他特徵都有點模糊。適合做成以花香為主題的馬丁尼，除了伏特加也可以選擇這款琴酒，也可以冷藏至極冰，然後添加些許玫瑰檸檬汽水。

## 格林諾Greenall's

數年之前，格林諾經典倫敦干型琴酒陷入絕境。但到了2013年，此品牌開始重新定位行銷策略，他們將酒精濃度下降了2.5%，價格更是調降不少，而格林諾因此打入了低預算酒款的領域。雖然這個品牌頂著世上營運最久的琴酒蒸餾廠的名稱，如今它走上了一條琴酒谷地中的孤獨道路。這條道路就在坦奎利與英人牌等值得信賴的名稱之下，然後只比某些自有品牌高一點點。

在Quintessential Brands集團的系列中，有了所羅門與布魯等頂級琴酒品牌，可以理解勢必要有某一個品牌為了整個團隊擔任平價與低預算的角色。不過，此集團也許低估了它的品牌們——也許可以說是嘗試改變品牌原本的基因——但以短期發展而言，至少獲得了成效；光是2014年一整年，英國就賣出了一百三十萬瓶，幾乎是2011年的兩倍。經典倫敦干型琴酒中，他們使用了八種最溫和的植物：杜松子、芫荽、檸檬皮、歐白芷根、鳶尾根、甘草、桂皮與苦扁桃（bitter almond）。再加上「黑刺李」與「野莓」酒款，以及一系列的瓶裝與格林諾為基底的「調酒」產品，全系列酒品完備了（而所有尊嚴也蕩然無存了）。

但是，撇除售價與包裝不談，這些依舊是優質琴酒。沒錯，它在英國本地的酒精濃度只有37.5%（出口酒款的酒精濃度達48%，在德國頗受

歡迎），但一瓶不到十二英鎊的售價，實在很難還有什麼可以抱怨的。格林諾就是一個相當矛盾的情況，其實只要它將包裝換得更「有說服力」，再把售價調高約兩成，就能輕鬆吸引到許多熱情支持者。不過，隱蔽性、高品質與低售價等特質，仍然讓我們很容易衝動地想要用它做成琴湯尼，度過美好的下午！

### 格林諾經典倫敦琴酒Greenall's Original London Dry，酒精濃度37.5%

初聞相當清爽且有明顯的酒精味；杜松子的香氣一閃而過，隨之而來的是萊姆汁與體香膏（不是鬍後水）。加水之後能帶出紫羅蘭的特徵。口感輕盈，但不討厭。杜松子快速地竄出，並綿延一段時間。尾韻漸漸飄散得只剩下烈酒的灼熱感。我無法想像有任何人會把它用來做成琴湯尼之外的東西。

### 所羅門Opihr

我必須承認，我確實花了十分鐘用Google搜尋「opihr」一詞，想要了解這個詞的真正意思。事實證明，這不是任何語言的字詞，至少Google並不認識它。但是，稍微改變一下其中的字母，就會得到「奧菲爾」（Ophir）一詞，這是奉行聖經的國家，可能位於阿拉伯南部或非洲東部沿海，所羅門王（King Solomon）從那兒帶回了金、銀、檀香、寶石、猿猴和孔雀。有趣的是，所羅門琴酒品牌的網站提到了這片富饒的神話般土地，讓我不禁猜想，也許這品牌發展的一路上某個人在某個地方打錯了一些字。

撇開拼字學問的賣弄，在今日擠滿了品牌的琴酒游泳池中，所羅門正是一個輕鬆浮出水面的品牌。國際葡萄酒與烈酒研究中心（International Wine & Spirits Research，IWSR）甚至在近期將它列為全球成長最快速的特頂級琴酒品牌，它在2013至2014年間銷量便增長了277%。

如此成功背後的原因主要必須歸功於所羅門的「東方香料」（Oriental Spiced），這款酒非常簡單

且極具影響力。酒瓶上紅色、藍色和金色的設計能喚起人們一種殖民印象，精緻的大象裝飾更是有所呼應。矮胖結實的瓶子（有人跟我說這種瓶身在製瓶產業中稱為「相撲」）也讓人有種稀有、珍貴又走遍世界各地的感覺。瓶頸甚至綁著一條免費的金紅相間流蘇掛繩。不過，說真的，這真是十分傑出的品牌形象打造，同時也強烈反映了瓶內酒液的品質。

這也讓我們把話題帶回到酒液。啊，沒錯，這酒液呀。我真的很喜歡琴酒那能夠追溯香料歷史旅程的特質。香料一路從東印度群島，穿過印度、非洲東岸，再抵達歐洲。各種過去曾用來製作琴酒的亞洲和非洲香料，都向我們訴說了琴酒的歷史，以及為了將這些珍貴商品帶回歐洲蒸餾廠的種種努力。源於馬來半島（Malay peninsular）上麻六甲（Malacca）的蓽澄茄、來自中國的桂皮、從印度西南海岸馬拉巴（Malabar）而來的豆蔻與特利奇里黑胡椒粒（Tellicherry black peppercorns，香氣更強烈且較大顆的黑胡椒）、源自土耳其的小茴香（cumin），還有來自摩洛哥的芫荽等。如果各位覺得這些原料聽起來好像準備做咖哩，我想你應該也不會訝異這款琴酒的確嚐起來與咖哩有幾分相像。

### 所羅門Opihr，酒精濃度40%

這款琴酒聞起來酒像是小茴香。接著，除了也有薑黃與咖哩葉的香氣，也許甚至還有些許印度烤餅剛出爐的香氣。口感柔和，胡椒與咖哩香料大集合的香氣搭配得宜。這其實根本就不是琴酒，而依舊是美味的烈酒。它很適合當作變形版內格羅尼的基酒。

### 湯馬士戴金Thomas Dakin

想到湯瑪士·戴金（G&J蒸餾廠的創始元勛）的創業家英雄精神，以及他身後留下的珍貴琴酒配方時，鐵定會覺得這款直接在瓶身印上他的名字的琴酒絕對是什麼相當特別的東西。龐貝藍鑽與格林諾經典倫敦干型琴酒，用的都是戴金在十八世紀親

▲蒸餾廠中的兩間蒸餾室都擁有一臺1960年代的壺式蒸餾器，兩
臺也都改造成能夠製作蒸氣浸潤琴酒。

筆寫下的配方，但奇怪的是，這款來自Quintessential Brands集團旗下的新琴酒卻不是如此。

　　首席蒸餾師喬安・莫爾為此酒款發展出了一項嶄新的概念，這也是她推出的第四款琴酒，一同加入的還有一種琴酒領域不熟悉的植物——辣根（horseradish）。在西元十八世紀，北英格蘭將辣根稱為「紅油菜」（red cole），通常會把它做成配菜。辣根也會用來製作帶有風味的利口酒、葡萄酒與糖漿，無數歷史悠久的蒸餾萃取藥品也會使用辣根，而且經常還會添加橙皮。G&J蒸餾廠團隊在研究的過程中，發現了一種使用紅油菜與柳橙糖漿的古老配方，往返倫敦和英國北部之間的人們有時會把它當作提神飲料。自此，一切的發展就像齒輪裝對了位置，紅油菜巧妙地穿越且連結了歷史真實經歷，同時還看起來像是原創設計。此酒款包含十種其他植物：杜松子、芫荽籽、歐白芷根、橙皮、葡萄柚皮、蓽澄茄、甘草，以及三個未公開的原料。

　　湯瑪士戴金是我現在最愛的酒款之一。酒標看起來就像裡面裝的是波本威士忌，而不是琴酒，但這就是它獨具魅力的原因之一。就像酒標字體透露著豐富的故事，酒瓶上也印有關於湯瑪士・戴金簡單背景，還有某些植物的詳細資訊，再加上一張8號壺式蒸餾器的美麗插圖（這臺微型蒸餾器依舊用於蒸餾湯瑪士戴金琴酒）。湯瑪士戴金目前是G&J蒸餾廠唯一生產的一倍法琴酒酒款。

### 湯瑪士戴金Thomas Dakin，酒精濃度42％

　　聞起來十分香甜且刺激，就像是麥克筆與汽油／石油的氣味，漸漸出現雪松、已經柔軟的成熟杜松子與一絲絲肥皂感的芫荽籽風味。加水之後會有乙醚的調性，伴隨而來的是黃箭口香糖的味道。芫荽的風味入口之後比較明顯，一路伴隨著蓽澄茄的胡椒香氣。此酒款可說是為了馬丁尼設計，但它更適合做成長飲型調酒，或是搭配柑橘果汁。

# HALF HITCH

## 半結

布魯姆斯伯里、克勒肯維爾、切爾西與貝斯沃特（Bayswater）——這是十九世紀擁有琴酒蒸餾的倫敦自治區。但是，擁有運河、馬和鐵路網的肯頓區，能同時與上述所有地區抗衡。理由不是那裡擁有許多蒸餾廠，而是因為那裡的某間蒸餾廠：吉爾博（Gilbey's）。

W&A吉爾博於1857年成立，最初是從南非進口葡萄酒，到了1869年9月24日，遷至肯頓貨物倉庫（Camden Goods Depot）。接下來的幾年之間，吉爾博改變了大聯盟運河（Grand Union Canal）和查克農場路（Chalk Farm Road）一帶，一大塊占地約8公頃的土地——這一帶今日被蔓生的肯頓市場（Camden Market）占據——此時變成了威士忌與琴酒生產、裝瓶、儲存和運輸之地。巨大的地窖充滿了商業活動，一條條如迷宮般的馬車道負責將貨物不斷地進出運送。創始人華特·吉爾博爵士（Sir Walter Gilbey）是一位熱愛馬兒的育種者，廠中因此甚至還有一間馬兒醫院。肯頓知名的圓屋（Roundhouse，現今是音樂表演場地）當時就是三間烈酒倉庫之一。圓屋內的鐵軌後來更換成比較適合酒桶滾落的木製軌道。如果有任何地方堪稱一切的起點，那就一定是死狗盆地（Dead Dog Basin）。這兒是一座巨大的地下圓形劇場，駁船可以滑進並將貨物運送至火車上。肯頓貨物倉庫四周圍豎立了一堵高達5公尺、難以攀登跨越的牆，防止人們到店舖裡偷酒。被封為「肯頓長城」的部分高牆仍保留至今。從吉爾博後院（Gilbey's Yard）與杜松子新月（Juniper Crescent）等街道名稱，不難看出當時肯頓的主要產業就是蒸餾與運送琴酒。

如果這一切讓各位驚嘆敬畏，放心你並不孤單。肯頓當地人馬克·霍爾茲沃思（Mark Holdsworth）在女兒為了作業研究當地歷史時，也是這般驚呼。馬克曾經在百加得負責研究與開發，百加得在期間推出的奧克斯利琴酒（見P.150）與馬丁尼苦艾酒（Martini Vermouth），馬克都是重要參與者。

直到近期，吉爾博的中性烈酒都還是從蘭利蒸餾廠（見P.124）購入，但如今馬克已經在這個小小的廠址裝設了一臺250公升的銅製壺式蒸餾器。這是一座空間相當狹小的蒸餾廠，位於肯頓市場的心臟地帶，這是一棟曾經為吉爾博營運效力的鐵匠工坊。馬克從倫敦干型琴酒的配方起步，接著加入乾草、英國木材酊劑、黑胡椒酊劑和佛手柑酊劑一起蒸餾，琴酒酒液也因此帶有稻草色調。

品牌名稱又是怎麼來的？它源自繩結。這是沿著運河用來繫緊駁船的繩結：繞轉兩半結（A round turn and two half-hitches）。當時，繩索是棉製而非麻製，因此會逐漸在繫緊的鐵製泊柱上磨損。若是各位還到肯頓市場附近，依舊能找到當時駁船繫緊運河邊的證據：一支支已經被磨成半結狀的泊柱。

### 半結Half Hitch，酒精濃度40％

聞起來是帶有強烈柑橘風味的琴酒；溫暖的佛手柑與芫荽籽調性為主，但一旁也有香茅與綠萊姆葉的支持。口感柔潤，但依舊相當柑橘，首先現身的是芫荽，接著飄入些許檸檬水果糖的味道。尾韻就像是直接吸吮檸檬皮。最明顯的調酒選擇就是白色佳人，但此酒款會迷失於其間。各位可以用佛手柑皮（或葡萄柚皮）搭配做成以柑橘調性主導的琴湯尼。

▲半結是一場單人十字軍聖戰，誓言奪回倫敦肯頓被遺忘的琴酒歷史。

# HAYMAN'S
## 海曼

1987年，克里斯多福・海曼（Christopher Hayman）將英人牌蒸餾廠賣給了惠特貝瑞公司（Whitbread PLC），這也許代表著一百多年來家族蒸餾事業的終點。由曾祖父詹姆士・布魯（見P.95）在1863年創建的英人牌，此時正是由克里斯多福擔任總經理。不過，他也在之後有了買回一部分家族事業的機會，也就是買回「詹姆士・布魯優質烈酒部門」（James Burrough's Fine Alcohols Division）。此部門在1970年代搬遷至艾塞克斯（Essex），這也代表克里斯多福有機會依舊置身於蒸餾廠中。從艾塞克斯作為起點，海曼投入烈酒與化妝品世界的工業酒精製造，為普利茅斯琴酒等品牌提供裝瓶服務，靜靜等待機會。1996年，他投資了倫敦南部的泰晤士蒸餾廠（Thames Distillery，見P.146），接著在美國和亞洲市場推出了一系列產品之後，決定向市場行銷以自己為名的琴酒品牌。

十二年前，海曼再度推出了五款琴酒，到了較近期的2013年，他將種種酒液生產從泰晤士蒸餾廠移到了位於艾塞克斯的自家蒸餾廠。廠中的蒸餾器為德國設計，並以克里斯多福的母親瑪裘瑞・布魯（Marjorie Burrough），命名為「瑪裘瑞」。如今，海曼組了一支尖端領導團隊：兩位海曼後代詹姆士（James）和米蘭達（Miranda）；英人牌時期的資深老手路易斯・約翰史東（Lewis Johnstone）擔任行銷總監；最後是擔任首席蒸餾師的麗茲・貝利（Lizzie Bailey），她擁有赫瑞瓦特大學（Heriot-Watt University）釀酒與蒸餾研究學位、一個如希普史密斯般知名的姓氏，以及寫著曾在翠斯工作的履歷。沒錯，很明顯的這項事業絕不只是單純的虛榮。

海曼整個產品系列就如同大聲宣揚著傳統。六款琴酒之間有著一致的故事，每一款風格都巧妙地描繪了琴酒歷史中的所有樣貌（當然不包含松節油那段黑暗時代）。包裝外觀讓人信服，瓶身形狀令人耳目一新，但對我而言，矚目焦點則是植物原料。每一款琴酒使用完全相同的十種植物：杜松子、芫荽、歐白芷、甘草、檸檬皮、橙皮、肉桂、桂皮、鳶尾根與肉豆蔻。只在配方比例方面變化。海曼對於植物配方會對琴酒風味產生什麼強烈的影響，給了我們令人著迷的詮釋。

麗茲・貝利曾向我介紹它們的酒款，例如倫敦干型琴酒為何使用比較多的橙皮，以及為何要在攝氏60度的情況下浸泡二十四小時。海曼的老湯姆的植物濃度較高，但甘草含量也較高。麗茲也實驗了某些原料不同顆粒大小的影響，例如歐白芷。她解

◀即使到了今日，海曼家族除了自家品牌之外，依舊從事為其他品牌裝瓶與配銷的服務。

▶若是想要重現十九世紀的琴酒調酒，如果不使用海曼的老湯姆，結果可能會糟糕許多。

釋，「粒徑的粗細可以幫助我們凸顯植物根頂部或底部的風味。」與我一樣，植物之中她也最重視芫荽，但她很快地補充說杜松才是主角。麗茲認為其他植物就像是口音，用途是輕輕調整琴酒中最重要的杜松子風味。

利用酒款系列定義琴酒的邊界，海曼家族的確開拓了更多可以探索的空間，深入每種植物的「DNA」，再根據每款琴酒的需求挑選推上舞臺的優點。某些酒款當然經過了加甜、陳放熟成、加味或調整過裝瓶的酒精濃度，但此系列依舊是優雅簡練的表現方式，在眾多蒸餾廠不斷討論著各種瘋狂原料時，這是一道清流般的轉變。

### 海曼倫敦琴酒Hayman's London Dry Gin，酒精濃度40％

嗅聞時，如鋼鐵般的干型杜松子風味與柑橘調性展開了一場激烈的戰鬥。香料也讓人不容忽視。至少在香氣方面，這是經過仔細平衡的酒款。口感就是標準倫敦干型琴酒，緊緻、飽滿且不甜。杜松子絕對存在，但不會難以負荷。尾韻是實力相當的香料與干型植物根風味，很好。豐富多姿應該就是這款琴酒的座右銘。琴費茲（Gin Fizz）或琴湯尼，任君挑選。

### 海曼皇家海軍Hayman's Royal Dock，酒精濃度57％

濃縮的香料和令人目眩的酒精飄霧充滿了鼻腔。入口後滿滿都是杜松子油與厚重的植物根辛香料。第二口啜飲就能看見杜松子充滿自信地前來，大膽而美麗。一直到尾韻都伴隨著杜松子的風味，並在漸漸退卻成紫羅蘭與植物根辛香料調性之前，各位就會急著舉杯喝下第三口！這款堅實的琴酒能勇敢對付任何甜型馬丁尼的需求；請試試琴酒較多的3：1的比例。

### 海曼老湯姆Hayman's Old Tom，酒精濃度40％

聞起來是滿滿的萊姆汁與雪酪風味，大體而言，非常柑橘。入口之後風味比較集中於植物根部的香氣，堅果、辛香料且香氣十足。甜味十分幽

▲這臺容量為450公升的蒸餾器名為瑪裘瑞，以克里斯多福的母親瑪裘瑞‧布魯命名，而她也是英人牌詹姆士‧布魯的曾孫女。

微，但就是這份甜味成為穩住整體的架構，到了尾韻漸漸變得濃郁且豐厚。純飲，或是做成馬丁尼茲（Martinez）。

### 海曼黑刺李Hayman's Sloe Gin，酒精濃度26％

聞起來超級干，帶有紅醋栗、柔潤甘草、薑與薄荷醇（menthol）的特徵。嚐起來比想像中的更薄，不會太甜。風味還包括了肉桂、丁香、樹莓（bramble）、軟嫩櫻桃、扁桃仁膏（marzipan）與英國Vimto牌飲料。

# JENSEN'S

## 傑森

我在2007年一場貿易展與克里斯汀・傑森（Christian Jensen）第一次碰面，他驕傲地向琴酒產業推薦自己的琴酒，而此時的琴酒產業正值逐漸推起一股風潮。克里斯汀的背景並非蒸餾、經營酒吧或在大型飲料公司工作，而是科技業（人們告訴我，他在科技業實力頗強），而且當時那依舊是他的正職工作。他的科技業背景令人印象深刻地反映在那完全不花俏（容我這樣形容）的包裝設計，同時使用了所有電腦阿宅最喜歡的字體：Courier。但是，一旦各位可以擺脫他大約是花了一小時用小畫家拼湊酒標的障礙，就能迎接克里斯汀為你準備的驚喜：倫敦干型琴酒與老湯姆。

值得注意的是，老湯姆在2007年時仍是一種神話與傳說中的東西。好好做過研究的調酒師都知道老湯姆在經典調酒中的地位（見〈琴調酒〉章節），但是大眾琴酒消費者絕對不曾聽說過這種玩意兒（至今可能還有很多人沒聽說過）。克里斯汀的老湯姆是根據1840年代完全不加糖的配方。我依舊清楚記得我第一次與克里斯汀的相遇，就是因為當時我們激烈地辯論是否該給老湯姆加糖。之後我們好幾年都沒再說過話。不過，現在先讓我們回到幾年前，看看傑森琴酒是怎麼誕生的。

2001年，克里斯汀在遠訪東京的一趟命運般的旅程中，遇見了一位日本調酒師Oda先生，克里斯汀因此認識了一些古老的琴酒。克里斯汀一下子飲盡許多以這款琴酒做的馬丁尼，並認為這款琴酒比當時任何買得到的琴酒都更傑出。當他帶著最後一瓶琴酒回到倫敦之後，便著手尋找更多有年代的琴酒酒款，這就是他之後一路蒐集到九百支琴酒的開端。說他開始對琴酒著迷可能還有些低估了他的狂

▼伯蒙德賽蒸餾廠開始成為週末的熱門景點，這裡是度過美好琴湯尼下午的地方。

▲傑森的品牌大使漢娜·蘭菲爾（Hannah Lanfear）正在炫耀她優雅的調酒風格。

▲如果各位想要喝老湯姆，沒有任何調酒比馬丁尼茲更適合了。

熱，下班之後的夜晚變成了研究學程，他完全沉浸於早就被遺忘的蒸餾廠公開資料中。他也因此找到了許多古老蒸餾廠手冊以及琴酒配方，據說其中一份配方就是他曾在日本喝到的那款琴酒。

克里斯汀完全不知道該如何蒸餾琴酒，也沒有任何設備，因此他帶著手邊的配方與泰晤士蒸餾廠的查爾斯·麥斯威爾（Charles Maxwell，見P.146）碰面，接著便一起研究。當配方終於確定之後，克里斯汀向查爾斯訂購了幾箱，但查爾斯給了他一個爆炸性的回答：最低訂購量為一千五百瓶。一不做，二不休，克里斯汀下了訂單，從那天起，他便驕傲地擁有自己的琴酒品牌。

泰晤士蒸餾廠的產品成為傑森倫敦干型琴酒。這個品牌在倫敦慢慢地有機會成長，漸漸突然出現在各間酒吧和葡萄酒專賣店中。克里斯汀很高興自己的品牌竟然有市場，於是開始投入另一個可以追溯至1840的古老配方，這次的酒款是老湯姆。我們都覺得老湯姆就應該相當甜，這是當時掩蓋劣質烈

酒的必要作法，但克里斯汀的這款琴酒配方並不添加任何糖分。他認為1800年代中期是用一種更強且更甜的植物配方展現甜味，而非使用昂貴的糖。結果做出一款辛辣且相當芳香的琴酒，同時僅帶有一絲絲的甜味。

在與泰晤士蒸餾廠合作生產近十年之後，傑森現在於倫敦南部馬特比街（Maltby Street）某一個鐵道拱門，建立了自己的伯蒙德賽蒸餾廠（Bermondsey Distillery）。我很高興也看到包裝有了不錯的升級。這間蒸餾廠裝設了備受讚譽的約翰·多爾蒸餾器，幾乎可以說是泰晤士蒸餾廠的「拇指版」蒸餾器。在牛津大學研究有機化學的安妮·布羅克（Anne Brock）博士擔任了首席蒸餾師的角色，並且因為研究一倍法與多倍法（見P.59）的實驗在掀起琴酒世界的轟動。就像是泰晤士蒸餾廠，傑森使用的也是多倍法蒸餾，最近安妮相當知名的實驗中，更是用盲品成功地騙倒了許多琴酒專家。

### 傑森伯蒙德賽琴酒Jensen's Bermondsey Dry Gin，酒精濃度43%

鮮美的杜松子與柔和的綠色咖哩香。萊姆皮與精緻花香的力道也不輕，但定義這款琴酒的主調依舊是杜松子。入口後，其開展緩慢，如同近乎無聲的耳語漸次演變為富感染力的歌曲。植物的表現深刻，依序邁進，以絕佳的平衡展現經典的倫敦干型琴酒。相當適合調酒。可以將其做成琴湯尼，並以一小塊萊姆（檸檬）切片裝飾，也可以做成以萊姆皮裝飾的馬丁尼。

### 傑森老湯姆Jensen's Old Tom，酒精濃度43%

聞起來有更明顯的咖哩香料風味，伴隨著咖哩葉、羅望子與薑黃的調性。第二次嗅聞可以感受到檸檬汽水，接著一股香草風味便闖進了糖果堆，例如英國的經典糖果bon-bons。這款琴酒能做成相當美味的琴湯尼，做成琴費茲也很傑出。

# THE LAKES
## 群湖

現今的烈酒世界中，正上演著許多令人著實興奮的時刻。超級頂級品牌不斷茁壯，酒款的品質更是達到有史以來最好的水準，幾乎每一週就會出現好幾間全新的蒸餾廠。這也代表，可惜且無可避免的是，並非本書所有新蒸餾廠都能順利存活到它們的十歲生日，若是讓我暫時扮演「烏運預言」的角色，我的預測是得要好幾年，才能用不錯的價錢買到二手銅製鍋爐蒸餾器。

不過，位於坎布里亞（Cumbria）湖區國家公園（Lake District National Park）內的群湖應該是能夠指望的蒸餾廠之一。這個斥資英鎊七百萬元的計畫勢必能存活到最後一刻，而且我敢打賭，除非《禁酒令》或殭屍末日（後者更勝一籌），否則只要群湖打算持續營運五十年，它非常有可能繼續長命百歲。

我相信群湖之所以能夠如此成功背後的原因很多。首先，每年都有將近一千五百萬人造訪湖區國家公園，在英國旅遊景點排名中它僅次於倫敦。有遊客的蒸餾廠就是快樂的蒸餾廠，而且群湖蒸餾廠年僅十八個月，所以它的確是非常開心。此地曾經是巴辛斯威湖（Bassenthwaite Lake）湖畔一系列擁有一百五十年歷史的廢棄農舍，但是自蒸餾廠開幕以來，這裡已經成為遊客與烈酒狂都非常喜愛的地方。蒸餾廠裡還有一間相當不錯的小酒館，以及一間能容納三十位賓客的宴會廳，用於私人餐會（或者也可能是董事會會議）。互動導覽非常棒，其中還有一間擺放了各式各樣的群湖蒸餾廠產品以及一間高級品酒室。當各位覺得一切已經太完美的時候，還能意外發現這裡還有一個可以逗樂孩子們的羊駝農場。琴酒可從來沒有這麼闔家歡樂。

想必各位不會驚訝其實群湖背後的創始人以前就進行過類似的計畫。總經理保羅·卡利（Paul Currie）曾經在1995年就於艾倫島（Isle of Arran）建

▲群湖蒸餾廠看起來就像是直接蓋在德爾文河上。若是蒸餾廠真的能捕捉到這裡的風土，那麼做出來的酒款只可能十分美味。

立了艾倫蒸餾廠（Arran Distillery），當時他就已經正確地判斷即將到來的麥芽威士忌熱潮。現在，他將目光投向了在傳統威士忌地區之外製造威士忌。為了達成此目標，因此駐足坎布里亞，並且從琴酒著手。

唯一的問題是，湖區並不像想像中地如此不傳統，此地北端距離蘇格蘭邊境僅四十分鐘的車程，而且整個區域一路到德爾文河（Derwent）的105公里之間，到處充滿了走私烈酒的古老傳說。德爾文河河岸（其中一處正是群湖蒸餾廠的所在）曾經布滿了無數走私「藏匿處」，據說運貨的驢與小船就是在此會合。貿易是充滿了暴力的領域，而暴力衝突更是此區的地方特色。如今，這裡已和平許多。

與大多數蒸餾廠不同，保羅·卡利在應該購入蒸餾器時，沒有打通電話給克里斯汀·卡爾（Christian Carl）、荷斯坦或其他任何一家正摩拳擦掌地不斷製作一臺臺蒸餾器的德國蒸餾器製造

▲竟然把「茜米」放在角落！嗯，也只能放在角落了，因為威士忌蒸餾器甚至更大，而且蒸餾間已經塞滿了木梁。

商。群湖蒸餾廠的蒸餾器由位於愛丁堡的麥克米蘭（McMillan）銅匠製造，麥克米蘭製作球形銅製品已有近一百五十年的歷史，而這些銅製品其實也相當於小型威士忌蒸餾器。雖說較小，但擁有1200公升容量的「茜米」（Chemmy），可能是過去十年間任何新蒸餾場安裝過的最大型的蒸餾器。如果要說群湖蒸餾廠龐大野心有任何實質證據的話，也許就是茜米的巨大的宰相之肚吧。

協助群湖開發配方的是蘭利（見P.124）的蒸餾師——經典的十種植物配方，再點綴一些當地的植物原料，其中包括當地的一種野莓山桑子（bilberry）、帚石楠（heather）、繡線菊（meadowsweet）與少量的……杜松子。當然，水也來自當地，直接取自德爾文河，以一條藍色粗水管穿行，小心地越過羊駝前往飼料區的路途，這些飼料都是製造威士忌產生的穀物廢料。

實在很難從群湖蒸餾廠中挑出毛病。琴酒很

棒，廠址設計無與倫比，碳足跡還極小，而且對細節的講究甚至到了於心不忍的境界。也許他們最大的錯誤就是根本沒有錯誤。當漫步在修剪整齊的道路上，不禁會發現自己正四處尋找傾倒化學廢物的證據，或者張望有沒有保全在拖走某位不符合蒸餾廠嚴格人口統計規範後，暗自啜泣的場景。不過這種事件不可能發生。就算真的有，他們也會非常謹慎地處理，就像每件群湖蒸餾廠的大小事一樣。

### 群湖琴酒The Lakes Gin，酒精濃度43.7％

所有香氣都是藍色調性。不論只是因為杜松子，或是還有山桑子的影響，香氣都明亮、專注且超級成熟。嚐起來黏稠、帶有胡椒感且相當干。尾韻辛辣且干到骨子裡；檸檬漸漸鮮明且一路與些許鮮美的藍色果汁綿延不絕。此酒款的杜松子強度表示它可以搭配通寧水，做成琴湯尼；或用苦艾酒，做成馬丁尼。

# LANGLEY
## 蘭利

蘭利蒸餾廠的的正式名稱既幽默又簡單——「酒精公司」（Alcohols Ltd.）。蘭利其實幾乎可以說就是酒精工廠，我說的可不是只能用來喝的酒精。他們從火箭燃料推進劑，到髮膠中的溶劑都能製造。

該酒廠以伯明罕（Birmingham）郊區奧德伯里（Oldley）的蘭利市命名，蘭利蒸餾廠占地相當遼闊。此區擁有三條能夠於春季進行灌溉的地下河，也為蒸餾廠冷凝器提供了冷卻水。這些都是可以飲用的水源，也許就是因為如此，華特・舒維爾（Walter Showell）在1886年在這裡建立了克羅斯威爾啤酒廠（Crosswell's Brewery）。六年後，一群當地酒吧老闆聯合眾人的資源，在克羅斯威爾啤酒廠增建了一間蒸餾廠，很快就展開了琴酒的製作。到了1955年，現今的擁有者W. H. 帕爾默（W. H. Palmer）買下了這間蒸餾廠，然後就為蘭利蒸餾廠的服務項目增加了化學製造。

2009年，一場大火幾乎摧毀了原有的啤酒廠建築，包括發芽間（malting houses），啤酒廠只剩下維多利亞時代的紅磚建築外牆，宛如西部電影的風格。如今，空洞的窗框就像架在大型蒸餾廠與院子之外，而裡面是各種令人毛骨悚然的穀倉和一堆堆標著化學符號的藍色桶子。

蒸餾廠本身的發展前景則比較光明，現今裝設著看起來很不像一家人的六口蒸餾器。目前只有三臺負責製作琴酒，第一臺（也許真的就是第一臺購入的蒸餾器）容量為3000公升，名為「安潔拉」（Angela），從1903年啟用。另外兩臺也是容量3000公升的蒸餾器，但目前只有「康斯坦斯」（Constance）運作中，這臺蒸餾器是向規模較小的蒸餾器廠商訂製。容量較高的產品則是由最新的蒸餾器「珍妮」（Jenny）負責製作，珍妮的容量達10000公升，成為當今最大型的運作中琴酒蒸餾器之一。而且，珍妮的尺寸之大，還必須拆掉蒸餾廠的屋頂才放得下它！

當我正在撰寫這篇文章之時，蘭利蒸餾廠發展出十一款琴酒配方。儘管蘭利是契作蒸餾商，但他們也擁有自己的品牌。帕爾默（Palmer's）就是一款W. H.帕爾默集團自家生產且擁有的倫敦干型琴酒，據稱這款琴酒是根據相傳已有三百五十年歷史的配方製造。代表這款琴酒大約來自1600年代中期，其風格肯定會接近荷蘭琴酒，並改造得更接近琴酒。

某些蘭利的配方只屬於自家品牌。某些配方比較像是一般通用，可能會混用，然後成為各式各樣的自有品牌產品——例如，我在2011年推出的「鮮奶油琴酒」就是誕生自蘭利蒸餾廠，後來才於位於肯特的Master of Malt公司重新進行蒸餾與裝瓶。蘭利蒸餾廠總共為超過一百間的品牌蒸餾烈酒產品。它可謂是琴酒世界裡的男性伴遊，各位只要向他提出需求（或從型錄裡面挑選一個範本），然後就可以等著一個巨大塑膠桶的到來，裡面裝著就是未經稀釋的琴酒。剩下該做的就只有把帳單繳一繳了。

以下是蘭利蒸餾廠優質琴酒選款。

### 柏克紳士Broker's

柏克紳士那個討喜的圓頂禮帽瓶蓋，總是讓我想起某個有點可疑的龍舌蘭酒品牌，它的酒瓶瓶蓋就戴了一頂嘲笑般的墨西哥草帽。我對它第一眼的直覺就如同那個龍舌蘭品牌，感覺柏克紳士是一種太努力想要掩飾自身缺乏個性特質與優良品質的品牌。但是，事實並非如此。這是一款不錯的琴酒，不僅努力嘗試，各層面的強度與深度的表現都很優秀。不僅如此，如今它已經升格成為老品牌了。1998年，安迪・道森（Andy Dawson）與馬丁・道森（Martin Dawson）兄弟倆首度委託蘭利蒸餾廠製作

柏克紳士，因此如今也快要有二十年的歷史了！此
酒款配方修改自一份具有兩百年歷史的琴酒配方，
使用了十種經典植物。

### 柏克紳士Broker's，酒精濃度47%

　　盤根錯節！大量的植物根部風味讓這款琴酒
帶有鹹鮮與相當健康的感覺。杜松子調性也相當鮮
明。入口後不甜且美味，比較接近干型堅果調性，
而非干型柑橘類調性。尾韻複雜，當柑橘風味正要
發揮之前，就被強勢的松木與胡椒推開。做成琴湯
尼時，杜松子的風味始終相當醒目。

### 芬斯貝利Finsbury

　　芬斯貝利是非常古老的琴酒品牌，甚至超越了
高登、普利茅斯與英人牌。1740年，芬斯貝利蒸餾
廠成立於倫敦的——對，你沒猜錯——芬斯貝利，
布思琴酒也大約是在此時開始蒸餾琴酒。芬斯貝利
的創始人是喬瑟夫・畢夏普（Joseph Bishop），他
也是目前泰晤士蒸餾廠現今擁有者查爾斯・麥斯威
爾（畢夏普是母親原本的姓氏）的曾曾曾曾曾曾祖
父。畢夏普家族血脈中似乎流淌著琴酒。不過，今
日為芬斯貝利製作琴酒的並非泰晤士蒸餾廠，而是
蘭利！我個人是覺得有點奇怪，就很像老師把孩子
送去不是自己任教的學校上學。但結果事實是查爾
斯的家族不再是芬斯貝利的擁有者，此品牌其實屬
於一間德國烈酒公司，博科（Borco）。

　　如今，它在德國已經成為具領先地位的琴酒品
牌之一，但還未能橫掃歐洲全境。酒款本身並非令
人印象深刻，但算是順口味美。

### 芬斯貝利白金Finsbury Platinum，酒精濃度，47%

　　帶有活躍鮮明的「黃色」香氣：檸檬皮與洋
甘菊。芫荽的乾燥辛香料風味持續綿延，最初甚至
幾乎要蓋過杜松子。芫荽的表現在入口後也有點古

▶對我來說，柏克紳士有點像匹黑馬，甚至也許是蘭利蒸餾廠出
　品的最佳琴酒。

怪。由於活潑的杜松子將一切變得很干，也在某種程度上平衡了久久不散的肥皂味。就是因為這款琴酒的干型特質，也讓它變成各式調酒的百搭酒款。

## 天竺葵Geranium

其實我每次在念這個品牌名稱時都有一點障礙。我的大腦會自動想要將「琴酒」（Gin）一詞套入「天竺葵」（Geranium）裡，結果就是發出某種很像是「gerani-gin」的古怪聲音。不過，別管這些了，讓我們來談談他們的琴酒。天竺葵琴酒是由丹麥一對父子共同創立，他們就是胡迪·漢默（Hudi Hammer）與亨利克·漢默（Henrik Hammer）。從事香氛精油工作的父親胡迪正是此品牌的發展中樞，但遺憾的是，他在此品牌於2009年正式推出之前便過世了。今日，亨利克為漢默父子公司（Hammer & Son）工作，旗下同時擁有品牌老英式琴酒（Old English Gin，見P.127）。天竺葵這款琴酒中所使用的獨特植物（毫無疑問地）就是天竺葵。選擇天竺葵葉是因為它的化學成分與其他常見的琴酒植物相似，例如芫荽中的乙酸香葉酯，另外它也擁有許多與鳶尾根一樣的花香調性。天竺葵這類植物能夠在琴酒中擔任眾植物之間的橋梁，讓所有成員融合成整體的風味。天竺葵同時具有療效，這項特點也與琴酒十分相襯。當漢默家族完成酒款的研發之後，他們詢問蘭利蒸餾廠能否幫助他們處理大規模的生產。此酒款在丹麥相當流行，每年大約可以賣出五萬瓶。

### 天竺葵Geranium，酒精濃度44%

嚐起來乾淨、輕盈且優雅，清爽微風般的杜松子為此酒款畫出了輪廓。不甜且爽脆，但以一種煮過的綠色植物調性為基調，與其相伴的是經典的杜松子風味。尾韻依舊不甜，並帶有些許綠茶特質。這是為了通寧水而設計的琴酒，所以做成琴湯尼吧。

## 蘭利8號Langley's No. 8

令人困惑地，這個品牌並非蘭利所有，而且它直接了當地對準了男性市場。男人需要專屬他們的琴酒嗎？也許並不需要，雖然女士們的確有幾款專為她們設計的品牌可以選擇（沒錯就是布魯與粉紅者〔Pinkster〕），但其實市面上已經有非常多「男女通用」的琴酒了。

此酒款採用了八種「機密」植物，而且根據蘭利8號網站的說法，「我們盡可能地找到最小型的蒸餾器製作此酒款。」我個人覺得這是一個有點奇怪的概念，一來我不知道為什麼比較小的蒸餾器能製作出比較好的琴酒，二來蘭利蒸餾廠中最小型的壺式蒸餾器容量高達3000公升，幾乎稱得上是本書中最大型的蒸餾器。

### 蘭利8號Langley's No. 8，酒精濃度41.7%

溫暖且充滿男子氣概。肉豆蔻的香氣讓此酒款帶有些許南瓜鹹派的特質。其中也帶有胡椒的香氣，杜松子位居第二，或其實是位居第五，不過酒中已經有夠多強調肌肉發達特質的元素了。嚐起來比嗅聞時更干。尾韻遠遠的後方有柑橘調性現身，干型調性一路綿延。可以用此酒款做出美味的內格羅尼，試試以此酒款比例較高的2：1：1調製。

## 馬丁米勒Martin Miller's

1999年，馬丁米勒上市時，是唯一預料到琴酒風潮將至的琴酒品牌之一。它採用頂級酒液、高品質包裝、「神祕」植物配方（後來發現是小黃瓜），然後再將世上最權威的古董收藏家之一的已故馬丁·米勒（Martin Miller）放在酒瓶上，這就是大獲成功的配方。不僅如此，馬丁米勒還是最早認知到與英國酒吧界互動有多麼重要的獨立品牌之一，也因為如此，眾多英國頂尖酒吧酒單上，都有馬丁米勒酒款的調酒。

此酒款使用的十種植物：杜松子、芫荽、歐白芷根、甘草、肉豆蔻、鳶尾、桂皮、肉桂和橙皮，

▲三個相當不同的品牌，但都在同一個屋頂下製造出來。從帶有冷硬柑橘調性的馬丁米勒，到擁有強烈杜松子風味的老英式，再到辛香料風味溫潤的惠特利尼爾。

當然還別忘了前面提到「神祕」配方小黃瓜。老實說，對馬丁米勒而言，小黃瓜就像是一個沒味道又水水的眼中釘。若是我們事後諸葛一番，也許當初不應該將小黃瓜打造為機密配方，而是大聲宣告，如此一來馬丁米勒就可能在亨利爵士以程咬金之姿現身之前，把引起廣大好評的調酒：琴湯尼以小黃瓜裝飾，一舉據為己有。更糟糕的是，由於此酒款為蒸餾之後添加小黃瓜合成液，因此馬丁米勒被迫在2010年拿掉酒標上的倫敦干型琴酒標示。

### 馬丁米勒Martin Miller's，酒精濃度，40％

一款以柑橘類風味為主的琴酒，初聞還帶有萊姆精油與柳橙木髓的調性。檸檬隨後也一同加入，同時出現的還有澄淨且鮮活的芫荽香料風味。杜松子的風味確實有點躲在角落的感覺（沒有人把杜松子推到角落喔！）口感厚實且比想像中地更油滑，因此提供了杜松子在中段風味現身的舞臺。綿長的尾韻中，口感質地如樹脂與蠟質。如果各位喜歡清爽或甚至是能振奮人心的琴湯尼風格，這款琴酒十分推薦。不需要其他裝飾。

### 馬丁米勒韋斯特伯恩強度
### Martin Miller's Westbourne Strength，
### 酒精濃度45.2％

這款琴酒的柑橘風味比較沒有那麼強烈，因為酒精濃度較高（也可能因為植物配方的比例不同），杜松子與歐白芷的聲量變得較大。雖然明亮，但酒款香氣的色調依舊偏深沉與大地調性，入口之後轉為添加了辛香料且稍稍燉煮過的植蔬特性。適合做成2：1的馬丁尼，並配上一顆橄欖。

## 老英式Old English Gin

我第一次遇見這個琴酒品牌是在泰晤士河畔亨

利（Henley-on-Thames）附近的一家古怪老酒吧。當時，我跟家人正一起享受週日的烤肉活動，想要到酒吧再點一杯600毫升現有的啤酒，就算是溫熱又平淡的艾爾啤酒。一切都非常符合標準的英國日常劇本。直到我在吧檯後方發現了一支矮矮胖胖的綠色玻璃瓶，上面有著英國獅子、盾牌與徽章的紋飾，酒標寫著「老英式琴酒」（Old English Gin）。

我當然當場就點了一杯試試，結果發現它是甜型琴酒的時候有點興奮，而且它的外觀與風味都有一點點老湯姆的影子。在1800年代早期，老湯姆風格琴酒第一次出現時，琴酒會裝在任何顧客拿來的容器裡，而且當時的人們常常會回收利用空酒瓶。老英式琴酒的香檳風酒瓶反應的就是這一點（在即將轉入十九世紀時，英格蘭是香檳最大的進口商），而且用了黑蠟蠟封，瞬間成為市面上最吸睛的琴酒酒款之一。瓶蓋甚至是軟木塞，就像開葡萄酒一樣必須使用開瓶器，然後每次喝完都要再粗魯地塞回去。

雖然老英式琴酒在英格蘭當地蒸餾與裝瓶，但稍稍諷刺的是，它是由同時擁有天竺葵琴酒品牌的丹麥人亨利克·漢默所創立。他們宣稱此酒款配方源自1783年，雖然我不太知道他們有多忠實地呈現這份配方——我希望不要太忠實。

我個人非常激賞這般對於琴酒領域的忠貞。老英式近期應該不太會成為快速竄紅的酒款，但是道地的配方，以及道地得令人毛骨悚然的包裝，讓我舉起有點微微猶豫的大拇指。

### 老英式Old English Gin，酒精濃度44%

聞起來活潑、靈巧且強烈。極為濃郁的杜松子風味，背後帶有些許健康的歐白芷根香氣，以及零星的辛香料調性。甜味幾乎細微得感受不到，但因此強化了杜松子的油滑感，後方還有糖漬歐白芷與

檸檬雪酪糖。一路伴隨至尾韻的還有一點點甘草、豆蔻與鳶尾。非常適合搭配檸檬汁。能夠稱霸琴費茲，做成白色佳人（White Lady）也有不錯的表現。

### 惠特利尼爾Whitley Neill

擁有超過十年歷史的惠特利尼爾，已經算是資深的老輩分琴酒品牌。它沒有海軍強度酒款，也沒有「夏季款」，它幾乎是不偏不倚地走在標準琴酒品牌的道路上。這是一款禁得起琴酒熱潮泡沫化的酒款，惠特利尼爾現今甚至剛完成重大（且非常樂見）的包裝重新設計，現在成為蒙上一層時尚的黑霧並以金黃裝飾——就像亨利爵士品牌的作法，這的確會讓人忍不住猜想裡面究竟剩下多少琴酒。

舊款與新款包裝之間的唯一共同點（除了品牌名稱一樣），就是保留了酒瓶正面那棵樹枝纏繞猴麵包樹圖案。這款琴酒的靈感來自非洲，並以猴麵包樹果實和燈籠果（cape gooseberries／physalis）為特色，再加上其他九種在標準琴酒範圍內的植物。除了美觀之外，新舊包裝之間值得注意的更動之一，就是它刪掉了「倫敦干型琴酒」的標示。我不太確定這是基於法律問題，還是一種想在市場中重新定位的作法。

### 惠特利尼爾Whitley Neill，酒精濃度42%

這款琴酒讓我想到最近正在測試的一款馬丁尼調酒。這的確是一款琴酒，但伴隨著柑橘與木髓的特質。芫荽可能是占主導地位的植物，並以檸檬與薑餅的風味表現。還有些許淡淡花香，以及帶有分量的主幹。入口後，有明顯的辛辣刺激感，再以甜味（來自猴麵包樹？）與苦味溫和地達到平衡。又一款來自蘭利蒸餾廠的百搭琴酒。很值得做成馬丁尼，想要明亮且帶有果味可以選擇琴湯尼。

# MOORLAND SPIRIT CO. (HEPPLE)
## 荒野烈酒公司（海柏）

一位全球酒吧產業最知名的人物、一位以電視節目傳遞食物福音的料理大師、兩顆全英國蒸餾與風味萃取最聰明的腦袋、一臺超臨界二氧化碳萃取器（supercritical carbon dioxide extractor），以及一位擁有位於諾森伯蘭（Northumberland）占地2450公頃荒野的英國準男爵，這些加起來會是什麼？就是荒野烈酒公司（Moorland Spirit Company）與海柏琴酒（Hepple Gin）。

尼克·斯特蘭格威（Nick Strangeway）告訴我：「我們並不是只想買臺銅製蒸餾器，把它叫做瑪蒂達（Matilda），然後開始製作倫敦干型琴酒。」尼克已經位於英國調酒界核心超過二十年。他一路上在全球最棒、最有影響力的地區開業、經營並提供各種諮詢，如今，他與電視料理節目的主廚瓦倫丁·華納（Valentine Warner）一起致力於製作琴酒。但是，將諾森伯蘭國家公園（Northumberland National Park）裡正在發生的事單純形容為「製造琴酒」，對於海柏琴酒來說是極大汙辱。

華特·里德爾爵士（Sir Walter Riddell）是這一切背後的創始。他的準男爵封位可以追溯至十七世紀，而位於海柏白原（Hepple Whitefield）的農場自維多利亞時代就是家族宅院。當時，整座山丘長滿了杜松樹叢，如今剩下的僅僅是彎曲的老樹，在重力的打壓之下一起蜷曲成一個個簇叢，某些樹叢甚至幾乎與華特的家族族譜樹一樣古老。華特和受過園藝師訓練的妻子露西（Lucy）始終覺得對這片土地有責任，他們準備了惠靈頓長筒靴與小鏟子等工具，試著在這片荒原保留杜松，讓杜松重現生機，而這將是他們留給後人的遺產。

雖然目前還處於起步階段，但已經開始運作。華特已經辨認出荒原上幾棵自然繁殖的樹木，接著將四周圍起避免飢餓綿羊的侵擾。這些都還只是樹苗，所以距離結出果實還需要好幾年的時間。同時，露西正在忙於培育新的幼苗，在經過大約五年的精心呵護之後，就會移植到野外。每個錐形果實中都包含三顆種子，露西就是在家裡的餐桌上，一顆顆手工剝取出每顆種子。每棵樹都有自己的名字，通常都是以遠房親戚為名，例如相傳與獵場管理員有染的年老阿姨桃樂斯（Dorothy）。

所有成熟的紫色杜松子果實都會用這種方式處理，目前都並未用於製作琴酒，因為其品質還跟不上進口杜松。不過，他們同時也搜集未成熟的綠色杜松子果實，這些果實就會用在他們的琴酒中，為酒液增添風味。他們會在最佳的季節8月開始採收，

▼高科技組合通常都會讓我相當興奮，但這間蒸餾廠遠遠不只如此。那兒有蔓生在諾森伯蘭荒野的杜松樹叢、杜松木保存計畫，當然還有背後一位位實力深厚的人物。

然後浸泡於中性烈酒以低溫減壓的方式蒸餾以保留風味，蒸餾器用的是我看過最大型的旋轉蒸發器（見P.54-55）之一。成品的風味毫無疑問地就是杜松子，但更綠、更爽脆新鮮。在北歐料理中，綠色杜松子是他們常用的調味料（對我來說這真是一個新聞）。而尼克會有使用綠色杜松子的想法，就是來自於哥本哈根Noma餐廳的主廚，他們在餐廳裡會醃漬這些杜松子，然後如同橄欖或酸豆（capers）一般上菜。

海柏的男孩們不僅對杜松子感興趣。這片荒原更是許多能夠採集食用食材的寶庫，從菜荑花（catkins）到布萊莓（blayberry）。道格拉斯冷杉（Douglas fir，又稱為洋松〔Oregon pine〕）則是最早的植物實驗配方，後來還加入了香楊梅（bog myrtle），接著是來自露西可敬的菜園中採收的黑醋栗葉與歐當歸（lovage）。這些原料都被用古生物學家對待恐龍化石般痴迷的態度照料。他們用精緻的方式處理，然後捕捉到了極為細膩的風味。

道格拉斯冷杉蒸餾出的風味擁有令人驚豔的複雜度：甜，如薑，再帶有咖哩風。香楊梅的味道溫暖，如同月桂葉，並伴隨綠色尤加利葉的特質。歐當歸的風味高調，充滿豆蔻和花香。黑醋栗葉鮮活，帶果香、鮮奶油調性，以及綠色風味。每一種植物的蒸餾液無疑都能裝瓶成為一款款獨特的烈酒，但是這群硬實力演技派的演員，都準備成為輔助的配角。而這對最終琴酒作品只有好處。

這款琴酒是包含許多成分的複雜集合，並以傳統的（浸泡與煮沸）壺式蒸餾器蒸餾。其中的植物包括杜松子（源自馬其頓和波士尼與赫塞哥維納〔Bosnian〕）、歐白芷、鳶尾、英國芫菱籽、茴香籽與甘草等等常見植物，再加上新鮮檸檬、乾燥道格拉斯冷杉針、海柏黑醋栗（果實和樹葉）與海柏香楊梅。這已經賦予基酒成為符合每項琴酒條件的風味。接著，混調入剛剛提到四種由旋轉蒸發器蒸餾出的液體，最後再與阿瑪菲檸檬（Amalfi lemon）一同進行冷蒸餾便完成最終作品。

啊，還有一件事……在穀倉角落有一個看起來很低調的米黃色大箱子，看起來像是一臺來自1970年的超級計算機。打開機殼，裡面似乎也沒有什麼可看的東西，只有幾根管子和一個圓柱。這就是一臺超臨界二氧化碳萃取器，能將氣體轉化為超臨界流體——可說是萃取此處原料風味最有效率的方式。曾是希普史密斯（見P.141）首席蒸餾師的克里斯·加登（Chris Garden），就曾經利用這臺機器將1公斤的杜松子，轉化成極少量的10毫升純杜松子濃縮液，僅留下空無的杜松子外殼。杜松子濃縮液會以乙醇稀釋，最後只需加入相當少量就能完成海柏琴酒。10毫升的濃縮液就足以完成七百二十瓶的海柏琴酒。

尼克告訴我，超臨界二氧化碳萃取器讓琴酒變得如同刀槍不入；不論調酒過程用了什麼糟糕的裝飾或是劣質的通寧水，它都得以承受。當然，此話也不是鼓勵各位如此實驗，但我可以為這款琴酒杜松子風味的持久性擔保。也許針對這支酒款最恰當的形容就是它高度詮釋了杜松子風味；以液體的形式頌揚著杜松子。

它現身了，這間也許是近十年間最重要的琴酒蒸餾廠誕生了。就像是iPhone重新定義了行動通訊一般，海柏是一個集合了眾多夢幻元素的頂級聯盟，然後以某種神奇的方式把它們都裝進了一個瓶子。

**海柏琴酒Hepple Gin，酒精濃度45%**

成熟、油滑、杜松子；松木與苔蘚，漸次退卻成了豆蔻與咖哩等辛香料。也有綠色柑橘調性。一絲絲的黑醋栗香，最明亮的星星依舊是杜松子。入口後並無二致：咬口，一波波的風味中些許杜松子的單寧時不時跳躍到最前緣。檸檬的新鮮度在一旁支持，淡綠色杜松子的調性依舊逕自穿越。尾韻是干型辛香料與一股油滑樹脂但又乾淨的感受。標竿般的存在。隨便丟進什麼都能搭配得宜，但最完整的表現是做成琴湯尼。

# PLYMOUTH GIN

## 普利茅斯琴酒

談到歷史層面，世上幾乎沒有可以挑戰普利茅斯黑修士蒸餾廠的琴酒廠，而寇特斯公司（Coates & Co.）的故事、黑修士蒸餾廠的經營者，以及普利茅斯琴酒品牌的創立者都已經有非常多文獻可循。此處曾經是多明尼加修道院，也曾經是清教徒先輩（Pilgrim Fathers）在登上前往美國的五月花號之前的庇護所，因此黑修士蒸餾廠擁有「最古老的琴酒蒸餾廠」、「最古老的琴酒蒸餾器」，甚至到了相當近期之前還擁有專屬的產品地理標示（見P.80）。不過，所有現有的黑修士紀聞其實都是不斷重複再生的神話與傳說，在二十世紀初期由寇特斯公司廣為宣傳，該公司甚至在1980年出版了一本小冊子，名為《普利茅斯琴酒歷史》（*The History of Plymouth Gin*）。但好消息是，普利茅斯琴酒品牌的真實故事也不亞於小說般精采。

普利茅斯琴酒品牌整棟建築最古老的區域可謂歷史瑰寶，這裡也曾經是蒸餾廠店舖與膳廳酒吧（Refectory Bar，「refectory」一詞指的是修道院的食堂），其歷史可以一路追溯到1560年代。從那時起，這棟建築曾發揮了各式用途，最著名的就是五月花清教徒在前往維吉尼亞（Virginia）之前將此處當作住宿。直到今日，普利茅斯琴酒商標的核心依舊是五月花號的圖像。到了1600年代中期，這裡是馬歇爾希（Marshalsea）監獄，而在1660年代，這棟建築成為法國胡格諾派（French Huguenot）難民的祕密聚會場所。接著，它轉變為非國教徒的教堂。

1706年，這棟建築首次命名為黑修士（Black Friars），取自十五世紀盤據此地的多明尼加修道院。從1800年代晚期一路到2008年，普利茅斯琴酒都一直相當強調與修道院之間的連結，瓶身便繪有一位微笑的修士，樓上的調酒酒吧甚至依舊稱為「膳廳」，以代表蒸餾廠對多明尼加修道院的根源致敬。不過，問題是黑修士建築的年代並未古老到

成為修道士的居所，也沒有任何文獻記載了多明尼加修道院曾出現於普利茅斯。這些令人混淆的資訊究竟從何而來我們不得而知，但很有可能是此建築物在1560年代建造時，回收利用了位於新街（New Street）舊方濟修道院建築的磚石，這座修道院因亨利八世國王（King Henry VIII）頒布的《修道院解散法》（Dissolution of the Monasteries）而被拆除。

這棟建築物進入以酒精為基礎的活動大約是從十八世紀開始，現在建築中的許多部分都用作釀造啤酒與發芽（當時是分別落於不同棟建築物）。黑修士曾經是韋伯啤酒廠（Webb's Brewery）與霍爾蓋特啤酒廠（Holgate Brewery）的據點，最終於1807年成為國王啤酒廠（King's Brewer）。到了1817年（但1812年之前還不是），國王啤酒廠申請了蒸餾廠的執照許可，但家族成員相繼過世之後，國王啤酒廠決定將公司的精餾業務轉手他人。1821年，湯瑪士・寇特斯（Thomas Coates）、詹姆士・福克斯（James Fox）和約翰・威廉斯（John Williams）加入，而在他們三位的監督之下最早在黑修士的琴酒製作終於啟動。普利茅斯琴酒品牌宣稱於1793年創辦，這實在有點難以令人信服。寇特斯的確有可能在進國王啤酒廠工作之前在其他地方進行蒸餾，但他也並未在普利茅斯最早的董事名單中列為蒸餾師。1812年時，他還是凡威爾街（Finewell Street）的「貿易商」。

1828年，詹姆士・福克斯離開了他們的合夥事業，不久之後湯瑪士・寇特斯便在1831年去世，而寇特斯威廉斯公司（Coates, Williams, & Co.）便交由約翰・威廉斯與新加入的馬克・史帝芬斯・格里格（Mark Stephens Grigg，福克斯的姊妹的丈夫）掌管。1842年，最後一位創始合夥人約翰・威廉斯也離開了公司，而此蒸餾廠漸漸變成簡稱為寇特斯公司（Coates & Co.）。普利茅斯琴酒品牌在接下

▲這些經過修復的酒瓶來自美國麻
　州波士頓的一處民宅，在處於
　禁酒令期間被深深埋藏。

來的一百年之間真正開始建立，主要由費曼家族的三代管理。寇特斯公司進一步買下了收購了南方街（Southside Street）和黑修士巷（Blackfriars Lane）兩側的土地，當時營運的規模遠遠超過現今。在這段繁榮興盛的時期，普利茅斯逐漸以其優質且較干風格的琴酒聞名，其配方中只添加些許或甚至完全沒有任何糖分。接著，香料乘著船來到了新港（New Quay）碼頭，碼頭距離普利茅斯蒸餾廠僅一箭之遙，碼頭也帶來了許多皇家海軍水手，他們不久後也漸漸受普利茅斯琴酒吸引。另一方面，碼頭更將普利茅斯琴酒帶往倫敦與其他國家。許許多多那個時代的獨立文獻都增添了此品牌宣傳廣告的品質，但沒有任何紀錄表示將他們的酒款用在製作「小雛菊」（Marguerite）——一種干型馬丁尼——卻寫在史都華（Stuart）於1904年出版的《時髦飲品與如何調製》（*Fancy Drinks and How to Mix Them*）。普利茅斯琴酒在此書被特別指名。

而且普利茅斯琴酒受歡迎到開始成為仿製的目標，或者至少是寇特斯公司希望各位這樣認為。十九世紀末期，以「英國西部」（Westcountry）與「普利茅斯琴酒」為標示的偽酒有不少紀錄，到了1930年，普利茅斯琴酒酒標被法院禁令引用，針對的是對抗1881與1884年的偽造。然而，這些民事案件的真實紀錄，不是涉及了普利茅斯琴酒或寇特斯公司，就是始終模糊難解。我們能夠確定的，只有1989年寇特斯公司贏了一項官司，那是針對亞歷山大·芬利森（Alexander M. Finlayson）的起訴，亞歷山大在美國蒸餾琴酒並謊稱為普利茅斯琴酒。這項官司依舊是頒布產品商標地理名稱的法源之一。

第二次世界大戰期間此蒸餾廠遭到破壞，在此時期成為盟軍戰略海軍基地的普利茅斯鎮遭到大約五十多次的空襲。幸運的是，蒸餾廠最古老的部分相對毫髮無損地躲過了爆炸。然而，費曼家族的狀態卻不理想。第二代哈利·費曼（Harry Freeman）於1957年辭職，其子羅伯特·費曼（Robert Freeman）次年舉槍自盡。結束了費曼家族掌理寇特斯公司八十七年的歷史。

接下來的五十年之間，蒸餾廠經過了六次易手，直到1970年代之前都保持了相當不錯的銷售成績，然而，儘管傳奇蒸餾師戴斯蒙德·佩恩在此勤奮地工作，此蒸餾廠依舊在1980至1990年代墜入懸崖。現場裝瓶的業務停止了，交由位於艾塞克斯的海曼。不過，1996年救贖降臨，以查爾斯·勞斯（Charles Rolls）為首的私人投資團體收購整個經營權，查爾斯更在後來成立了芬味樹（Fever Tree）調酒品牌。此後採取了許多改善產品形象與品質的措施，例如把原本的穀物為主的烈酒，換成以甜菜做成的中性烈酒，以及回到過去的一倍法蒸餾。另外，還將包裝改成更流線型的「裝飾藝術風格」，這個轉變並不太受歡迎，不過在現任擁有者保樂力加（Pernod Ricard）集團購買此品牌不久後，酒瓶包裝就在2012年再度更新。目前的酒瓶包裝風格更偏向原本訴求的航海源頭。我喜歡。

蒸餾廠中最古老的蒸餾器「3號」，有時會被稱為英國現今仍在運作的最古老琴酒蒸餾器。由貝內特父子與喜爾斯公司（Bennet Sons & Shears Ltd.）製作，製作時間幾乎可以確定在1895至1906年間，與亨利爵士的貝內特蒸餾器（Bennett Still）列於同等級，但不像英人牌的268公升壺式蒸餾器或坦奎利4號蒸餾器那般古老。場內另外還有兩臺蒸餾器，其一是同樣由貝內特建造的精餾器，在1950年代某段時間裝設於黑修士，另一臺是卡特馬車頭蒸餾器，1952年製造，並在1960年代安裝，但至今從未使用過！

### 普利茅斯Plymouth，酒精濃度41.2%

溫和的綠薄荷（spearmint）與乾淨的柑橘香氣。杜松子的氣味狂野且如同帶刺，但入口後比想像中的柔和許多。嚐起來帶有更多類似紫羅蘭的風味，持續出現懷舊糖果店的調性，伴隨著檸檬片、柳橙汽水與薄荷口香糖。普利茅斯琴酒做成馬丁尼時是苦艾酒的堅實夥伴，但務必保持調酒不帶甜味，否則琴酒的風味會被完全淹沒。

# SACRED
## 薩科里德

隨著「工藝」琴酒的數量步步逼近臨界點，人們也開始對古怪有趣的背景故事行銷手法，以及各種原創配方變得有些排斥。這些設計其實都是為了引起人們的情感投射，並將酒款描繪成我們看得懂而且能夠感同身受，同時還新穎又令人興奮的東西。但是，薩科里德的故事，以及更重要的真實故事，卻是如此巧妙精緻地非傳統，因此完全不需要以上所有能夠激起人們共鳴的條件，人們已經對整個品牌的創新與天才設計瞠目結舌。「藝術」、「工藝」與「手工」都是一些被誤用與誤解的話術，但全世界最有資格配得上這三個名詞的蒸餾廠，無疑就是薩科里德。

這座卓越非凡的蒸餾廠位於海格村（Highgate village），這裡是北倫敦最令人響往的郊區之一；我很清楚，因為我曾經在這裡租房住過。海格村擁有田園詩詞般的綠樹成蔭的街道，以及一整排高高的維多利亞別墅，這裡是中產階級的烏托邦，飼養的小型犬可以在修剪整齊的草坪上奔跑，而低脂拿鐵幾乎人手一杯。但是，在伊恩‧哈特（Ian Hart）和希拉蕊‧哈特（Hilary Hart）的家裡，裝著更多更有趣的液體。

伊恩看起來是一位謙虛、說話輕聲細語的人。他曾經當過華爾街的交易員，然後也曾試著創立自己的手機事業，但公司不幸在1999年破產。幸運地是，當一切似乎就要變得走投無路時，伊恩依舊身懷劍橋大學的自然科學學位。2009年，他創立了蒸餾廠，當時他也是我的第一間酒吧保羅（Purl）的常客（他的琴酒也是常駐酒款），這間酒吧正好一樣是在2009年開幕。2014年，伊恩已經在全球十七個國家賣出三萬四千瓶琴酒，數量龐大到實在不太像是某戶人家的客廳就能辦到的事。但是，薩科里德真正引起琴酒愛好者興趣的正是伊恩製作琴酒的方式。針對客廳空間大小受限的問題，伊恩利用製作風味濃縮液解決，每一種植物都分別浸泡長達約一

▼這就是琴酒占滿整個人生的模樣。

▼當整間屋子幾乎都是為了製造琴酒而忙碌時，伊恩最幸運的就是，他的太太希拉蕊喜歡他的琴酒。

年，分別蒸餾之後，再送到其他地方與中性烈酒混調並裝瓶。簡而言之，風味是在海格村製作完成，但絕大多數的酒液從來沒有踏進伊恩的客廳一步。以絕對誠實客觀且冷漠的角度而言，這就是扎扎實實的合成琴酒（見P.60-61）。但是，除去與合成琴酒相關的所有汙名，這其實是一種應變能力高明的琴酒製造方式。

伊恩家的客廳充滿玻璃容器。到處都是用塑膠管連結的球型玻璃瓶，還有控制液體流動的藍色閥門開關。這種設計就是減壓蒸餾，而大多數儀器內都處於接近真空的狀態，因此能大大降低蒸餾沸點，所以只需要一點點熱能就可以啟動蒸餾。在伊恩眼中，這種作法的好處就是更忠實地展現植物的原貌。伊恩曾經讓我比較過傳統蒸餾（熱的）產出的芫荽籽蒸餾液，以及他的減壓蒸餾樣本，我不得不承認，他的遠遠更棒；肥皂味較少、較乾淨、較新鮮，而且更鮮活。

他的「蒸餾器」是雙層玻璃酒壺。外層玻璃以低溫真空水槽的循環流動水包圍。某些植物的蒸餾次數甚至高達五次，最後一次蒸餾通常都是以水為基底蒸餾，然後與之前以烈酒為基底的蒸餾液混合完成。他的冷凝器使用的水溫度極低，抽取自攝氏-34度的冰櫃。另外，他還有一臺很吵的真空幫浦機擺在花園裡的夏屋，為客廳裡的瘋狂實驗提供了推進馬力。而伊恩的庫存們就放在花園裡，數十個20公升的桶子高高地堆放在花園的棚子裡，桶子裝的都是浸泡液、蒸餾液與階段不同的實驗。桶蓋寫著各自的編號。如果伊恩之後要請學徒，那麼他或她應該需要好幾年才能把所有東西搞懂。

薩科里德的製作方式歷經了數年的仔細審視與修改，目標就是從植物萃取出最佳的風味。這是真正對得起首席蒸餾師頭銜的人，他從不懼怕嘗試任何新方法。

最後，我想跟各位分享一個小故事：幾年前，伊恩寄了一封電子郵件給我，問問餐廳就開在路口的我想不想要10公斤的去核杏桃。當然好呀，非常感謝。三年後，我正在他家，然後他拿出他的杏桃核蒸餾液。任何一位優秀的化學家都知道，杏桃核、櫻桃核、蘋果籽與苦扁桃仁可能都有不同含量的氰化物。因此，一面啜飲著美味的杏桃核烈酒，一面問伊恩有沒有先做一些安全測試。他說有，「我抓了一些黃蜂，然後用塑膠杯裝著，再往裡面注入一些蒸餾液看看會發生什麼事……然後，牠們都死了。」

### 薩科里德Sacred，酒精濃度40％

沉靜、鎮定。聞起來柔軟，但一切就緒：葡萄柚皮與柔潤的柳橙調性最為明顯，接著出現些許杜松子香氣，然後是溫暖迷人的辛香料風味，那是乳香（frankincense）與肉豆蔻的溫柔擁抱。嚐起來輕盈，但堅定，每一次的啜飲都會彼此累積堆疊。最適合的調酒是馬丁尼，可以試試8：1的比例。

◀裝著丁香酚（eugenol）的瓶子。丁香酚的香氣一般而言可以在丁香、肉桂與月桂葉中覓得。

▶薩科里德同時也販售琴酒混調組，讓消費者可以用不同植物蒸餾液混調出自己的配方。

# SILENT POOL
## 寂靜之湖

一間間新蒸餾廠不斷地成立，也讓我很難為本書從中挑選出最棒的。某些蒸餾廠之所以值得矚目是因為他們對待傳統琴酒製作的堅定，某些蒸餾廠則是因為那股現代風格。然而，還有一些蒸餾廠有趣的原因在於處事態度的與眾不同，而我那個身為寂靜之湖品牌大使的朋友西蒙「金戈」·沃恩福德（Simon 'Ginge' Warneford），第一次告訴我這個地方時，我感受到的就是那特立獨行的氛圍。

寂靜之湖其實就是一座小水池，更精確地說，它是一座微型湧泉白堊湖（spring-fed chalk lake），靠近薩里（Surrey）的基爾福（Guildford）。湖如其名，這座湖靜得詭異。因為湖裡冒著輕柔泡泡的泉水每天可達10000公升的注水量，因此湖中沒有任何生物，也沒有任何活動。至少在這一千年之間，寂靜之湖都是相當受到關注的地點，它曾經被《末日審判書》提及，直到今日依舊是德魯伊儀式活動的熱門選址。喔，這裡還鬧鬼。

當地就有一則關於樵夫女兒的民間傳說。某一天，這名少女在湖中沐浴，她聽見有人正騎著馬接近的聲音。由於來不及著衣，只好涉水向湖中最深之處前去。這位騎著馬的陌生人慢慢來到湖邊，也瞧見了一位未著衣的女人，便試著引誘這位女子。樵夫的女兒朝湖泊深處游去，但似乎陷入了窘境。然而，騎士並沒有這麼容易打退堂鼓，他催促著馬兒向湖邊接近，想要一把將少女抓起。此時，少女的哥哥似乎聽見了溺水妹妹的尖叫聲。不幸地，悲劇降臨，為了拯救妹妹，兄妹倆都不幸溺死於湖中。這位也許導致了整件悲劇發生的騎士此時匆匆離去。這則傳說更提到這位騎士其實就是知名羅賓漢故事中的「邪惡」約翰國王。因此，若是在午夜時分來到寂靜之湖的湖邊，就會看到湖面盤旋著鬼魂，耳邊還會傳來少女溺水的微弱尖叫聲。

▼著名的寂靜之湖，看起來……嗯，很寂靜。

▲在這悠閒的外表之下，寂靜之湖蒸餾廠之內藏著熱情與滿滿活力。

憤世嫉俗如我，在看到一間建在寂靜之湖湖畔的蒸餾廠，酒款沿用此湖名稱，酒瓶上甚至還有一幅溺水少女的圖像，直覺便判定這是一個花了太多力氣在產品行銷、太少力氣在自家琴酒的品牌。

但是，寂靜之湖蒸餾廠其實是一個充滿年輕（絕大多數！）熱情蒸餾師的大家庭，不斷地生產優質烈酒。他們在在展現了野心與好奇心，但也被一股似乎是處事輕鬆的態度平衡了。他們的蒸餾間會放音樂，這是琴酒產業非常罕見的事。後院擺著狗狗的陶製品，一旁正在燃燒的是準備著午餐的烤肉架。

當他們發現此處的主電力不足以有效地提供蒸餾器熱能時，他們便轉而找到一臺燒柴的蒸氣鍋爐，深情地暱稱它為「少校」（The Major）。蒸餾器則是改良過的350公升荷斯坦蒸餾器，其上加裝了一個柱式蒸餾器，讓兩位擁有科學碩士學位的蒸餾師可以做出些微調整，讓最終酒液更為明亮。四周牆邊放滿了正在浸泡的大桶，裡面裝著幾乎所有

該有的植物——總共二十二種原料，但有些原料為同一種植物。首先是兩種杜松子（馬其頓、波士尼與赫塞哥維納），只要聞過就知道兩者究竟有多不同。這不禁讓我想到一個問題：為何混合不同杜松子的方式並不常見？金戈將這兩種杜松子比喻為兩種相反但互補的樂器，「波士尼是貝斯吉他，馬其頓是斑鳩琴」。

植物越多，越需要方法論，或至少看起來是這樣。種子、根、乾燥果皮與波士尼杜松子會以傳統方式浸泡並蒸餾。薰衣草花、新鮮果皮、新鮮梨與馬其頓杜松子則使用蒸氣浸潤。另外，部分花朵原料（青檸葉、洋甘菊、玫瑰、接骨木花與椴樹〔linden〕）則用沖煮茶的方式，先以高濃度烈酒沖煮過，接著在烈酒進入再蒸餾之前濾出植物，避免最後出現熬煮的調性。這是一套複雜的過程，但因為採用的植物原料多元，這也是一套符合邏輯的方式。這些傢伙也使用了當地的蜂蜜，但他們計畫讓蜂蜜更在地，所以正在靠近湖邊之處架設蜂巢。

除了「寂靜之湖」，還有已經上市的特別款。他們也做了許多採用不同木材桶陳的實驗。橡木、相思樹（acacia）與桑樹（他們跟我說味道很恐怖），這些原料都還在觀察中，但目前最令人期待也最讓人覺得「天呀，我竟然沒想到」的木材實驗就是杜松。我已經試過陳放十二天的樣本，這是首次裝填（first fill，即是木桶首度陳放酒液，當酒液取出並進行下一批酒液陳放時，就稱為二次裝填）的7公升木桶。嚐起來有點太過火了，因為木質調性變得有點渾濁，但是他們告訴我五次裝填的很美味。

### 寂靜之湖Silent Pool，酒精濃度43%

被花香與乙醚調性緊緊環繞，接著由木質調辛香特質的風味緩和放鬆。然後是杜松子（同時也會發現它其實一直都在），其風味明亮且充滿大地調性。加水之後會有繡線菊與一絲絲的蜂蜜香。口感黏稠且具甜味，帶有一股奇特的香草與煉乳味，並與所有植物一起融合。適合純飲。

▶寂靜之湖的壺式蒸餾器，照片右方就是浸泡桶。

▶「少校」是一臺燒柴蒸氣鍋爐，負責產出所有蒸餾器需要的熱能。

# SIPSMITH

## 希普史密斯

若要討論英國當代蒸餾師，遲早都一定會談到希普史密斯。這個琴酒品牌最最重要的，就是它身為英國琴酒復興的前鋒。如今已經成為酒吧後櫃必備的符號，當然也是任何有資格稱為琴酒迷的酒櫃一定要有的酒款。真的很難相信希普史密斯伴隨我們的時光才短短七年。

位於西倫敦的漢默史密斯（Hammersmith），希普史密斯蒸餾廠原址僅僅只能用「封鎖」來形容，這就是它謙遜卑微的出身。但並不代表這兒不具任何與酒有關的血統，此地曾是一間微型啤酒廠，也曾經是已故的偉大烈酒作家麥可‧傑克森（Michael Jackson）的品酒室。山姆‧高爾斯沃西（Sam Galsworthy）與費爾法克斯‧霍爾（Fairfax Hall），兩位創立者都將他們的房子賣掉以籌措資金，準備成立一間將近一百五十年來倫敦的首間銅製壺式蒸餾廠——對，沒錯，在希普史密斯獲得執照之前，上一個取得執照的就是知名英人牌的詹姆士‧布魯，那是1863年！

他們找到了一位身為調酒歷史學家與傑出蒸餾師的烈酒專家傑瑞德‧布朗（Jared Brown）。傑瑞德外表看起來就像是某種很懂生活美好的彌賽爾，內在則是一部行走的酒醉故事百科全書（包括他人與自己的事蹟），打從年幼的十歲起，他就開啟了蒸餾事業，當時他打算在後院蒸餾雪松。長年的研究與寫作讓他在為希普史密斯開發配方時，完全不缺乏原料資訊。因此，他們的起點就是安波羅修‧庫伯在1757年出版的《完全蒸餾》（*The Complete Distiller*），接著傑瑞德尋遍十九世紀許許多多的文獻，直到終於找到了對的配方。他們訂製了一臺克里斯汀卡爾蒸餾器（Christian Carl Still），並在2009年3月開啟了第一批烈酒蒸餾。

如今，位於倫敦優雅富裕的奇西克（Chiswick）的新蒸餾廠，已經擁有三臺蒸餾器——「堅貞」（Constance）、「謹慎」（Prudence）與「耐心」（Patience）。有了這三臺蒸餾器，他們能以大約是七年前十四倍的產量製作琴酒。堅貞（1500公升）負責生產倫敦干型琴酒；謹慎（300公升）則是進行中性烈酒的再蒸餾，做出希普史密斯伏特加；耐心（300公升）負責的是他們銷量最大的VJOP，關於這一點我們等等會回頭說明。

▲努力了十年之後，這支辨識度高的酒瓶已經成為英國酒吧後架上熟悉的存在。

在舊蒸餾廠時期，倫敦干型琴酒由謹慎製作，所以當廠址搬遷而「堅貞」加入團隊之後，他們因為容量規模大大提升，而面臨了如何維持酒液品質的考驗。傑瑞德告訴我，他們進行了十五批次的蒸餾（與許許多多浪費的烈酒）之後，才達到完全一致的風味。

說到風味，他們的倫敦干型琴酒相當美味，徹頭徹尾的倫敦干型琴酒。套一句傑瑞德的話：「倫敦干型琴酒不是一種需要重塑或延伸的琴酒類型。這是屬於傳統主義者的地盤。」我頗為同意。希普史密斯的十種植物中，沒有任何一種出人意表，但事實就是此酒款完美地平衡，加入通寧水或做成馬丁尼都有最傑出的表現。我們還能要求更多嗎？這也讓我們回到了剛剛的VJOP酒款，這是「非常杜松子且酒精超標」（Very Juniper-y Over-Proof）的意思，巧妙地與白蘭地的干邑VSOP等級名稱一致。傑瑞德把這支製作時間超過三年的特別款琴酒，形容為他的「碩士論文」。製作這款酒還需要十足的勇氣。他們將一對（會什麼要用兩顆，我不太清楚）帶孔的球型懸掛在煮沸的烈酒上方，裡面放入了準備進行蒸氣浸潤的杜松子。除此之外，杜松子分成不同浸泡時間的兩批，一批先浸泡了四十八小時，另一批在要進行蒸餾時才加入，目的就是萃取出杜松子不同的特質。傑瑞德用音樂會演出作為比喻，杜松子就像是三把小提琴，一開始可能會有點不和諧，但只要經過微的調整，就能展現協調與力道。此酒款的整體表現並不如預期般的，如同被甩了一巴掌，而是在杜松子散發出的各式各樣的光彩中，進行一場風味探索。

再加上黑刺李琴酒、大馬士革李（damson）琴酒與調酒夏日杯（summer cup，見P.263），便完整了希普史密斯的系列產品名單，但還有更多酒款等著我們。他們的研發部門放了一臺容量相對小型（20公升）的蒸餾器，名為「印記」（Signet），這臺蒸餾器曾經泡過一個用韋伯（Weber）烤肉架烤過的鹿臀肉——這是我在蘇格蘭之外嚐過最美味的煙燻烈酒。我想那些鹿肉應該也是很美味。

**希普史密斯倫敦琴酒Sipsmith London Dry Gin，酒精濃度41.6％**

一切都依照該有的樣子表現。松木與硬皮革結合了溫和的檸檬酪（lemon curd）與柔軟香甜的辛香料。入口後與香氣相互呼應，就在這一瞬間，植物調性便不再緊迫盯人，給了我們一點空間四處漫遊，並如潮起潮落。一款謹慎小心又周到體貼的琴酒，而且不會過於彰顯自我。能做出美味的內格羅尼，做成琴湯尼也不會太難以承受。

**希普史密斯VJOP Sipsmith VJOP，酒精濃度57%**

　　酒氣濃重。杜松子極為鮮明──新鮮、富皮革、富松木與帶有大地調性。酒精蓋掉了更細微的細節。入口後，完全是不同的景致。杜松子為主的長韻退卻後，接著辛香料如同戴上拳擊手套朝杜松子揮拳，且一面保持著芭蕾女伶般的優雅。只有馬丁尼能勝任（但加上通寧水也是該死地美味）。

▲新的希普史密斯蒸餾廠很像是某種銅器博物館，其中包括三臺總能產出2100公升酒液的蒸餾器。

# SOUTHWESTERN DISTILLERY

## 西南蒸餾廠

西南蒸餾廠是一間小規模的酒廠，位於一條蜿蜒的鄉間道路，離我出生長大的康瓦爾（Cornwall）只有幾哩遠。對英國人和外國人而言，康瓦爾郡是相當受歡迎的觀光景點，為在地康瓦爾品牌的產品創造了相當有利可圖的市場⋯⋯但這些產品有時品質卻靠不太住。看看工藝琴酒蒸餾產業在英國過去十年的崛起吧，距離有人想到要在康瓦爾製造琴酒，只是時間早晚的問題。事實上，這根本就是無可避免的結果，這也是為什麼當兩家蒸餾廠同時開業時，我會抱持著至少可說是懷疑的態度。不過，西南蒸餾廠生產的「塔克文琴酒」（Tarquin's Gin）平息了我的恐懼。在你抱怨這名字很笨之前，你該知道這真的是個人名——塔克文・列比特（Tarquin Leadbetter），西南蒸餾廠的創始人及這款琴酒的首席蒸餾師，因此我想這確實可說是塔克文的琴酒。

他的故事就跟許多人的故事一樣，開頭十分相似。塔克文對他在倫敦坐辦公桌的工作感到既疲乏又失望，便開始夢想自己當老闆，晚上做琴酒，白天則在康瓦爾的海邊衝浪。2012年，他從國際購物網站買了一座15公升的傳統單壺蒸餾器，再花一年的時間仔細爬梳美國蒸餾論壇上的討論，並依照homedistiller.org上的蒸餾指南製酒——這個網站很可能是最全面的資訊來源，提供了最新的蒸餾知識。2013年初，他在距離帕德斯托（Padstow）小漁村不遠處的迷你法庭上獲得了蒸餾執照。負責替蒸餾廠幹活的是一座220公升的破爛銅蒸餾器，而在2013年秋天，他們首次推出了兩個產品：茴香酒（pastis，一種大茴香風味的法國烈酒），取名為「康瓦爾茴香酒」（Cornish Pastis），和康瓦爾餡餅（Cornish Pasty）形成迷人的雙關——那是一種餅皮打摺的傳奇肉派——以及百年來首次出現的康瓦爾琴酒。

塔克文琴酒立刻就受到遊客的歡迎，也擄獲了生性善變的康瓦爾居民的芳心，很快就成了旅遊景點和本地酒吧的必備商品。我要舉出他們成功的兩個主要原因。第一，他們的包裝巧妙地遊走在奢華和道地性的界線兩側，模仿布根地酒的瓶型飾以銀色與消光黑的酒標，瓶口則是彷彿正流淌下來的浮誇亮藍色封蠟。這個設計相當具有辨識度，不知怎麼也非常反映了瓶中物的特色。順便說一下，這瓶子裡的酒正是第二個強項——是非常優秀的琴酒。

表面上來看，西南蒸餾廠的態度看似是典型的康瓦爾風範。塔克文一家大小都在蒸餾廠勤奮工作，手工製作封蠟和黏貼酒標，同時間，他的手機鬧鐘會提醒他該去照料最新一批酒液的時間。從外人的角度而言，整個事業組織看起來好似是臨時拼湊而成、雜亂無章。不過，塔克文對他的技藝十分謙虛，在自我嘲諷的幽默底下，他也是位手藝高超的年輕蒸餾師，而他自己坦承每天製造的琴酒品質都越來越好。

塔克文使用杜松子、歐白芷根、芫荽籽、新鮮柳橙、檸檬及葡萄柚皮、鳶尾根（orris root）和來自他家花園的紫羅蘭葉（violet leaves）。這些植物在浸

◄塔克文・列比特從朝九晚五的倫敦生活澈底改頭換面，如今他終於能衝浪和製造琴酒了，而且他兩件事都做得不錯。

▲當你能看見接合蒸餾器的樹脂上有指紋時，就能安心了——你喝的是真正手工製造的產品。

泡一夜後，才會拿去蒸餾。

塔克文琴酒是以一倍法製成，每一批次只能做出少少的三百瓶。現在，隨著他們即將擁有更大的廠房，以及一對皆以瓦斯熱源直接加熱、由不聽話的蠟樹脂接合在一起的傳統單壺蒸餾器，西南蒸餾廠一週生產五天，即將達到產能極限。幸運地是，塔克文剛拿到安德烈·馬奇亞（Andrea Macchia）的綠能工程（Green Engineering）製造的500公升蒸餾器。這間義大利蒸餾器製造商負責製造龐貝藍鑽在雷弗斯多克磨坊（Laverstoke Mill）的蒸餾器。2016年春天，這座蒸餾器應該就能開始運作。

有些限定酒款在我寫作本書時上市，但在你讀到此書的時候，極有可能早就已經賣完了。這些酒款分別為：一款海軍強度（Navy Strength）琴酒，向康瓦爾與海盜及海軍的連結致敬，這是十分露骨但也令人愉快的操作；一款「樹籬」（Hedgegrow）琴酒，使用了人工採集的野生忍冬（honeysuckle）、蘋果、黑刺李（sloe）和亞歷山大草籽（alexander seeds）；一款「電流雛菊」（Electric Daisies）——把會在舌頭上產生刺激感的雛菊心花（central florets）蒸餾後，再浸泡在琴酒裡。

### 塔克文琴酒Tarquin's Dry Gin，酒精濃度42%

草綠酒色與恰到好處的杜松子氣味。芫荽的香氣輕柔，在嗅聞一會兒後，花香與葡萄柚調性的香氣就會浮現。味道在口中溫和地堆疊，接著冒出胡椒和植物根的調性。尾韻俐落乾淨。喝下第二口時，杜松子調性的風味變得更明顯。

非常適合調成琴湯尼，也和馬丁尼是好搭檔。調成這兩種酒時，可以配上葡萄柚。

# THAMES

## 泰晤士蒸餾廠

想要著手打造自己的琴酒品牌嗎？首先，你需要有個地方可以讓你開始生產。接著，你需要買一座蒸餾器、拿到執照，讓一切合法。你需要採購和貯藏植物，購買大量的大型容器來盛裝蒸餾液，設置裝瓶產線，付錢請人貼酒標，並找到夠大的空間貯存剛裝好瓶的產品。最後，你需要想辦法把產品賣出去。聽起來很多事要做，對吧？這個嘛，其實還有一條比較簡單的路可以選，讓你不用煩惱上述幾乎所有的麻煩事：去找一間代工廠，例如泰晤士蒸餾廠（Thames）。

如果你手頭上有錢可花，泰晤士蒸餾廠會幫忙開發你的專屬產品，為你蒸餾，為你找來設計師設計品牌視覺和包裝，幫你裝瓶、裝盒，再送去給批發商銷售。整個過程中，你連一顆杜松子都不需要拿起來。這可能聽上去是種很疏離的做事方式，但其實不需要如此。有些蒸餾廠的客戶事必躬親，仔細監督泰晤士蒸餾廠員工的作法，並親自將所需植物送到酒廠去。其他主流商品，例如競爭力強大的倫敦1號（London No.1，至少在西班牙是），則仰賴泰晤士酒廠能獨立作業。有四成的商品都是由泰晤士酒廠自行裝瓶，其他則是運到格林諾（Greenall's）、海曼或國外酒廠處理。其他琴酒則是在送抵時已經製造完成，而泰晤士蒸餾廠會低調地執行裝瓶任務。

泰晤士蒸餾廠現今約生產六十種獨特的配方，並為大約七十家品牌製造琴酒——儘管酒廠老闆查爾斯·麥斯威爾（Charles Maxwell）本人貌似也不太確定正確的數量是多少。神奇的是，所有品牌的代工量都是由僅僅兩座500公升蒸餾器生產——「大拇哥湯姆」（Tom Thumb）及「拇指姑娘」（Thumbelina）。這兩座蒸餾器看起來就像一頂放在垃圾桶上（抱歉啊，查爾斯）的女巫帽子。大拇哥湯姆是由傳奇的蒸餾器製造商約翰·多爾於1982年打造，拇指姑娘則比較晚才加入它的行列。泰晤士蒸餾廠生產的所有琴酒都以多倍法製成，通常是用中性烈酒與植物濃縮液以20：1的比例稀釋。

泰晤士蒸餾廠的總監辦公室彷彿就像一座琴酒洞穴，架子和桌子上擺滿了至少兩百瓶琴酒，連地上都有。坐在琴酒堆中央的是查爾斯·麥斯威爾，他是第八代蒸餾師，也是泰晤士蒸餾廠的聖誕老人（除非天天都是聖誕節，而且這些禮物根本不適合小孩）。查爾斯·麥斯威爾可能是全世界開發過最多琴酒配方的人，而這也十分配得上他的家族血統。查爾斯出生於倫敦的芬斯伯里蒸餾廠王朝，在那裡工作到快四十歲，剛好就在酒廠賣給飲料批發商馬修·克拉克（Matthew Clarke）的時候。他遊手好閒了幾年後，便聽聞南倫敦的（Old Chelsea Distillers Co.）關門大吉，於是他們決定買下它，作為與琴酒界大地主克里斯多夫·海曼（Christopher Hayman）的合夥事業的一部分。當時，泰晤士蒸餾廠與英人牌是倫敦唯二的蒸餾廠。

有了七十個左右的品牌數量，你能單獨寫一本書來談泰晤士蒸餾廠的產品，因此要在本書中囊括所有酒款根本就不可能。我列出了其中八個品牌，但我要補充，還有其他許多品牌，而且其中有不少也是很棒的酒。

### 達恩利目光Darnley's View

達恩利目光在2010年由位於蘇格蘭法夫的威姆斯家族（Wemyss）推出。威姆斯家族和這個地區的連結可以追溯至久遠以前，而他們和威士忌的關係也十分鞏固。1824年，威姆斯家族將一小塊土地承租給黑格家族（Haig），而他們在該處建立了卡麥隆橋蒸餾廠（見P.172），如今生產坦奎利、高登和其他品牌的琴酒。

▲在泰晤士蒸餾廠,目光所及之處都是酒瓶,也有很多酒可喝。

▲查爾斯.麥斯威爾描述神奇的奧克斯利蒸餾器如何施展它的魔法。

▲泰晤士蒸餾廠的蒸餾器十分忙碌。大拇哥湯姆(左圖前景)負責大部分的生產量,是英國工作量最大的琴酒蒸餾器。

達恩利目光的琴酒是在泰晤士蒸餾廠進行蒸餾,但威姆斯家族最近自行建立了一間厲害的威士忌蒸餾廠:帝夢(Kingsbarn),就在離聖安德魯(St Andrew's)高爾夫球場的不遠處,因此我猜未來他們有機會將琴酒生產線轉移到該處。

品牌的名稱取自家族和瑪麗一世的關係(Mary Queen of Scots,我說過他們的歷史可以往前追溯多年)。這個故事是:1565年,瑪麗一世從威姆斯城堡的庭院窗戶監視未來的丈夫達恩利勛爵。這對佳偶結婚後,他倆的兒子詹姆士成功統一了英格蘭和蘇格蘭的王位,成為英格蘭的詹姆士六世兼蘇格蘭的詹姆士一世。因此我想這名字應該取為瑪麗看達恩利的目光,而非反過來——不過你們懂就好。

該品牌的琴酒結合了杜松子、芫荽籽、歐白芷根、檸檬皮、鳶尾根與接骨木花。

**達恩利的目光Darnley's View,酒精濃度40%**

豐郁的花香,首先聞到的是接骨木花和洋甘菊。接下來聞到的是柔軟的紅色水果——尤其是紅醋栗和蔓越莓——以及肉桂和丁香的甜味。入口後會有辛香料和甜感,口感奇特地緊繃堅硬,像是酒液緊張不安,不願一次透露太多。尾韻是綿延的桂皮。風味足夠鮮明,適合做成調酒——三葉草俱樂部(Clover Club)尤其美味。

## 五十鎊Fifty Pounds

還記得《琴酒法案》嗎？你當然記得了。1736年的《琴酒法案》，是政府第二次嘗試在倫敦琴酒熱時控制琴酒的生產和消費，而這也許是六次《琴酒法案》中最為荒謬的一次。法案要求合成琴酒業者申請要價五十英鎊（七十五美元）的年度執照，以現在的幣值來算，將近是五千英鎊（七千五百美元）。倫敦大多數的合成琴酒業者並不是有錢人，這也是為什麼他們一開始會選擇販賣劣質琴酒。過高的價格導致全盤皆輸，在接下來的三年，只有兩件執照申請提出。所有其他合成琴酒業者都無視法律，而琴酒生產便成了更不正當、更地下化的產業。

五十鎊琴酒在南倫敦的泰晤士蒸餾廠進行蒸餾，而品牌名稱正是取自1736年取得合法琴酒執照的費用數目。這個品牌在2010年才推出，但我非常喜歡這個說法：五十鎊可能正是當年唯二確實支付執照費用的蒸餾廠之一。不論那兩間蒸餾廠的真實身分為何，從他們頗為強烈的道德敏感度及頗深的口袋來看，當年製造出來的琴酒很有可能也品質極為優秀。這並不是指他們的琴酒登峰造極，只是說可能品質比較好。也許五十鎊的動力正是來自於對「做得更好」的信念？嗯……我剛剛是不是替他們做完了行銷工作啊?!

五十鎊總共使用了十一種植物：杜松子、芫荽、歐白芷根、甘草根、天堂椒、橙皮、檸檬皮和另外三種未公開的植物。

我總是被這品牌吸引，部分是因為他們向歷史的致敬，但也是因為他們的瓶身造型與早期荷蘭琴酒的寬肩玻璃酒瓶十分相似。這瓶酒是個美人兒，也很美味。

### 五十鎊Fifty Pounds，酒精濃度43.5%

乾淨的柑橘香氣，但聞起來是帶有鹹鮮味的琴酒。入口後出現草本與堅果，而草本氣息為風味帶來溫暖與廣度，但沒有變成不扎實或植物煮過的味道。質地黏稠，帶來甘甜的印象，平衡了檸檬蛋白派和肉豆蔻風味。這是標準的琴費茲基酒。

## 福特Ford's

推出新的烈酒品牌並非易事，但一口氣推出四種完全不同的烈酒商品，根本就是瘋了。不過，從紐約起家的86公司（The 86 Co.）就幹了這種事。多虧了他們的團隊——酒吧傳奇人物賽門·福特（Simon Ford）、杜尚·札里克（Dushan Zaric）、丹·華納（Dan Warner）和傑森·寇斯摩斯（Jason Cosmos）——以及產品的品質，福特琴酒（Ford's Gin）、埃斯波雷鴨伏特加（Aylesbury Duck Vodka）、卡納布蘭瓦蘭姆酒（Cana Brava Rum）及卡貝薩龍舌蘭（Tequila Cabeza）迅速成為調酒師在酒架（speed rail）裡的常備品牌用完時的首選酒款。

賽門·福特是86公司的門面，他曾是英人牌和普利茅斯琴酒的美國大使，並於在任期間成為酒吧業界最受歡迎的人物之一。賽門是我的朋友，而我可以告訴你，他為人既紳士又正直（我根本找不出他的缺點），他的琴酒同樣也是。

福特的琴酒在設計時，不遺餘力地將使用者的便利性與調酒師一併納入考量。它的酒瓶造型十分巧妙，在頸部隆起，腰身則有一圈浮凸，就算你正在喝第五杯內格羅尼，還是能輕輕鬆鬆就抓起酒瓶。它的重量十分扎實，卻又不會太過沉重。酒標上盡可能寫滿了有用的資訊，設計成護照戳章的樣式，彷彿有人將這種「經典設計元素」的剪貼圖案玩得太得意忘形——你可能花十分鐘都還讀不完。

就我所知，福特琴酒是世界上唯一一款在網路上公開配方的琴酒，而整個生產流程也完全透明。這個配方包含了（依照重量）49.5%杜松子、30.5%芫荽籽、3.2%檸檬皮、3.2%橙皮、3.2%葡萄柚皮、3.2%歐白芷根、2.1%桂皮、3.2%茉莉花、2.1%鳶尾根。顯然這份配方在定案之前反覆試驗了八十次，每次都會將樣本送給頂尖的紐約調酒師來測試做成調酒的味道如何。多虧了如此執著的開發過程，才精煉出這份能與許多混調飲料出色搭配的琴酒。桂皮適合內格羅尼，葡萄柚則與以柑橘調性為基底的飲料相得益彰，而茉莉花能在蜂之膝（Bee's Knees）這類加入蜂蜜的調酒中大顯身手。

▲泰晤士蒸餾廠用過的植物，不知道是來自六十多種配方中的哪一種呢？

▲這份圖表列出了每一種泰晤士蒸餾廠使用的植物，有機植物則以另外一欄區隔出來。

蒸餾完成之後，高酒精濃度的琴酒濃縮液會運送到位於加州的錢伯瑞（Chambray）蒸餾廠，以烈酒與水稀釋並裝瓶。另一個選擇就是送到泰晤士蒸餾廠裝瓶，但就需要負擔高昂的運送成本，更不用說商品在運往美國時會增加多少碳足跡。目前為止，美國仍是福特最大的市場。儘管該品牌只有三歲大，卻已有一年十八萬瓶的產量。

**福特琴酒Ford's Gin，酒精濃度45％**

杜松子的香氣撲鼻，但帶有一股宜人的夏日草地調性，剛修剪的青草、陽光烘烤的樹皮、蜂蜜與茉莉花。入口乾淨、質地似沙般粗糙，緊緻集中的柑橘調性，進入尾韻時，出現輕柔的香料與乾燥杜松子風味。這款酒的設計是為了能適用各式各樣的調酒，因此自己動手試試看吧（我喜歡調成琴費茲的味道）！

**吉爾平Gilpin's**

吉爾平的網站寫著：「我們的目標是創造世界上最好喝（也最好看）的琴酒。」

通常我會對如此野心勃勃的宣言嗤之以鼻，但說句公道話，吉爾平在2014年的世界琴酒大賞（World Gin Awards）獲得了「世界最佳琴酒」（World's Best Gin）的殊榮，因此我想你可以說吉爾平確實達成了目標。

這個品牌由馬修・吉爾平（Matthew Gilpin）創立，啟發自兩位傳奇的吉爾平先生，而他們可能就是他遙遠的祖先。第一位是理查・「騎士」・吉爾平爵士（Sir Richard 'Rider' Gilpin），因為殺了一頭在十三世紀大鬧威斯特莫蘭村落的野熊而聲名狼藉。野熊的形象後來成了吉爾平家族的家徽，如今也驕傲地出現在吉爾平琴酒的酒標上。第二位傳奇的吉爾平是喬治・吉爾平（George Gilpin），他在伊莉莎白一世女王的的指示之下，擔任前往低地國家的大使，當時有六千名士兵被派去攻打西班牙無敵艦隊（Spanish Armada）。

吉爾平的琴酒以八種植物製成，成功呈現出安全的風味，同時卻也探索了非傳統的原料。除了杜松子、歐白芷根、芫荽籽、橙皮和檸檬皮之外，還有乾燥琉璃苣花（borage flower）、乾燥鼠尾草葉與萊姆皮。奇怪的是，萊姆皮是琴湯尼十分常見的配料，卻不常出現在琴酒的配方中，琉璃苣花也同樣如此。新鮮的琉璃苣花與黃瓜有相似的風味。

**吉爾平威斯特莫蘭特干Gilpin's Westmorland Extra Dry Gin，酒精濃度47％**

綠色植物的香氣。明確的鼠尾草，是乾燥且老化的種類，伴隨乾燥羅勒和乾燥花瓣的香氣。也有一種消毒劑般的桂皮調性，與草本植物結合，創造出宜人的藥草感。入口是辛香料的味道，但更偏向松木，濃郁且帶有木質調性。十分適合通寧水，並

配上一根甘草。

## 格林杜松Juniper Green

格林杜松驕傲地自稱「全世界第一瓶有機倫敦乾型琴酒」，也是第一個於1990年代末期由泰晤士蒸餾廠代工的品牌。

不過，製作有機琴酒可沒那麼容易，也值得給予一點掌聲。第一步當然是採購有機植物，而格林杜松使用的有機原料是杜松子、芫荽籽、歐白芷根和香薄荷。但請記得，不但植物需要是有機的，中性烈酒也必須是有機的。這表示你需要找到刻意使用有機大麥、小麥或玉米作為原料的蒸餾廠才行。

作為這麼早就加入工藝琴酒戰局的有機產品，格林杜松應該握有極大的優勢才對。再加上威爾斯親王查爾斯（HRH The Prince of Wales）授與的皇家認證（Royal Warrant），有時你甚至能在超市架上找到要價只有十五英鎊的格林杜松——這一切都讓我搞不明白，為什麼這個酒款並非無處不在。

如同許多在1990年代末期與2000年初期推出的品牌——他們可說是相當前衛——格林杜松的成長似乎一直維持停滯，沒有好好長大成人。酒吧後檯用完的空瓶都被年輕的新品牌所取代，而格林杜松的包裝也並沒有加分多少。他們將「樸實無華」提升到了新的境界，其字體和排版過時的程度，讓整個瓶子看起來幾乎可說是酷得讓人渾身不舒服。

### 格林杜松Juniper Green，酒精濃度37.5%

甘甜、輕盈的杜松子香氣，伴隨香薄荷朦朧的草本香氣徘徊在鼻翼。入口後缺乏酒精感，這點也會反映在做成調酒的飲品上。有一點太稀了，直到尾韻都很貧乏，實在需要更明顯的收尾風味。真是可惜。只要通寧水下手不要太重，調成琴湯尼是沒什麼問題的。

## 奧克斯利Oxley

每款琴酒都是獨一無二的，但某些就是比其他酒款還來得特別。這當然一點道理都沒有，但奧克斯利就是一個真實的例子。看看奧克斯利專用的怪誕蒸餾機器，要猜出它的運作方式實屬不易。原則上那是一座真空蒸餾器，但看起來更像是結凍的U形彎管。設計師勒法爾（Les Farl）讀到這段文字肯定不會太高興，而且我的描寫確實對這架機器不太公平。畢竟，這座蒸餾器能讓烈酒在攝氏-6度沸騰。這大約與一杯好馬丁尼的溫度相同，而在一般情況下，攝氏85度對製作琴酒來說就已經太低了。不過，只要把一個喜怒無常的真空幫浦和一些鋼鐵塊好好組合起來，這座蒸餾器就能確實在極低溫下運作——幾乎能達到完全真空。

泰晤士蒸餾廠負責生產，而製造過程十分跳脫傳統。品牌老闆百加得（Bacardi）將兩個神祕的袋子送到泰晤士蒸餾廠，把大約1公斤的植物放進蒸餾器中。這兩袋植物組成了聽上去神祕兮兮的「38號配方」，而原料都是在百加得的總部準備——負責組合「A袋」的人不會知道「B袋」裡有什麼，反之亦然。這個配方總共使用了十四種植物，我認為其中三種並非尋常的原料：香草、可可亞和繡線菊（meadowsweet），但成品嚐起來更乾淨、俐落，擁有柑橘類植物的香氣。

經過十五小時的浸泡後，蒸餾過程十分快速，只有兩個小時。不需進行分段取酒，因為低溫蒸餾時，風味的萃取從頭到尾都能保持一致。輸入量為25公升，輸出量則是23公升。減少的液體是由植物所吸收。

奧克斯利蒸餾器有個有趣的故事。2009年準備推出品牌時，百加得團隊忙著準備申請專利，確保蒸餾器的技術細節與蒸餾流程屬於他們的私人財產。他們沒花一毛錢在專利律師上。不幸地是，行銷團隊有點太得意忘形了——他們不小心在推出品牌時，讓媒體知道了幾乎所有的祕密。一位困惑的專利律師接起他們的電話，彬彬有禮地告知他們七年來的開發期究竟浪費了多少錢。

奧克斯利在剛推出時，是市場上最貴的琴酒，1公升瓶裝要價大約五十英鎊。如今琴酒商品架上排滿了700毫升瓶裝三十英鎊起跳的新品牌，因此考慮

到奧克斯利的品質，加上生產這款琴酒所付出的心力，它可說是相當吸引人的商品。

### 奧克斯利Oxley，酒精濃度47％

　　香氣複雜但細緻。首先聞到的是有如水果沙拉的香氣：甜的塞維亞苦橙（Sweet Seville orange）、葡萄柚、泡泡糖、鳳梨與薑。在多層次的果香底下，你能聞到輕柔綿延的上亮漆的松木氣息、霜淇淋蘇打（cream soda），接著有更多柑橘香氣冒出。入口的味道偏向苦甜，而花香及香草的風味與柑橘橘絡（pith）和喧鬧的可可僵持不下。適合做成當代的馬丁尼或柑橘調性的琴湯尼。

### 波特貝羅路Portobello Road

波特貝羅路，波特貝羅路，
滿載了千秋萬代的寶物。
只要小販的推車裝得下，
包羅萬象的商品就在波特貝羅路。
你想要的任何事物，都在波特貝羅路。

　　〈波特貝羅路〉（Portobello Road）這首歌，是為了1970年代的電影《飛天萬能床》（*Bedknobs and Broomsticks*）而寫，電影的時代背景則是設定在1940年代的倫敦。這首歌描寫了走在戰時倫敦煙霧瀰漫的街道上，經歷了一整天的苦工後，那煩悶的心緒。如果你想要任何東西，肯定能在諾丁丘（Notting Hill）找到——那裡滿是古董商和珍稀古玩小販，還有價格過高的餐館與大量的優格冰淇淋。不過，〈波特貝羅路〉的作者在這條路上不會發現一樣事物，那就是「琴酒協會」（Ginstitute）——既是一家蒸餾廠，也是一間訓練學院兼琴酒博物館。

▶包裝設計的傑作，你在1公里外就可以一眼認出奧克斯利的酒瓶。多虧該品牌獨特的蒸餾方式，其風味也特色十足。

琴酒協會的前身，是一間位處於波特貝羅之星（Portobello Star）調酒吧樓上的公寓。這間由蓋德·費爾森（Ged Feltham）和傑克·伯格（Jake Burger）經營的調酒吧，外表看上去就像是一間酒館（pub），令人不疑有他。傑克是位享負盛名的國際試酒人，也是我知名的調酒師同行。他過去就住在那間公寓裡，但住在酒吧樓上的新鮮感在五年後逐漸消退，因此他便搬出去了。

他們最初的想法是建立一座酒類博物館，而這點子十分適合，不只是因為波特貝羅街上滿是古董商，也因為倫敦自古以來就蘊含一種讓人想喝酒的感性，不管是喝一杯還是五杯。不過，經過從長計議後，主角該是誰就變得十分清楚了：琴酒。「要講述倫敦的故事，就一定要講述琴酒的故事，反之亦然。」傑克如此說道。他們在協會裡裝設了一座小小的30公升葡萄牙傳統單壺蒸餾器，因此當琴酒協會終於在2013年開張營業時，傑克就能教導這些「琴酒實習生」關於琴酒與調酒的歷史，也能帶領他們學習琴酒的蒸餾過程。

波特貝羅琴酒這個品牌，自然而然地從琴酒協會的活動演變而來。他們很早就看清，必須大幅增加生產量，才能在競爭激烈的市場中養活自己。他們聯繫了泰晤士蒸餾廠的查爾斯·麥斯威爾，協助他們開發配方。最原本的十種植物中，有九種最後留了下來：杜松子、芫荽籽、歐白芷根、鳶尾根、橙皮、檸檬皮、甘草、桂皮和肉豆蔻。豆蔻被淘汰出局。產品經過實地測試，調成馬丁尼、內格羅尼、琴湯尼，當然也有測試純飲的風味。實驗對象包括波特貝羅之星的常客，以及幾位業界知名的「大砲型人物」。

波特貝羅路倫敦干型琴酒自推出後，便在英國及海外大獲成功。在接下來的十二個月裡，泰晤士蒸餾廠將會生產二十萬瓶的量。他們成功的背後有許多因素，其中必不可少的就是瓶中物十分美味。這款酒的價格具有競爭力，商標設計也十分天才——美麗、道地、機智、討喜⋯⋯需要我繼續說下去嗎？有趣的是，不像大多數品牌，這個商標並非出自包裝設計師之手，而是一位字體排印師，因此波特貝羅路的酒瓶使用的字體大多都是手繪的。

波特貝羅路最近推出了「總監版」（Director's Cut）的PB酒款（private brand，限定企劃商品），將其視為展現創意的機會。這支酒款在琴酒協會蒸餾，每年於「創辦人日」（蓋德·費爾森的生日）推出，而2015年的版本則加入了蘆筍作為原料。這支酒款本應是獨一無二的，也無疑是第一支使用蘆筍的倫敦干型琴酒，但後來證實，舊金山的「佛森蘆筍琴酒公司」（Folsom Asparagus Gin Co.）早在1916年就做過了。當時的迴響並不出色，公司在1918年就結束營業。至於未來的總監版，誰知道裡頭會是什麼呢？我猜應該很快就會有波特貝羅蘑菇琴酒了吧。

### 波特貝羅路171號Portobello Road No. 171，酒精濃度42%

首先聞到的是經典的香氣，明亮而鮮美多汁，但也有花香與辛香料。入口干而粗糙，琴酒酒液像膠水一樣緊緊抓住你的舌頭。杜松子的味道強韌而濃烈，但柑橘香氣讓整體活潑了起來，而辛香料（薑、肉桂、肉豆蔻）拓寬了風味口感的層次，尾韻則帶有胡椒調性。由於它的干型特質，這支琴酒調出來的馬丁尼會讓你升天。

▶這一大杯波特貝羅路琴酒就是傑克·伯格建議的飲用方式。

# THE LONDON DISTILLERY COMPANY (DODD'S)

## 倫敦蒸餾廠公司（多德）

如果你已經讀過《威士忌的科學》（*The Curious Bartender: An Odyssey of Malt, Bourbon & Rye Whiskies*，作者的另一本書），就會對倫敦在百年間的第一家威士忌蒸餾廠非常熟悉。但我在那本書中忘了提到，這家先前位於巴特西（Battersea）蘭塞姆碼頭（Ransom Dock）的小蒸餾廠推出的琴酒品牌「多德」早已生意興隆。

拉爾夫・多德（Ralph Dodd）是一位十八世紀的土木工程師、肖像畫畫家，也自封為蒸餾師。他在多采多姿的一生中，提出了各式各樣瘋狂的點子，大多數都未能開花結果，例如在泰晤士河底下建造第一條河底隧道。不過，多德的人生雖然缺乏受到認可的成就，卻有野心和精神遺產彌補。其中一個例子，是他在1807年嘗試公開出售股份，以募資十萬英鎊（十五萬美元）來建立一間蒸餾廠。但是，這家名為「未來的倫敦蒸餾廠公司」（Intended London Distillery Company）從未正式開業。多德面臨資金不足與法律糾紛的問題，不得不打退堂鼓。

一名喬治時代的工程師想要打出一片天的悲劇故事——一家蒸餾廠能有這種背景故事，夫復何求？這就是達倫・路克（Darren Rook）和夥伴們的想法。他們忠實地用拉爾夫・多德的行事風格實現了這個夢想，利用部分來自網路群眾募資的投資額，建立起這間新公司。

才不過上線生產短短兩年的時間，倫敦蒸餾廠公司（London Distillery Company，LDC）就已經在為頗負盛名的商店如福南梅森（Fortnum & Mason）與皇家植物園邱園（Kew Gardens）蒸餾琴酒了。在本書付梓時，這間公司已經搬到伯蒙德西更大的

蒸餾廠去了。原本位於巴特西的蒸餾廠，前身是維多利亞時期的乳製品倉庫，於2016年初拆除，但在此之前，這家公司的發展早已超出原本蒸餾廠的產能。進行更多輪群眾募資之後，他們在2016年末的計畫是將所有琴酒蒸餾產線移至重新開發過的巴特西發電站（Battersea Power Station），那裡將會有四座琴酒蒸餾器、一間實驗室、精釀啤酒廠與琴酒收藏室，每年的琴酒產量更是高達30萬公升。

據我所知，沒有一家蒸餾廠像他們一樣對商品的細節如此講究。在這裡，沒有一個環節是交由運氣來決定。每個細節都經過深思熟慮，也沒有留下懸而未決的問題。實際上也確實是如此。看來倫敦蒸餾廠公司的一切都公開透明，沒什麼可隱瞞的，除了一份出自我手的配方中的特定細節——要精準重現多德的琴酒所必備的東西，幾乎都列在上面了。不過，這當然其中還是有落差的，畢竟這是他們的琴酒，且歷經了極為嚴格的開發過程，裝在他們華麗的酒瓶裡，而這可能堪稱是最棒的琴酒。既然我把話題不小心帶到了酒瓶上，那我們就來看看吧。酒標和名稱是以喬治・多德（George Dodd）為設計靈感。除了本身已是一大設計的傑作之外，這酒標還是在威爾斯（Wales）以海德堡印刷機印刷。造紙原料完全達成了碳中和，不使用任何亮光漆。這真是一個藝術品。

多德的琴酒完全使用有機植物蒸餾，使用的是140公升的壺式蒸餾器，名為克莉絲蒂娜

▶你能花上好幾個小時細細品味多德酒瓶上繁複的細節，也可以直接喝了它⋯⋯

▲倫敦蒸餾廠公司的牆上排滿了一整個系列的植物樣本及其蒸餾液。

▲在倫敦蒸餾廠公司，每件事物都有其功能。此等謹慎與精準的態度同樣反映在商品上。

（Christina）。一個不尋常的有趣之處（當然不只這一點），是配方中完全沒有芫荽籽，而是使用萊姆皮取代。每一批次都加入了比500公克多一點點的倫敦蜂蜜一起蒸餾。由於這些蜂蜜都是從倫敦各處的蜂巢採購而來，因此，你還能在瓶身後方找到這些蜜蜂住在哪個郵遞區號的地區！蒸餾之後，取出整整1公升的酒液，浸泡月桂葉、綠豆蔻與黑豆蔻以及覆盆子葉，接著以旋轉蒸發器再次蒸餾。成品是輕柔但散發辛香料香氣的濃縮液，接著重新與同一批次的蒸餾烈酒混合，經過四週的混合後，再於蒸餾廠手工裝瓶。

### 多德Dodd's，酒精濃度49.9％

首先聞到的是杜松子香氣。如果你從未用手擠碎過杜松子，聞聞看這瓶琴酒，就會知道那是什麼味道了：甘甜鮮美，在月桂葉與豆蔻的香氣中飄來一股尤加利樹葉的味道。入口的味道也十分出色。明亮、多樣的杜松子風味，從松木與柑橘，一直到更土壤調性的風味，以及清新的薄荷調尾韻。請好好對待它，把它調成馬丁尼吧。

### 福南梅森倫敦琴酒Fortnum & Mason London Dry，酒精濃度47.1％

剛聞到時，茶樹精油、天竺葵和尤加利葉調性的香氣會讓你打一個冷顫。杜松子的香氣位於表層底下，但這確實是一支帶有綠色植物風味且乾淨的琴酒。入口後的味道更為有趣：集中濃縮、胡椒調性且鮮美多汁，帶有勁道的杜松子制衡了尤加利葉的風味。非常適合調成極干、極冰的馬丁尼，只不過要小心體溫過低就是了。

# WARNER EDWARDS
## 華納愛德華

席恩・愛德華（Sion Edwards）和湯姆・華納（Tom Warner）都是農夫。兩人都出身自務農家庭，在農場長大，接著在1997年於農業學院相遇。在建立起友誼不久後，兩人就決定未來要一起創業。他們的計畫是種植能做成精油的花卉和草本植物，但兩人很快便領悟到，琴酒的製程和所需專業與精油沒差多少，而如果能生產一種他們也能好好享用的商品，總比只是好聞的商品來得好。

廚房裡的餐桌就是事業的起點，也是他們在需要做出重要決定時進行討論的地方。第一個重大決定，就是設立蒸餾廠的地點。幸運的是，他們並不缺選項。席恩當時在北威爾斯的農場——布萊溫茅爾（Bryngwyn Mawr）——豪不愧對威爾斯人的陳腐傳統，將黃水仙的生意經營得有聲有色，但生產威爾斯琴酒的機會實在是誘人的前景。湯姆的農場——弗斯（Falls）——位於哈靈頓（Harrington）的村莊，處於貿易買賣的中心位置，也擁有可靠的水源。據說哈靈頓是建立在「岩石與水」之上，而儘管大部分岩石似乎都被豐沛的草原與魅力十足的

英格蘭小屋所覆蓋，村子裡古老的修道院自流井卻確實符合這個說法中水的部分。他們最後選中了湯姆的農場。可以從廚房餐桌退席了。

湯姆的父母居住的農場小屋對面，有一幢兩百年歷史的石頭穀倉，是設立蒸餾廠的理想建築。這座穀倉過去曾放了一座巨大的銅盆，作為農場住民的洗澡間。湯姆的父親把穀倉當作生病動物的醫院，認定，「如果牠在裡面活不下去，在別的地方也不可能活下去。」湯姆還依稀記得他的十六歲生日派對也是在穀倉舉辦，古老的牆壁在見證湯姆搖搖晃晃地初次踏進酒精的世界時，也跟著輕柔晃動。

屋頂重新鋪設、內部裝修完畢後，兩人便在2012年買下了英國第一座荷斯坦（Holstein）蒸餾器。但他們並不熟悉操作方式，也沒有配方，於是兩人又回到廚房餐桌上腦力激盪。一位友人送給他們一些植物，於是兩人開始利用借來的微型蒸餾器進行實驗。他們展現了事必躬親與肯做的態度，不過他們本來就是農夫啊。如今，多虧了擁有醫療科

▶多年來，這座擁有兩百年歷史的穀倉被用作許多不同的用途，但沒有比當作蒸餾廠更棒的功能了。

學學位的奧利（Olly）提供協助，兩人的做事方式總算有了一點條理。湯姆坦承：「直到奧利出現之前，我們的作法都是『對，這喝起來不錯，繼續試試看吧』。」

他們的產品顯然也經過了仔細的考量。使用的植物都是安全牌：杜松子、歐白芷根、芫荽籽、豆蔻、肉桂、黑胡椒和一種「祕密」植物。主力商品是「哈靈頓干型琴酒」（Harrington Dry），其他還有黑刺李琴酒、接骨木花琴酒，以及一款大黃（rhubarb）琴酒。接骨木花來自席恩在威爾斯的農場與哈靈頓的農場。「維多利亞大黃琴酒」（Victoria's Rhubarb Gin）內含身世驚人的大黃——可以追溯至維多利亞女王的大黃收藏。

### 哈靈頓干型琴酒Harrington Dry，酒精濃度44％

首先聞到花香與綠色植物的香氣，接著是新鮮鵝莓和忍冬，然後是白蘇維濃葡萄（sauvignon blanc）。同時也有一抹很棒的豆蔻香氣，是新鮮研磨的肉豆蔻。口感濃稠油潤，首先嚐到加了蜂蜜的尤加利葉，接著是豐富的油膩乾燥辛香料風味；尾韻半苦半甜，綠豆蔻的風味在口中綿延。搭配通寧水會非常棒。

### 接骨木花琴酒Elderflower Gin，酒精濃度40％

香氣在鼻子裡拘謹得很可疑，只透露一絲和哈靈頓干型琴酒一樣的白蘇維濃葡萄香氣，以及同樣的綠色植物與豆蔻調性。入口甘甜，具有草本風味，雖然接骨木花味道不如想像中強烈。展現了些許花香，但主調仍是豆蔻。它的甜感很適合作為啜飲琴酒飲用（加一點點冰塊）。

### 維多利亞大黃琴酒Victoria's Rhubarb Gin，酒精濃度40％

明亮而芳香，這琴酒使用了大量的大黃。李子果醬、大黃蜜餞、丁香、橡木苔與一抹淘氣而活潑的綠橄欖香氣。入口口感十分強烈，具有香薄荷和甘甜的風味——紅色水果、香料酒的香料、覆盆子葉茶，還有一些單寧澀感與銀皮洋蔥（silverskin

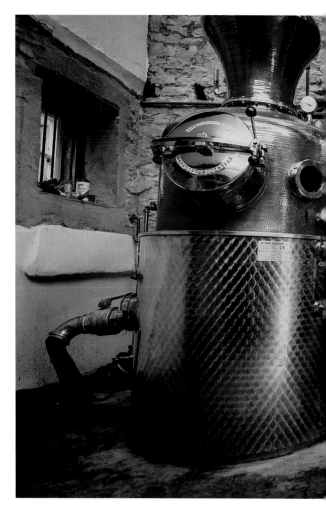

▲塞得滿滿的蒸餾器，會讓你覺得整個穀倉好像是貼著它而建造的。

onion）。尾韻則是由辛香料稱霸。可以調成馬丁尼茲（Martinez）或內格羅尼。

### 黑刺李琴酒Sloe Gin，酒精濃度30％

溫暖的櫻桃派！也有黑糖香氣，以及濃縮、滲著汁液的黑刺李風味（當然啦）。一波波熱水果的香氣，大部分是櫻桃，但如同茶一般的乾澀感讓你想起這是黑刺李。甘甜度非常完美，與帶苦味的尾韻相抗衡。喝吧，這可能是市場上最棒的黑刺李琴酒。

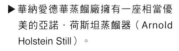

▲也許華納愛德華配方中的「祕密」植物就是薊（thistle）？

▶華納愛德華蒸餾廠擁有一座相當優美的亞諾・荷斯坦蒸餾器（Arnold Holstein Still）。

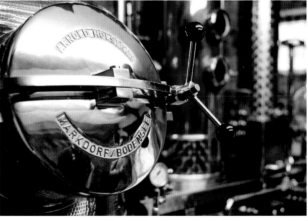

# WEST 45 (BURLEIGH'S)

## 韋斯特45（布倫海姆）

2014年，二十六間新的琴酒蒸餾廠在英國開業。在這些蒸餾廠裡面，有些是由熱情滿滿的人所設立，但對蒸餾琴酒卻一點頭緒都沒有。但他們十分好運，有個人可以為此提供協助——韋斯特45（West 45）的共同所有人和首席蒸餾師傑米・巴克斯特（Jamie Baxter）。他不只自己撰寫他的工作內容描述，同時間也創造出一個全新的職業：蒸餾廠顧問。這二十六間蒸餾廠的其中兩間是由傑米所創立，到了2016年末，他至少又新設立了五間，總共有十間蒸餾廠、十四座蒸餾器。只要花十二萬五千英鎊，傑米就會送一座450公升的亞諾・荷斯坦蒸餾器，幫你全部組裝好，甚至教你怎麼用。聽起來不錯吧？

傑米過去曾經營一間早餐穀片工廠，後來又在赫里福德郡（Herefordshire）為翠斯（Chase）家族生產洋芋片。威廉・翠斯（William Chase）將泰瑞（Tyrrell's）洋芋片品牌出售，在傑米的幫助下建立了一間蒸餾廠。傑米先前沒有任何烈酒相關的專業，也只了解一點點蒸餾的基本知識，於是便開始自學。傑米坦承，一開始整件事有點像漫畫家希斯・羅賓遜（Heath Robinson）筆下荒誕的裝置一樣異想天開，但我們現在可以有信心地說，他成功做到了藝術品般的境界。

韋斯特45蒸餾廠位於英格蘭的密德蘭（Midlands），鄰近南潘丹（Nanpantan）這個小村莊。這是傑米過去一路所學的集大成，因此毫不意外地，我們看到整個廠區都經過精心的規劃，銅蒸餾器也打造得精煉優美，絲毫沒有多餘浪費。最棒的酒出自蒸餾廠那450公升的荷斯坦蒸餾器，由傑米的巧手親自操作。整個蒸餾過程都以雙眼和鼻子仔細監控。

蒸餾使用了經典的植物原料，但也有乾燥接骨木果實（elderberry）、白樺樹液（silver birch sap）、乾燥蒲公英與牛蒡根（burdock root）。傑米的白樺樹可以追溯至他的澳洲裔祖母，她習慣在春天汲取白樺樹清新、乾淨的樹液。布魯海姆品牌使用了整棵樹所有部位，讓琴酒具有綠色植物及辛香料調性，以及類似尤加利樹的風味。接骨木果實、蒲公英和牛蒡根是傑米在布魯海姆的樹林散步時發現的。沒錯，這個地名也是品牌名稱的由來。

倫敦干型琴酒是主打商品，但我也愛蒸餾師特選版。這個配方需要更高比例的香氣輕柔的芳香植物，像是柳橙、鳶尾根與桂皮，讓花香更加瀰漫。

### 布魯海姆琴酒Burleigh's Gin，酒精濃度40%

相當明確的杜松子香氣。軟皮革、清新的松木，和抑制得極好的酒精氣味。其中也有幽微的尤加利葉調性，伴隨著森林、土壤和乙醚的香氣。入口後，味道在口中緩慢堆疊，比香氣暗示的更加輕盈，但不乏耐嚼的杜松子。第二口讓第一口的印象繼續堆疊。呈現厚實宏大的酒體。尾韻是未熟綠色的杜松子、溫暖的辛香料及豆蔻。適合調成經典調酒享用，例如馬丁尼茲或湯姆・柯林斯（Tom Collins）。

### 布魯海姆蒸餾師特選版Burleigh's Distiller's Cut，酒精濃度47%

首先聞到的是明亮的杜松子與輕柔的柑橘水果，讓琴酒呈現一種柳橙芬達汽水融合杜松子的效果。也有激烈而溫暖的辛香料。入口後彷彿有杜松子炸彈爆開，酒體結構完整，出色的帶股土壤氣息和琴酒的花香與柑橘尾韻互相搭配，實在了不起。如果不是調成一杯馬丁尼（或三杯），就非常不負責任。

▲韋斯特45是一間琴酒學
　校，參與者可以盡情接受
　傑米‧巴克斯特的指導。

# SCOTLAND

## 蘇格蘭

　　說到蘇格蘭時，我們自然而然會先想到麥芽威士忌。但愛丁堡在十八世紀擁有八間琴酒蒸餾廠，如果再算上所有非法事業，那就更多了。利斯（Leith）是蘇格蘭琴酒的中心，玻璃匠和桶匠為酒業提供工具，碼頭則供應植物和穀物，以及銷售產品的途徑。琴酒生產在十九世紀早期仍維持強健，但後來便逐步走下坡，因為蒸餾師把重心轉往以營利為主的中性烈酒生產（為了英格蘭琴酒），或是在1880年代迎來熱潮的麥芽威士忌。當蘇格蘭最後一間琴酒蒸餾廠梅爾羅斯－卓佛（Melrose-Drover）在利斯於1974年關門大吉後，就僅存唯一一個蘇格蘭琴酒品牌老拉吉（Old Raj）了（見P.181）。

　　如今，世界上某些最知名、最古老，仍倖存至今的琴酒品牌都在蘇格蘭。多虧了卡麥隆橋蒸餾廠（見P.172），英國約有六成的倫敦干型琴酒都是在蘇格蘭生產。算上約二十間在過去十五年新建立的蘇格蘭琴酒蒸餾廠，我們就能公平地說，蘇格蘭的琴酒製造業經歷了全世界最劇烈的改變。

　　在蘇格蘭的現代琴酒品牌之中，野生植物採集（foraging）似乎是始終如一的主題。本書提到的八間蒸餾廠中，有五間都推出一款至少含有一種採集原料的琴酒。長期受到忽視的黑木琴酒這下可以驕傲了，因為他們可能是帶動這股潮流的始作俑者——他們的琴酒使用了不同數量的昔德蘭（Shetland）在地植物（水薄荷〔water mint〕、海石竹花〔sea pink flowers〕），做成變化多端的「古典干型琴酒」（Vintage Dry Gin）酒款。其他蘇格蘭品牌，如鄧尼灣蒸餾廠（Dunnet Bay Distillery）的石玫瑰琴酒（Rock Rose Gin），則使用了野生採集的玫瑰根（rose root）、花楸果實（rowan berries）和沙棘（sea buckthorn），作為主要的酒款調性。

▶ 古老與新近，野生與悉心照料——蘇格蘭是現代琴酒製造業的溫室，代表了這個工藝的每一個面向。

# CAORUNN
## 科倫

▲巴門納克蒸餾廠（Balmenach Distillery）的植物原料槽，穿孔的底部讓烈酒蒸氣可以通過。

隱藏在蘇格蘭知名的斯貝塞（Speyside）威士忌產區的郊外，你能找到位於克羅姆代爾（Cromdale）的巴門納克蒸餾廠。這間蒸餾廠歷來以生產威士忌的歷史聞名，任何麥芽威士忌的瘋狂粉絲都會將它放在名單上的前面，因為那過去是由麥克格雷格（MacGregor）家族創立、持有的蒸餾廠，也是小男孩羅伯特・布魯斯・洛克哈特（Robert Bruce Lockhart）的遊樂場，其母就是一位麥克格雷格家族成員。這個男孩長大後成為了一位記者、暢銷書作家、足球員、外交大使兼祕密情報員（詹姆士・龐德這個角色據說就是以洛克哈特為靈感來源）。1951年，洛克哈特也寫出了或許是有史以來最棒的威士忌宣傳作品：《蘇格蘭威士忌：事實與故事》（Scotch: the Whiskey of Scotland in Fact and Story）。

我離題了。目前的所有人「英佛蒸餾酒業」（Inver House Distillers）在1997年讓蒸餾廠起死回生，並在2009年將琴酒加入了產線中。科倫（Caorunn，酒標上還教你怎麼發音ka-roon）因為使用了花楸果實而成為蓋爾人（Gaelic）的風格，而那是五種在地取得的植物之一，公司團隊可是為了採集這些植物而赴湯蹈火。由「琴酒大師」賽門・布雷（Simon Buley）指揮，巴門納克蒸餾廠的團隊也採集沼澤香桃木葉（bog myrtle leaf）、石楠花（heather flower）、鮮為人知的考爾布萊希蘋果（Coul Blush apple，古老的凱爾特物種），以及蒲公英葉。

在這裡，琴酒蒸餾是以一種彷彿擁有專利般的方式進行。蒸餾器本身的容量多達1000公升，植物風味是採取蒸氣浸潤法，而非浸泡。巴門納克蒸餾廠使用了一種在1920年代打造的獨特設備來進行此事，他們稱之為「梅果室」（berry chamber）。我認為這名字有點奇怪。那是一個水平的滾筒，與蒸餾器的林恩臂連接，滾筒上則有可滑動的架子，用來盛裝植物。基本上，它和典型的蒸氣萃取室很像，只是看起來像是翻倒在地。總而言之，它的物理運作流程和卡特馬車頭蒸餾器完全一樣。因此，我們毋須對該琴酒輕盈、細緻的性質感到驚訝，儘管它與這家蒸餾廠生產的氣味刺激、酒體厚重的威士忌大相逕庭。

最後一點，這瓶琴酒的酒瓶和商標設計值得我們來欣賞一下，因為實在非常優秀。酒瓶重量穩重、瓶身獨一無二，在商品架上十分顯眼。柔和的六邊形玻璃瓶身和底部的五角星形圖樣，是在向該琴酒使用的五種凱爾特植物致敬。

### 科倫Caorunn，酒精濃度41.8%

明確清晰的烤蘋果調性香氣，由一抹杜松子的氣味襯得更加鮮明，接著出現細緻的花香。不過，這些一開始就容易揮發掉的元素很快就消失了，留下輕盈優雅的辛香料基調。擁有如此輕盈的香氣，就不意外這款琴酒在入口後既甘甜又調皮，甘甜的花朵風味倏地閃現，接著又嬌羞地躲了起來。推薦將科倫調成琴湯尼，配上蘋果切片。我建議加入農舍蘋果酒（farmhouse cider）！

▲巴門納克蒸餾廠在製造科倫琴酒時十分強調周遭的環境，包括
使用的水，都是取自克羅姆代爾溪（Burn of Cromdale）。

# EDEN MILL
## 伊登彌爾

伊登彌爾是一個極為排外的琴酒、威士忌和啤酒酒廠團體的成員。亞當斯（見P.88）也是其中之一，另一個則是舊金山的海錨（Anchor）。除此之外我就不清楚了。跟亞當斯不一樣，伊登彌爾大約在2012年才創立，但這些人非常執著，也挑了一個十分合襯的傳奇地點——曾經稱霸伊登河口沿岸的柯提斯・范恩（Curtis Fine）造紙廠，就在聖安德魯斯（St. Andrews）外面。

只要你身在蘇格蘭，就不會離蒸餾廠太遠。在成為伊登彌爾蒸餾廠的前身造紙廠之前，這處廠址原先是由黑格家族所經營的蒸餾廠，他們是蘇格蘭威士忌最傳奇的血統之一。黑格家族與金卡波（Kincaple）的司坦（Stein，因柱式蒸餾而聞名）家族及詹姆森（Jameson）家族頗有淵源，更別說陸軍元帥道格拉斯・黑格（Douglass Haig）在一戰時可是英國軍隊的指揮官，而現在大衛・貝克漢（David Beckham）還是黑格俱樂部（Haig Club）威士忌的品牌大使。伊登彌爾沒有這些來頭，但他們有的是驚人的銷售量、頗有品味的包裝、滿腔的熱誠，以及聖安德魯斯大學那群被他們迷住（也很飢渴）的受眾。

蒸餾是由三座看似是來自葡萄牙1000公升壺式蒸餾器的其中一座負責。不過，除了經典琴酒之外，所有琴酒都在蒸餾後進行合成、浸泡或桶陳。單一個批次從頭到尾要花上漫長的十七個小時製作，並有將近1公噸的烈酒蒸氣通過4公斤的植物。裝瓶是由手工進行，每週裝瓶的量大約是一千五百瓶。琴酒使用的植物及製造出來的酒款風格都十分多樣，從風味古怪的手採在地沙棘與檸檬香蜂草（lemon balm），到藥蜀葵根（mallow root）、枸杞籽（goji berry）的奇異風味深度，甚至還有從一間破舊的高爾夫球場取得的山胡桃木屑（hickory chips）……

不過，其中某些「植物」有更豐富的來歷。伊登彌爾最近的鄰居是由蘇格蘭農夫亨利・艾克羅伊（Henry Ackroyd）經營的「真實寶貝農場」（True Baby）。亨利使用最先進的LED燈條和水耕栽培法，在室內農場種植微型草本植物和蔬菜。大部分的農產品都賣給了米其林星級餐廳，但某些更奧祕的植物則保留給伊登彌爾的特殊琴酒酒款。我品嚐過的這些迷你食材裡，包括新鮮的甘草根、紅芥菜籽（red mustard seed），以及一種長得像酸漿（physalis）的水果，但嚐起來卻是番茄的味道（一種印加漿果）。一間琴酒蒸餾廠能取得這等難以理

▼各式各樣豐富的迷你蔬菜與水果，就生長在伊登彌爾釀酒廠及蒸餾廠的隔壁。有些農產品後來就跑到他們的琴酒裡了。

解的植物，是件令人興奮的事，而我非常期待這些果實在未來的表現。

唯一的遺憾是，我對伊登彌爾琴酒的愛，並沒有我對他們這群人、他們的故事、環境、包裝，甚至他們的啤酒所抱持的愛來得多。他們旗下已有五款琴酒，其中四種屬於常備商品，味道聞起來有點像是把植物丟到牆上，看看有哪些會黏在上面。請注意，行銷部門是真的有在認真做事，他們感覺像是替每種客群都打造了一種琴酒：給純粹主義者的「經典」、給小伙子的「橡木」（Oak）、給姑娘的「愛情」（Love）、給嬉皮的「啤酒花」（Hop），以及給高爾夫愛好者的「高爾夫」（Golf）。明白了吧。

我建議將「啤酒花」琴酒與啤酒混調——他們當然早已這麼做了（肯定也一起加入了任何他們拿得到的東西）。顯然這個作法能強化那些還有進步空間的啤酒的風味。有位釀酒師聲稱那是一種調酒，驕傲地取名為「裸體三級跳」（Skip & Go Naked）——欲知典型的作法，可以看看我的「苦艾啤酒」（Purl）酒譜（見P.250）。

### 伊登彌爾經典Eden Mill Original，酒精濃度42%

香氣輕盈而明亮；伴隨些許牛乳味與燒焦牛奶的腐敗味。入口比想像中甘甜，但很快就湧上各種極干的香料櫃澀感，胡椒及一些大茴香調性。杜松子帶起了尾段風味，但只有一點點。

由於這支琴酒的辛香料風味，適合做成勁道強烈的白色佳人（White Lady）調酒。

### 伊登彌爾愛情琴酒Eden Mill Love Gin，酒精濃度42%

一陣濃烈的混濁辛香料氣味，包括燉煮過的芫荽籽和煮熟的蔬菜。一開始令人不太愉快的香氣，被一些完整的花香取代——一抹木槿（hibiscus）和玫瑰調性。不過，加水之後就讓整個風味打開，展現粉紅檸檬汁、接骨木花、糖果般的香氣。入口甘甜，有一點貧乏，尾韻帶有些許澀感。

這支琴酒非常適合與檸檬汁混調。也許你可以

◀圖上的牌子寫著「和好朋友一起喝好啤酒」，是個很棒的建議，但我想你可以把「啤酒」換成「琴酒」。

就做成粉紅檸檬汁……

### 伊登彌爾橡木琴酒Eden Mill Oak Gin，酒精濃度42%

潮濕的香料櫃氣味、巴沙木（balsa wood），以及乙醇，沒太多其他香氣（很可惜）。加水後展現了一些輕柔的蜜漬糖薑（stem ginger）調性、輕盈的柑橘調，類似杜松子的模糊香氣一閃而逝。入口的味道整體都太過貧乏。不甜，些許辛香料，有點了無生氣。

可以嘗試搭配薑汁汽水，加入很多冰塊和檸檬切片。也可以調成內格羅尼，這是不會出錯的作法。

### 伊登彌爾啤酒花琴酒Eden Mill Hop Gin，酒精濃度46%

啤酒花的香氣，是那種帶有強烈花香、混濁的啤酒花。柑橘、百香果和水蜜桃優格，以及臭苔蘚、蘑菇和接骨木花，聞不到任何琴酒味。入口後是明確、理直氣壯的啤酒花味。如果你喜歡啤酒花，那這瓶酒很適合你。如果你喜歡的是琴酒，那你可能要去別的地方找找。建議可以倒一點在你的啤酒裡。

# EDINBURGH GIN

## 愛丁堡琴酒

愛丁堡琴酒這個品牌已經快要邁入第五年了，因此它是快速擴張的市場中較為成熟的品牌。該品牌前三年的琴酒在靠近伯明罕（Birmingham）的蘭利蒸餾廠（見P.124）進行蒸餾，但最近他們的產線升級了，轉移至他們在皇家哩大道（Royal Mile）專門建造的蒸餾廠裡。

走下一座人行道上的階梯，你會看見愛丁堡琴酒的新家，以及頭與尾（Heads & Tails）調酒吧──藏身在古老的倉庫地窖中，穴頂支撐著上方道路的結構。這間酒吧是個氣氛舒適的空間，適合晚上來喝一杯。店裡擁有各式各樣的精選琴酒，如果有人想嘗試收錄在本書中大部分（不是全部）的琴酒，這裡就是你的好去處。這間酒吧在白天也是個忙碌的訓練空間，有想要參觀的琴酒愛好者，也有對蒸餾廠抱持興趣的赫瑞瓦特大學（Herriot Watt）釀酒

與蒸餾課程的學生。蒸餾廠幾乎所有的員工都是出自這所大學──我懷疑甚至連送貨員都知道該怎麼執行酒尾的分段取酒。

這裡真正的壓軸好戲，當然是琴酒蒸餾器本人了。不過，如果你追求的是容量，那你可能要失望了。這些迷你的150公升壺式蒸餾器──擁有柱式精餾器的「喀里多尼亞」（Caledonia）和沒有這種配備的「芙蘿拉」（Flora）──是我所見過最小的生產用蒸餾器之一。綠色的燈光映射在銅器表面與磚牆上，讓蒸餾器散發了一種毛骨悚然、像是被鬼魂纏身的氛圍。但看看愛丁堡琴酒的五種酒款，以及那對萃取筒的容量，就絲毫不意外它們為什麼看起來好像嚇壞了──蒸餾廠一定把它們操得很兇。至於為什麼蒸餾器會這麼小，員工也沒有給我明確的答案。150公升與350公升蒸餾器的價差其實不

▼原先想使用「瓦罐瓶」來裝啤酒，但他們認為成本太高了，因此就用來裝琴酒。

▼隱藏在城市最繁忙的路口底下，愛丁堡琴酒完全可說是間「地下蒸餾廠」（Speakeasy distillery，Speakeasy是指美國禁酒令時期的非法酒吧，通常設在隱密的地下室或合法營業場所的店舖後方）。

大——考量到它們同樣需要電力、瓦斯、水和廢棄物處理，而運作、維護及操作的成本也相去不遠。也許是因為跟空間大小有關。我只知道少數幾處位於地下的蒸餾廠，因為狹窄的空間通常是個大忌。

愛丁堡琴酒聲稱他們目前一年只賣出一萬兩千瓶琴酒，是個相對非常淒慘的數字，因為某些新蒸餾廠在第一年就可以賣出將近三萬瓶的琴酒。他們琴酒是以「一倍法」製作，而我想以產能來說，這樣就無法有太多提升的空間了。

現在這間蒸餾廠和另外一間愛丁堡的琴酒蒸餾廠皮克林（見P.182）正在起爭執。愛丁堡琴酒的老闆們替品牌名稱註冊了商標，讓其他琴酒品牌無法稱自己為「愛丁堡琴酒」。但皮克林認為，他們非宣傳自己是一百五十年來愛丁堡第一間琴酒蒸餾廠不可，而他們也在酒瓶上貼了大大的標籤來說這件事。

他們的海濱琴酒（Seaside）使用了墨角藻（bladderwrack，那種海邊黑黑的海草，上面有可以捏破的橢圓泡泡！）、辣根菜（scurvy grass）和金錢薄荷（ground ivy）。事實上，這款琴酒曾是赫瑞瓦特大學一位碩士生的計畫，而愛丁堡琴酒認為它十分出色，可以加進產品線裡。

加農砲（Cannonball）不僅是與海軍強度琴酒極為相稱的名字——高達57.2%的酒精濃度更是名副其實——也是我眼中最棒的海軍強度琴酒。額外的酒精提升了植物辛香料的胡椒調性，如果你誤以為裡面真的加了火藥，也是情有可原。

我到這間蒸餾廠的參觀經驗十分奇特。工作團隊對自己的成就十分驕傲，但有時那種自信卻有變成自負的危險。也許這是因為他們並非愛丁堡第一家琴酒蒸餾廠（事實上，皮克林也不是），或是因為他們曾經外包給英格蘭代工蒸餾很長一段時間，卻還是在瓶身打著「愛丁堡」的名字——這肯定有招來鄉民的閒話。

### 加農砲Canonball，酒精濃度57%

在鼻腔和口中爆炸開來。比標準的海軍強度琴酒更干、更纖瘦。快速衝擊的酒精感，提升了緊澀的黑胡椒與結凍檸檬皮的風味。口感黏稠帶嚼勁，酒體厚實。酒精的灼熱感似乎讓酒液停留在口中，而植物的風味則重擊你的舌頭。檸檬雪酪（lemon sherbet）、香草，接著是辛香料。永遠的辛香料。

苦艾酒能馴化灼熱感，因此調成馬丁尼試試看吧……只是不要試太多杯就是了。

### 愛丁堡琴酒Edinburgh Gin，酒精濃度43%

水果與甘甜的香氣，芫荽、柑橘皮伴隨著杜松子，變化成檸檬糖和薑泡泡糖的香氣。入口後有多汁水果的風味：糖漬柑橘皮、黑莓和櫻桃。水果風味消退後，溫暖的秋日辛香料取而代之。

非常棒的調酒用琴酒，和柑橘風味十分相稱——試著調成三葉草俱樂部和琴費茲吧。

### 海濱琴酒Seaside Gin，酒精濃度43%

些許甜膩的蔬菜調性立刻壓制了果香，為風味增添了廣度，但也掩蓋了幽微的柑橘調元素。烘烤香料和植物根部的調性在入口後浮現，但綠色植物的調性更鮮明、更顯著。比起在沙灘上享受陽光慢慢烘烤，更像是走在潮濕、多風的卵石灘。通寧水與這支琴酒十分搭配，再配上檸檬和一小撮鹽。

▶結合包浩斯（Bauhaus）與威廉・莫里斯（William Morris）風格的設計——愛丁堡琴酒的酒瓶辨識度極高。

CHAPTER 3 琴酒世界之旅 171

# GORDON'S & TANQUERAY
## 高登與坦奎利

高登和坦奎利琴酒都是在蘇格蘭的卡麥隆橋蒸餾廠進行蒸餾。不過，兩家品牌當初在倫敦誕生時，是各自獨立的酒廠。高登一開始設址在貝斯沃特（Bayswater），但很快便遷移到克勒肯維爾區的戈斯韋爾路（當年叫戈斯韋爾街）。坦奎利則是在倫敦的藤街（Vine Street）起家，也就是現今的葡萄街（Grape Street），就在新牛津街（New Oxford Street）旁邊。1898年，坦奎利加入了高登在戈斯韋爾路的蒸餾廠。兩家品牌比肩生產，直到整座廠遷移至艾塞克斯的蘭頓蒸餾廠（Laindon Distillery）。不過，才過了短短幾年，蒸餾廠就在1998年關閉，而如今已成為名叫「杜松子街區」（Juniper Crescent）的商業園區。

生產線從艾塞克斯轉移到了蘇格蘭。坦奎利與高登的蒸餾廠就在愛丁堡北邊一小時路程之外的地方，實際上是位於帝亞吉歐那龐大的卡麥隆橋製造園區裡面。這間全世界最大的頂級酒精飲料公司，在這裡蒸餾調和用的穀物威士忌，以及用在白色烈酒（white spirit）裡的穀物中性烈酒。有些烈酒會被做成思美洛伏特加（Smirnoff Vodka），其他則是再蒸餾成琴酒。坦奎利琴酒、坦奎利十號與高登琴酒全數都在同一個房間裡蒸餾，只是使用不同的蒸餾器和配方。

在卡麥隆橋的「琴酒房」裡，有三個巨大的壺式蒸餾器，其中一個是知名的4號蒸餾器（No.4 Still），也被稱為「老湯姆」。4號蒸餾器的正面掛了一面小牌子，上面寫著「從喬治三世（King George III）時代使用至今」。喬治三世於1760至1820年在位，而如果那面牌子說的是真的，那麼就算4號蒸餾器是在國王統治的末期才啟用，也是英國

仍在使用的蒸餾器中最古老的一座。

4號蒸餾器專門用來生產坦奎利的商品，但原本是高登在戈斯韋爾路使用的蒸餾器。坦奎利倫敦干型琴酒是以一倍法製造。其他兩座蒸餾器製造的是高登的琴酒，使用的則是多倍法。第四座蒸餾器被稱為「小十號」（Tiny Ten），用來生產坦奎利十號琴酒。

我在2006年初次造訪卡麥隆橋，當時我即將正式就任坦奎利的品牌大使，而就任儀式的一部分，就是要跟於2015年退休的坦奎利傳奇首席蒸餾師湯姆·尼克爾（Tom Nichol）見面。湯姆是個道地的蘇格蘭人，同時也是一名熱情的琴酒生產者，以及對偷工減料深惡痛絕的完美主義者。我如今已能稱湯姆為好友，但在初次見面時，他直率的回應和心直口快的性格，確實讓人有點害怕。但那都過去了，而與如今充斥在全世界許多蒸餾廠裡的營銷人員相比——這些人只想在你腦袋塞滿「關鍵的烈酒評斷標準」的條列清單或其他垃圾——他能帶來使人精神一振的新氣象。

### 高登 GORDON'S

高登琴酒的故事於1769年展開。就在亞歷山大·高登的二十七歲生日前，他與生命中的摯愛——儘管他也沒多老——蘇珊娜·奧斯伯恩（Susannah Osborne）結婚。1769年也是亞歷山大·高登在南倫敦建立他的蒸餾廠的年分。高登的眾多孩子中，長子查爾斯（1774-1849年）將會接手家族事業，在1799年成為父親的合夥人之一。大約在同一時間，蒸餾廠從原址搬到了伯蒙德西的戈斯韋爾路（Goswell Road，當時叫戈斯韋爾街）67與68號，

一待就是將近兩百年。

查爾斯·高登生下了兩男一女。同樣也叫查爾斯的男孩在很年輕的時候就開始製造琴酒,在他父親死後,便從1847年開始成為獨立合夥人。1878年,查爾斯·高登將當時價值五萬英鎊的高登公司出售,賣給了「約翰·庫里公司」（John Currie & Co.）。約翰·庫里公司是四磨坊蒸餾廠（Four Mills Distillery）的蒸餾師,曾是倫敦以外最重要的英格蘭蒸餾廠,為許多琴酒蒸餾業者製造中性麥芽烈酒,也連續多年供應烈酒給高登。家族成員亞瑟·庫里,也曾在1830年代協助建立查爾斯·坦奎利的蒸餾廠。

坦奎利和高登家族的盛大結合在1837年繼續進行,當時查爾斯·高登（年輕的那位）的姊姊蘇珊娜·高登嫁給了愛德華·坦奎利（查爾斯·坦奎利的長兄兼事業夥伴）。這讓查爾斯·坦奎利和查爾斯·高登成了姻親,但好景不常,愛德華不幸在隔年就過世了。

但死亡也不能讓他們分開——坦奎利高登公司（Tanqueray Gordon Co.）於1898年成立。這場合併讓藤街上的舊坦奎利蒸餾廠關閉,而高登和坦奎利的生產線則移至戈斯韋爾路,一直到下個世紀的絕大部分時間。

高登在1924年開始生產「即飲」的搖酒器調酒（Shaker Cocktail）。看看現今販售的各式各樣的瓶裝調酒,這股潮流貌似是回到了原點。高登看出了這種調酒的潛力,而每一支裝在搖酒器造型酒瓶的酒款都捕捉了爵士年代（Jazz Age）的靈魂。這些調酒包括50／50、馬丁尼、干型馬丁尼、五彩繽紛（Perfect）與皮卡迪利（Piccadilly）。高登在這一系列酒款大獲成功後,又推出了曼哈頓（Manhattan）、聖馬丁（San Martin）、干型聖馬丁（Dry San Martin）和布朗克斯（Bronx）。

大部分的產品在1980年代就停止生產,而大約在同一時間,高登也將干型琴酒特別版（Special Dry）的酒精濃度降低至37.5%,但這個舉動也大大降低了高登的品牌信譽。你當然還是可以在免稅商品店買到出口強度（Export Strength）的酒,酒精濃

▲1940年代的美國廣告,展示了高登在後禁酒令時期的影響力到達頂峰。

度就會是比較健康的47.3%。新的產品包括頗美味的「高登接骨木花琴酒」（Gordon's With a Spot of Elderflower）,以及沒那麼原創的「高登清脆黃瓜琴酒」（Gordon's Crisp Cucumber）。時至今日,全世界最暢銷的倫敦干型琴酒仍是出自高登之手。光是在2015年,英國就喝掉了一千兩百萬瓶高登琴酒,大約是三分之一的市占率。

高登讓我有了一個很罕見的成名原因,而我已經厚顏無恥地吹噓這件事超過八年了。湯姆·尼克爾（坦奎利與高登的已退休首席蒸餾師）仍常常在研討會中提及這件事,讓我甚至變得更加洋洋得意。準備好要聽了嗎？來吧！我是唯一一位並非蒸餾廠員工,卻製作過高登琴酒的人。

卡麥隆橋使用的電腦軟體,在幾秒鐘之內就能下單大約22000公升的高登琴酒。我當然無從得知確切的配方。我的角色更像是一隻發條猴子,把一連串數字輸入電腦裡的欄位,盲目地填寫表單,完全不可能解讀出這些資料的真正意涵。顯然那些數字

對應的是重量，而欄位則代表了卸料筒倉，至於這些筒倉裝了哪些植物……我只能用猜的了。一旦我按下輸入鍵，幫浦就會啟動、瓦斯開始輸送，還有其他所有必要的活動都會展開。我依稀記得杜松子的數量十分龐大……光是卸料杜松子就花了超過五分鐘，然後又花了更長的時間放入其他的植物。高登琴酒的第十種植物——甘草——必須人工添加，可能是因為量實在太少，卸料管線無法處理。但從那之後我就注意到，黏著性強的粉末會對自動化機器造成問題。接下來，巨大的蒸餾器開始加熱，烈酒汩汩流淌。

**高登琴酒特別版Gordon's Special Dry，酒精濃度37.5%**

帶有酒精氣味、輕盈的香氣，伴隨著出自芫荽的柔和檸檬與薑的印象。杜松子十分油潤、明確，但缺乏強度。鳶尾根和歐白芷根提供了架構。入口輕柔，有一點點稀，但接著浮現明確的杜松子香氣，尾韻是輕柔的肉桂。酒精濃度較低有個好處，就是你能喝更多——當然是調成琴湯尼飲用。

**高登倫敦琴酒Gordon's London Dry，酒精濃度47%**

鮮明而充滿活力。多出來的9.5%酒精濃度喚醒了檸檬和橙皮，具有柑橘汽水的效果。杜松子的香氣也更加宏亮、綠色植物調性更強，帶來帕爾瑪紫羅蘭（parma-violet）和天竺葵的調性。入口的味道更有重量感，因為酒精帶出了熱杜松子油、褐色辛香料和強烈的柑橘調性。加入通寧水，能帶出這支琴酒裡的柑橘和芫荽籽調性。

## 坦奎利Tanqueray

最原本的坦奎利蒸餾廠是由查爾斯·坦奎利1830年在布魯姆斯伯里（Bloomsbury）成立。坦奎利家族是法國清教徒，在十七世紀末期移民至英格蘭。湯瑪士·坦奎利（Thomas Tanqueray，查爾斯·坦奎利的祖父）於1724年生於原野聖馬丁（St Martin-the-Fields），就在琴酒熱進入白熱化階段的時期，因此可以理解琴酒在這個家族的未來扮演了重要的角色。但顯然琴酒熱並不合他們的胃口，因此這家人在1730年代離開了倫敦，搬到位於貝德福郡（Bedfordshire）的寧靜城鎮廷格里斯（Tingrith），一待就是一百年，生養了三代的神職人員。查爾斯·坦奎利這一代跳脫了傳統，在1830年於藤街3號建立了一間琴酒蒸餾廠。不過，查爾斯並非孤立無援。他的長兄愛德華是他的生意夥伴，而他的弟弟威廉–亨利（William-Henry）和約翰·薩姆爾·坦奎利（John Samuel Tanqueary）也加入了他的行列。

查爾斯將所有琴酒配方都記錄在日誌裡，但這份紀錄也讓我們看到他究竟多有創意。日誌中的配方包含了「擦鞋油」（Polish for Boots），以及一種稱為「白手套」（White Clove）的烈酒，以及透露出有多愛馬的「馬用胃藥」（Somach Pills for horses）。但就如同那個年代的諸多家族烈酒生意一樣，真正對事業長期的成功做出最重大影響的是第二代接班人。到了1847年，坦奎利已經與遠至牙買加的辛香料種植者及商人建立了關係。從在牙買加的金士頓（Kingston）的船隻殘骸中，出土了一個長陶瓶，上面印著傳奇的「坦奎利琴酒」。

後來查爾斯·坦奎利搬回了廷格里斯（Tingrith），最終又搬到了蘇格蘭，在1865年於當地去世。他並不知道，自己離卡麥隆橋只有不到40哩遠，而坦奎利蒸餾廠將會在1999年搬遷至該處。

查爾斯之子查爾斯·沃·坦奎利於1867年在十九歲的年紀開始做學徒，後來便加入舅舅和表兄弟威廉·亨利與小威廉·亨利（William Henry jnr.）在藤街的蒸餾廠。查爾斯·沃很快便打進了利益豐厚的出口市場，並在1898年簽下高登與坦奎利的合併合約，為兩個品牌在二十世紀的成長打下基礎。坦奎利家族直到下一代都還積極涉入事業活動，查爾斯·沃之子查爾斯·亨利「哈利」·德勞特（Charles Henry 'Harry' Drought）擔任公司祕書，直到蒸餾師公司（Distillers Company）在1922年買下坦奎利高登公司為止。甚至連哈利的孫子約翰·坦

▲ 在坦奎利和高登合併不久後的戈
斯韋爾路蒸餾廠，1901年。

▲ 在戈斯韋爾路的坦奎利裝瓶產
線，攝於1961年。

奎利（John Tanqueray，也是查爾斯·坦奎利的曾曾孫）都在坦奎利高登公司工作，直到1989年退休為止。

坦奎利家族在1938年被授與了家族紋飾——可以在每個酒瓶上看到——圖案結合了史上最時髦的水果，以及一對交叉的戰斧。依我看，這個紋飾設計接近完美。那對戰斧據說是為了紀念坦奎利家族在十字軍東征中扮演的角色，這裡的驚人之處在於這家族居然能追溯到八個世紀前的祖先。想當然耳，鳳梨是全世界通用的好客象徵，但這個圖案也是出自在1767年賜予威廉安姆（Williaume）家族的盾形紋章，也就是查爾斯·坦奎利的祖母的娘家。

坦奎利的倫敦干型琴酒有兩種強度，一種是一般的43.1%，以及出口強度47.3%。兩者都很傑出，但與我平常的口味相去甚遠到前所未見的程度。我其實比較喜歡純飲標準強度的琴酒。坦奎利倫敦琴酒是倫敦干型琴酒風格的代表：極干的杜松子和美味的清新感。對於一支只用四種植物（杜松子、芫荽籽、歐白芷根、甘草）製成的琴酒而言，這不外乎是蒸餾師技藝的大師級作品。坦奎利和英人牌的琴酒時常被拿來對照，理由也相當充分，而如果你想為所有琴酒找到一個比較基準，肯定就是這兩支了。簡單來說，如果你想知道真正的琴酒是什麼，

不用再找了，喝這兩支就對了。

第二項新產品坦奎利十號，於2000年為擴張商品線而推出。當我在2003年第一次嚐到時，我記得我將它描述為「琴酒2.0」。至今我仍支持這個主張。這款琴酒仍是支了不起的酒，完全有能耐對抗當今的新浪潮琴酒，在擁擠的市場中仍能屹立不搖。坦奎利十號是由一座小型壺式銅蒸餾器「小十號」所生產。坦奎利倫敦干型琴酒的酒心（the heart）就在這座蒸餾器裡進行再蒸餾，加入一整顆新鮮葡萄柚——他們告訴我只要一顆就好——以及新鮮墨西哥萊姆（Mexican lime）與洋甘菊。完成的蒸餾液會再重新與坦奎利倫敦干型琴酒混合，再次蒸餾，接著十號琴酒就誕生了。我對烈酒獎項並不是很關注（也許因為我就是某些評審團裡的評審！）但坦奎利十號琴酒的成績值得我們注意。2003年，十號琴酒第三次在舊金山的年度競賽贏得了人人夢寐以求的「最佳白色烈酒」（Best White Spirit）大獎，獲得在名人堂的一席之地。它至今仍是唯一一支達到如此成就的未陳年烈酒。

接著，我們見證了具高度爭議性的坦奎利藍袍（Rangpur）問世。這支琴酒加入了薑、月桂葉和藍袍萊姆（蒸餾後加入）的風味，是我喝過萊姆味最強的東西了——甚至比萊姆本人還萊姆。如果你正

好要調琴湯尼，手邊卻沒有柑橘的話，這瓶就派得上用場。

然後是坦奎利麻六甲（Malacca）的復出——這支琴酒於1997年首次推出，但由於不受歡迎，便在2001年停止生產。諷刺的是，停產之後，這支酒就變得非常難以取得，並逐漸受到邪教般的狂熱崇拜。接著在2013年，就在湯姆‧尼克爾直截了當地抗議了無數次：「我們永遠不會重出坦奎利麻六甲。」之後，他們還是重新推出了這支酒，「限量」十萬瓶。

繼麻六甲之後，坦奎利推出了另外兩支酒款：坦奎利老湯姆及坦奎利布魯姆斯伯里限定版（Bloomsbury Edition），讓酒款總數達到了七種。後來又再現了出自查爾斯‧坦奎利筆記本的手寫酒譜——他稱之為「一般琴酒」——作為首席蒸餾師湯姆‧尼克爾的天鵝之歌*（願他安「退」）。

### 坦奎利倫敦琴酒Tanqueray London Dry，酒精濃度43.1%

松木精油和樹林多汁的根部在鼻腔達到完美的平衡。也有柑橘調性香氣，但增添了薑汁啤酒、紅胡椒粒（pink peppercorn）與甘甜的植物根部調性。入口干、口感緊緻，冷硬的杜松子風味，但被一抹水晶般透澈的歐白芷根風味緩和，還有更多輕柔的檸檬與薑的風味。尾韻乾淨，帶有柔和的胡椒調性。也許是你能找到最面面俱到的琴酒了。幾乎任何喝法都是完美的。

### 坦奎利倫敦琴酒出口強度Tanqueray London Dry Export Strength，酒精濃度47.3%

芬芳的杜松子香氣。玫瑰香氣讓輕柔的松木更加輕柔，大茴香（aniseed）和一點點乾燥熱帶水果（鳳梨?!）。入口有強烈的杜松子，接著令人放鬆為某種皂味、黃色、芫荽的調性。灼熱的胡椒感升起，吸乾了尾韻的風味。將剛打開的酒先倒出100毫升，接著把干型苦艾酒加回酒瓶裡。再把整瓶酒丟到冷凍庫。看哪！你就有完美的馬丁尼酒龍頭了！

### 坦奎利十號Tanqueray No. Ten，酒精濃度47.3%

首先衝擊你的是活潑的葡萄柚香氣、泡泡糖和出色的茉莉花茶。鼻子聞到了強烈的柑橘香氣，但不知怎麼地卻保留了、不，提升了杜松子的香氣。這根本就是巫術。入口也充滿了葡萄柚的風味，但輕巧而不令人厭膩。接著倫敦干型琴酒的元素開始出現——杜松子——緊接著是甘甜的香料與花香尾韻。這可能是世界上最棒的琴酒。請尊敬地對待它，調成極干馬丁尼。不需加上裝飾。

◀一幅1960年代的廣告，放上了查爾斯‧坦奎利（在他死後）的簽名：「如果這是一瓶平凡的琴酒，我們就會裝在平凡的瓶子裡。」

▶坦奎利十號（在調酒師之間稱為「T10」）最近重新設計，靈感來自裝飾藝術風格（Art Deco），實在非常出色。

---

\*  swan song，意指死亡或退休之前最後一個姿態或作品。

# HENDIRCK'S

## 亨利爵士

亨利爵士蒸餾廠自身與其說是一間蒸餾廠，更像是穀物烈酒的廣大沙漠中——也就是格文蒸餾廠（Girvan Distillery）——一個小小的琴酒綠洲。蒸餾廠位於蘇格蘭的艾爾郡（Ayrshire）南部，由格蘭父子（William Grant & Sons）擁有，而後者是某些世界上最大的頂級品牌的產銷商。格文蒸餾廠是格蘭父子商品背後的生產機器，製造調和用的穀物威士忌。這表示亨利爵士也是他們生產的，儘管在不久之前，他們最大的客戶曾是英人牌。

領導亨利爵士的舵手是萊絲莉・葛雷西（Leslie Gracey），平心而論，她可能和大多數人想像中的首席蒸餾師不太一樣。但要是有人認為一名到了一

▲亨利爵士的黑色藥瓶酒瓶造型，已是酒飲世界的偶像明星。

定年齡和身體狀況的女士沒有能耐經營一間世界級的蒸餾廠，給你們一句警告：你們錯了。擁有化學背景和長年替格蘭家族（Grant family）工作的經歷，萊絲莉的鼻子如今負責研發格蘭父子每一種酒款的新產品。和她相處五分鐘之後，你就會開始看出端倪。她那淘氣的笑容和對蒸餾技藝的激烈奉獻，也難以隱藏從這位女士外表底下閃現的天才光芒。從她的同事臉上一閃而過的崇拜神情，就可以證實這一點。

1999年，從亨利爵士還是個概念開始，萊絲莉就已經是其中一分子了。當時，她收到一份關於一瓶能顛覆戰局的琴酒的相關簡報。由一群一知半解的智囊團所策劃，營銷人員替一瓶屬於二十一世紀的琴酒擬定了戰略，以龐貝藍鑽在1980年代開創的革命性成果為基礎，再加以改善。輕盈，但具有辛香料香氣。散發花香，但帶有綠色植物氣息。風味肯定是英式的，還要有創新的包裝。

蒸餾廠早已擁有適合製造琴酒的兩座蒸餾器：一座非常古老的1000公升壺式貝內特蒸餾器（Bennett Still），以及1000公升的卡特馬車頭蒸餾器，在林恩臂上附有一個蒸氣浸潤室。兩者都是在1960年代購自休業的泰普羅蒸餾廠（Taplow Distillery）。貝內特蒸餾器仍然算是個謎團，這個蒸餾器可能是在1895至1906年間製造，但公司紀錄顯示，它可能是謝爾公司（Shear）在1860年代所打造的更古老的蒸餾器。它確實曾替利奇菲爾德（Lichfield）的品牌生產過一小段時間，也出產過在1960年代僅限外銷、神祕兮兮的格蘭琴酒（Grant's Gin）。

儘管有這些琴酒謎團，這兩座格文蒸餾廠的蒸餾器在1980至1990年代時可說是無所事事，直到亨利爵士誕生之前，都只作為訓練用途使用。為了試驗兩座蒸餾器究竟適不適合這個品牌，便以一款

▲亨利爵士的「黃瓜車」與格文蒸餾廠巨大的穀物卸料筒倉有點不太搭調。

▲格文廠房裡的「琴酒宮殿」。左起是卡特馬車頭蒸餾器、貝內特蒸餾器，以及貝內特蒸餾器複製品。

使用十一種植物的配方來進行考驗，原料包括洋甘菊、接骨木花、尾胡椒果實、西洋蓍草（yarrow）、檸檬和柳橙。貝內特蒸餾器毫不意外地生產出厚重、強調杜松子風味的酒液，而卡特馬車頭則產出更輕盈、更偏辛香料的風味。儘管兩座蒸餾器都表現得可圈可點，真正靈光乍現、茅塞頓開的那一刻，卻是發生在把兩種蒸餾液混在一起的時候。這是一種非常獨特的作法。儘管諸如猴子47（見P.208）與寂靜之湖（見P.138）等琴酒會在同一蒸餾器中結合蒸氣浸潤與浸泡法，就我所知，卻沒有任何品牌會將兩座蒸餾器製造出的兩種蒸餾液結合在一起。

但故事還沒完呢。採用這個作法，就能在蒸餾後加入額外兩種關鍵原料。我們都知道，在蒸餾後添加風味的琴酒不能被標示為「倫敦干型琴酒」，因此這是格蘭父子一項大膽的舉動。但正是這兩種經典的英式原料定義了這支酒款，也震撼了琴酒界，並改變了我們飲用琴湯尼的方式。第一個原料是玫瑰，以低溫蒸餾保加利亞玫瑰的紅色花瓣，除了在琴酒中加入花香調性之外，也讓酒體變得柔和，增添甜感，降低酒精的灼燒感。對我來說，這是亨利爵士琴酒的首要特性。

第二個原料也是以同樣的方式蒸餾。無須贅言，它就是黃瓜。經過了十多年，如今看起來再明顯不過了，不是嗎？乾淨、清新，綠色植物的氣息，還是英格蘭的蔬菜化身——亨利爵士使用的實際上是比利時種的黃瓜——他們並非第一個這麼做的品牌（見P.126馬丁米勒），但他們是第一個大聲宣揚這件事的品牌。在我眼中，這個淡綠色的琴酒界搖滾明星，值得與過去二十年發生的琴酒革命受到同樣的讚揚，包括龐貝藍鑽那藍色的酒瓶。

亨利爵士蒸餾廠預計在接下來幾年間進行翻新，不過我已經發誓要對更詳細的計畫內容保密。第二座一模一樣的貝內特蒸餾器加入了行列——當我說一模一樣時，真的就是字面上的意思：他們用X光機掃描老的那一座，並在原地建造一座新的複製品，以確保細節完全一致。我猜第二座卡特馬車頭也快要出現了。亨利爵士正「經歷」大改造中……等等，我已經說太多啦。

後來發現，亨利爵士這個名字是由偉大的珍娜

▲ 這可能是世上唯一一個以黃瓜為主角的塗鴉！

「小珍妮」・希德・羅伯茲（Janet 'Wee Janie' Sheed Roberts）在於2012年去世前（享嵩壽一百一十一歲）提議的，而她當時是蘇格蘭最老的老人。她也是威廉・格蘭最後一位在世的孫女，也是他過世前最後見到他的人。儘管小珍妮並非積極參與的員工，她卻分別是公司繼任董事長的孫女、女兒、姊妹、妻子、阿姨和姨婆。2000年，大約是亨利爵士的品牌開發階段，小珍妮提到了一位當時替格蘭家族工作的園丁，他名叫亨德里克（Hendrick）。顯然亨德里克在某些家族成員之間是眾所皆知且受歡迎的人物。加入黃瓜和玫瑰的琴酒？這品牌非叫作亨德里克不可（中文品牌名譯作「亨利爵士」）。

### 亨利爵士Hendrick's，酒精濃度41.4%

幾乎是同等分量的花香與綠色植物氣息——也許是櫛瓜花？!甜美的玫瑰水為主要香氣，緊接著是輕柔的乾燥辛香料，帶堅果調性且爽脆。潮濕的綠色植物，像是燈心草（rush）或蘆葦（reed），但其後浮現葡萄泡泡糖與一抹杜松子香氣。入口圓潤且乾淨，結構良好的灼熱度，結合了粉紅與紫色調的花香。直到尾韻都輕柔且得體。當然要調成琴湯尼配黃瓜了！

# OLD RAJ
## 老拉吉

我將老拉吉視為琴酒界裡的雀巢「Caramac」巧克力棒。如同這款巧克力，老拉吉擁有一大票狂熱信徒。沒人知道這品牌是什麼時候出現的，也沒人知道生產地點在哪、生產者又是誰，或是你能否還能買到整瓶裝的酒，以及最重要的是——它到底為什麼是黃色的?!

老拉吉是由威廉・卡德漢（WM Cadenhead）所擁有，而後者是蘇格蘭最古老的威士忌獨立裝瓶廠，於1842年創立。卡德漢事實上是J&A米契爾（J & A Mitchell）的零售及獨立裝瓶部門。J&A米契爾是間家族企業，是坎貝爾鎮（Campbeltown）傳奇的雲頂蒸餾廠（Springbank Distillery）的所有人及營運者。這款琴酒正是在雲頂生產。雲頂蒸餾廠是由家族經營最長久的蘇格蘭蒸餾廠，也完全是一間運作中的威士忌博物館。

這款1972年問世的琴酒，原料包含杜松子、芫荽籽、歐白芷根、桂皮、杏仁、檸檬皮和橙皮。它淡淡的黃色色澤（我聽說和檸檬、洋甘菊茶和其他，嗯，更不雅的東西的顏色很像）是由於蒸餾後再浸泡番紅花而產生的效果。依我來看，番紅花並沒有增添多少風味，也許有一點輕柔的辛香味、鹹味，但可以肯定的是它為這支酒增加了話題性。這款琴酒的酒精濃度是55%，勁道強烈，但完全不令人討厭，酒精感十分優雅。

老拉吉有兩種強度可供選擇，一種是一般的藍色文字酒標，也就是55%的酒精濃度，另一種則是比較少見的紅色酒標版本，酒精濃度是較溫馴的46%。老拉吉也有個姊妹琴酒品牌：卡德漢經典琴酒（Cadenhead's Classic），酒精濃度是毫不羞澀的50%。令人驚訝的是，卡德漢經典琴酒在美國的成績不斐。卡德漢不願正面回應卡德漢經典琴酒究竟使用了什麼植物，讓我懷疑它根本就是老拉吉的琴酒，只是沒加番紅花。

▲ 純飲老拉吉是一場危險的遊戲。因為55%的酒精濃度，比37.5%酒精濃度的琴酒（例如高登琴酒）還要烈50%。

### 老拉吉藍標Old Raj Blue Label，酒精濃度55%

酒精氣息的勁道強烈且明亮（別靠太近聞就是了）。乾淨、綠杜松子、松木和檸檬汁。入口後：酒體宏大，質地喧鬧，但帶有花香、青草香，風味細緻。伴隨苔蘚調性的杜松子，而非成熟的杜松子。尾韻出現一抹蘋果籽與杏仁的味道。

很適合內格羅尼，因為這款琴酒的強度能控制住苦艾酒那草本調的酒香，以及增強金巴利香甜酒（Campari）裡的柑橘香氣。

# PICKERING'S

## 皮克林

身為外科獸醫之子，碘液和狗汗的氣味是既熟悉又奇怪地能撫慰人心的味道。我也喜歡琴酒的氣味。因此當我造訪皮克林在前身是愛丁堡皇家迪克獸醫學院（Royal Dick Veterinary College）的蒸餾廠時，我感覺就像回到家一樣。

當然了，皮克林的男孩們應該也覺得這裡像家一樣。在夏廳藝術中心（Summerhall，現在的名字）成為獸醫學院之前，這裡是一間可以追溯至1710年的釀酒廠。目前這棟建築的絕大部分都是在1916至1925年間建造，並曾是皇家迪克獸醫學院的校區——這所學校被大家親暱地喚作「迪克獸醫」（Dick Vet）——直到學校在2011年遷址。麥克道爾（McDowell）取得了這棟建築之後，裡面如今進駐了一百二十家獨立公司，包括一間展覽廳與策展空間，甚至還有自家的網路電視頻道！

皮克林蒸餾廠把過去曾是狗舍的地方，當作了自己的家。這個M型區域要整理起來本應是一場噩夢，但多虧麥特·加梅爾（Matt Gammel）和馬庫斯·皮克林（Marcus Pickering）的開發營造業背景，這裡被改造成一個效能很不錯的小空間。一座附有「蟲桶」（worm tub）冷凝器的500公升葡萄牙蒸餾器高高棲於一個磁磚臺座上——過去那裡可能是用來幫狗洗澡的地方。狹小的動物籠子如今用來存放一箱箱琴酒，以二乘二的方式疊放，而比較大的籠子——有些大到可以裝一頭熊——則作為保稅倉庫（bonded warehouse）使用。就連時常被忽視的裝瓶空間，都是以將生產力放在心上的方式改造，而這種人可能連自己的襪子都是照顏色來收納。蒸餾廠裡也有一臺獨一無二、客製化的貼標籤機器，由旁邊其中一間公司替他們組裝而成。

接著來看看琴酒吧。馬庫斯·皮克林的父親取得了一份來自孟買的1947年的手寫配方，他們的琴酒便是以此作為基礎。不過，這份配方是用來製造分量極少的琴酒，使用九種植物作為原料，包括少得可憐的「一平茶匙的杜松子」，以及敘述十分模糊的「四分之三肉桂棒碎片」——不過你有抓到這款琴酒大致上是什麼感覺就好。結果發現，這樣做出來的琴酒（把分量增加後）辛香料味有點過頭，因此他們減少了丁香、豆蔻和桂皮的分量，並增加杜松子的量。原始的配方中沒有歐白芷根，但在新的配方中添加了進去。

在告訴你我對這款琴酒有什麼想法之前，請讓我多分享一點對這間年輕蒸餾廠的看法。這家琴酒製造商非常有生意頭腦。所有六位員工都經過了交叉培訓，能夠進行蒸餾、裝瓶和銷售。他們有「業務主任」，也有每週召開的企劃會議。他們已經下單了第二座蒸餾器。當新的蒸餾廠彼此互相較勁、大聲嚷嚷地宣傳自家產品，說自己使用了什麼植物、有多少各式各樣的賣點時，皮克林保持了一股寧靜的自信。他們也該對自己感到有自信。他們的琴酒非常優秀，在新近的蘇格蘭蒸餾廠中是個突出的範例。

▶這份裱框的1947年手寫筆記是皮克林琴酒的配方基礎。就掛在入口處附近，是一個向往昔致敬的舉動。（右上）

▶未來將有另一座一模一樣的500公升傳統單壺蒸餾器加入皮克林蒸餾廠。（右下）

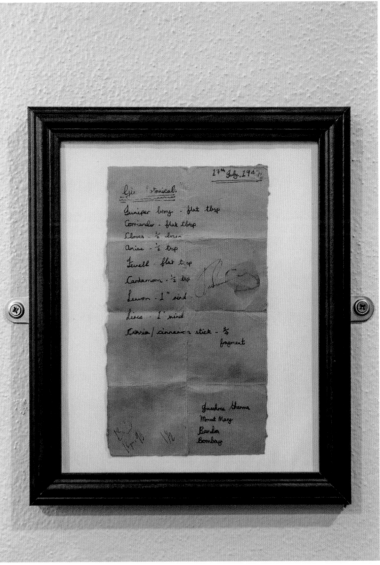

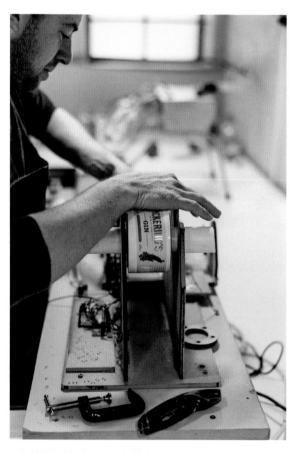

▲四種不同的標籤，手工貼到每瓶皮克林琴酒上。

　　皮克林也有一支海軍強度版本的琴酒，最近也開始裝瓶一款完全依照原始配方的琴酒，名為皮克林1947。這款琴酒非常不平衡，肉桂味極重，但很明顯就不是為了要日常飲用。不過，這仍非常有趣，能讓我們看到當年的孟買喝的是什麼樣的琴酒，也能窺見這間蒸餾廠為了達到標準而採取的研發路線。

### 皮克林Pickering's，酒精濃度42%

　　滿滿的杜松子香氣，有甘甜的辛香料、桂皮與丁香襯托支撐。也有一種圓胖柑橘的調性，帶有萊姆風味，但不銳利。入口明亮而輕快，爽脆、堅實而不急躁。尾韻綿長，乾淨且該死的美味。極為優秀的倫敦干型琴酒。

### 皮克林1947Pickering's 1947，酒精濃度42%

　　極重的辛香料氣息；溫暖、堅果調性的肉桂；丁香、豆蔻與香料酒。入口灼熱厚重，真的會讓你喘不過氣。強烈的肉桂一路延續到尾韻。

# THE BOTANIST
## 植物學家

如果需要證據證明頂級琴酒的崛起，可以看看有多少威士忌蒸餾廠開始將觸手伸到琴酒製造上。事實上，我在本書中提到的八間蘇格蘭琴酒蒸餾廠中，有七間也生產或調和威士忌。很少有其他地方比蘇格蘭艾雷島（Islay）的西海岸更能代表蘇格蘭威士忌。產自島上的這一杯杯粗獷、煙燻風味的酒，看似與干型琴酒那細緻的植物風味相去甚遠。進入在艾雷島上自封為「先進的赫布里底蒸餾公司」（Progressive Hebridean Distillers）的布萊迪蒸餾廠（Bruichladdich），他們一如往常地對這個挑戰躍躍欲試。

為了要實現他們的蒸餾琴酒大夢，布萊迪長期以來的首席蒸餾師吉姆・麥克伊旺（Jim McEwan）從2004年拆除的茵弗萊芬蒸餾廠（Inverleven Distillery）的廢棄物中，收購來一座非常稀有的羅曼德蒸餾器（Lomond）。蘇格蘭只有兩間蒸餾廠擁有羅曼德蒸餾器（除了羅曼德湖蒸餾廠〔Loch Lomond〕，他們有四座），第一間是位於奧克尼（Orkney）的斯卡帕（Scapa），第二間就是艾雷島的布萊迪。經過一場野蠻的整形手術，布萊迪把蒸氣浸潤室連接到蒸餾器上，讓它變成唯一一座被改造成蒸餾琴酒的羅曼德蒸餾器。他們替它取名為「醜貝蒂」（Ugly Betty）。

這真是支好琴酒。除了九種經典的琴酒植物之外，還加入了一大堆詭異又神奇的原料，全數從泥炭沼澤、多岩海岸和艾雷島潮濕、被風吹打的土地採集而來。有些植物很常見，例如綠薄荷（spearmint）、檸檬香蜂草和鼠尾草。其他的就很像出自《魔戒》裡的植物：艾草（mugwort）、蓬子草（Lady's Bedstraw）、毛樺（downy birch）和沼澤香桃木。最有趣的或許是當地採集的杜松子只有少許的量。這支琴酒使用了二十二種艾雷島植物，而全部的植物種類總共是三十一種。

他們的酒瓶於2012年重新設計，而成果也在一片商品中脫穎而出──多虧了酒瓶正面印滿了浮凸的植物名稱。第一眼乍看之下會覺得有點亂，但仔細端倪之後，你就能認出一個個名字──在細數全部三十一種植物的時候就派得上用場（假設你能讀懂拉丁文的話）。

**植物學家The Botanist，酒精濃度46％**

芬芳而帶有綠色植物氣息。有許多香氣，包括乾燥鼠尾草、迷迭香、檸檬奶酪（lemon posset）、紅色百花香（red potpourri）和紅酒。花香調性最為持久：茉莉花、洋甘菊和繡線菊。入口輕盈而嬌柔。首先是乙醚、森林般的調性，接著湧現濃郁的草本氣息，最後是柔和、微微刺激的辛香料。

這是一支面面俱到的琴酒，調成琴湯尼非常棒。可以配上你花園裡的無毒綠色植物！

▲這間蒸餾廠結合了原始、
手工、生產技術及精明的
商業見地，讓我非常欽佩
他們。對了，琴酒也非常
好喝。

# EUROPE
## 歐洲

　　琴酒的祖先扎根於低地國家，但英格蘭才是琴酒真正誕生的地方。有鑑於琴酒在倫敦充滿麻煩的歷史，歐洲其他地區遲遲不願展開行動。西班牙和法國是第一個出手嘗試的國家，前者是為了滿足大眾對這個可說是國民酒飲的需求——琴湯尼——後者則是為了更為不詳的理由，我們稍後就會知道。德國接著加入了行列，他們具備了將脆弱原料蒸餾進水果白蘭地的知識。德國人也對他們的琴酒展現了程度相仿的謹慎細心。北歐國家採用了不同的策略。受到風味纖細的料理及其中使用的杜松子所影響，斯堪地那維亞（Sacndinavia）的琴酒反映出當地料理那乾淨但濃郁的風味。琴酒蒸餾業者開始在各地如雨後春筍冒出，包括葡萄牙、瑞士、奧地利、義大利、斯洛伐克、捷克共和國、波蘭、羅馬尼亞和其他國家。

　　但是，琴酒最初是由杜松子酒發展而來，是一種扎根於低地國家的烈酒。在接下來的內容中，我們將注意力轉向穀物酒及穀物杜松子酒（graanjenever／grain genever），試著追索琴酒的過去與現在之間所遺失的環節。我們找到的是某種往往與琴酒不一樣的東西，但卻極為有利可圖。接著在一連串奇妙的發展後，我們會發現，有些思維更進步的杜松子酒蒸餾廠也已經開始嘗試製造琴酒了——就像浪子在經歷數個世紀的「發現」後，終於回頭了。

　　從某些世界上最古老到最年輕的烈酒製造商，探索的自由與將蒸餾廠名字放在琴酒上的自由，對一名蒸餾師來說自是極為誘人，對消費者來說也是一大樂事。不論是復興傳統技術和原料，或是向在地風土或料理致敬，歐洲的琴酒風味與特性都十分多元，就和他們各自的出身國家一樣。

▶不論是琴酒或杜松子酒，杜松子在歐洲擁有一段漫長而多采多姿的歷史，而古老和年輕的蒸餾業者都致力於頌揚這種原料。

# CITADELLE

## 絲塔朵

當琴酒在1980至1990年代進入沉睡狀態時，只有少數一些品牌夠有勇氣（或是夠愚蠢）敢讓自家產品問世。儘管我要為這些產品的勇氣以及對這種飲品的重生帶來的貢獻鼓掌，事實還是令人難過：少有商品真正能開創出可以與2000年中期的成功故事相比的市場。

不過，銷售數字是給銷售人員看的，一不小心就會讓我們從產品背後的故事以及杯中那通常品質很棒的酒液上分心。當還是青少年的我與母親一同站在酒吧裡時，絲塔朵是第一個讓我覺得格格不入的烈酒品牌。也許這是因為我在十五歲的年紀，就已在心裡對酒吧後櫃的常備品牌做了全面的紀錄，或者是因為那是一支法國來的琴酒。而且還是在1990年代。儘管已經夠奇怪了，但絲塔朵的故事實際上能追溯到比1990年代更早的時間，而且還會變得更加奇怪。

時值1770年，在法國的敦克爾克（Dunkirk）有這麼一間杜松子酒蒸餾廠。這座在歷史上是個漁業小鎮的敦克爾克，在十七世紀時曾分別落入荷蘭人與英格蘭人手中，因為當時這裡是重要的香料貿易港口。1775年，蒸餾廠所有人卡普（Carpeau）和斯帝佛（Stival）被法國新登基的路易十六（King Louis XVI）授與了皇家特許證。在開業不過幾年的時間就拿到皇家特許證，在當時是個了不起的成就，甚至到難以置信的地步。但後來發現，這個故事背後還有更多隱情。

法國和英格蘭在十七到十八世紀之間不斷發生衝突，很快就演變成全面危機。法國在美國殖民地發生革命時，協助美國人對抗祖國英國，這個決定顯然特別惹毛了英國人。因此，任何占領土地、剷除勢力或僅只是羞辱對方的機會，都是優先考慮的待辦事項（而且這種情況還會維持好一段時間）。其中一個機會來臨時，就跟這間敦克爾克的蒸餾廠有關。狡猾的法國人想出一個計策，要生產出大量的小麥烈酒，只為了走私到英國，再用免稅價出售，動搖英國的經濟。蒸餾廠獲得了十二座大型壺式銅蒸餾器，接著遊戲便開始了。神奇的是，他們沒被抓包，還一路走私到1810年，儘管英國在1803年就向法國宣戰，隨後又發生了拿破崙的經濟封鎖政策。

如果不是因為這個故事是真的，根本幾乎讓人無法置信。皮耶費朗干邑（Pierre Ferrand Cognac）的老闆亞歷山卓·加布里埃爾（Alexandre Gabriel）在1980年代開始計畫在公司的白蘭地生意中加入琴酒時，發現了這個故事。對這間早已關閉的敦克爾克蒸餾廠進行一番熱切的研究後，他掘出了絲塔朵琴酒的配方。他們對原本的配方進行了修改與潤飾，將植物的種類增加到了十九種（原本的配方沒可能用到十九種植物），並把累積了兩個世紀的蒸餾知

識應用在這個老配方上。說到蒸餾，亞歷山卓還得說服法國政府：他能接受使用自家的干邑蒸餾器來製造琴酒。整個夏天都不開工的蒸餾器（干邑白蘭地使用的蒸餾水果酒〔eau de vie〕依法只能在冬天蒸餾）是由明火加熱的傳統單壺蒸餾器款式。整件事情的官僚形式讓他多花了一點時間，因此直到1995年，第一批絲塔朵琴酒才終於現身。

十九種植物之中，只有少許並非經典種類，但即便如此，你也不會覺得這些植物有多古怪：八角茴香（star anise）、孜然（cumin）、茴香籽（fennel seed）和香薄荷——也沒有什麼更刺激的東西了，但這並非壞事。這些原料會浸泡在中性小麥烈酒裡三天，接著用2000公升的干邑蒸餾器進行十二小時的蒸餾——這是全世界唯一這麼做的琴酒。一個「陳年」（Réserve）的版本於2008年問世。法國人是全世界的橡木桶陳烈酒的領導者，而這支琴酒提醒了我們這一點。酒液會分別置入三種不同的木桶（美國橡木桶、曾作為夏朗德皮諾〔ex-Pineau de Charantes〕使用的木桶、曾作為干邑使用的木桶），陳年過的烈酒則會混入「無底」的蘇羅拉融合桶（solera vat）中——裝瓶的速度多快，把琴酒填回去的速度就有多快。

### 絲塔朵Citadelle，酒精濃度44%

首先聞到的是細緻的香氣與花香：紫羅蘭花、橙花和茉莉花。不過杜松子的香氣很快便浮現，伴隨藥用辛香料、桂皮和豆蔻。入口仍帶花香，但更混濁，綠色植物調性更強，接著出現草本植物的風味。也有一些較青綠的柑橘調性。與檸檬汁十分搭調，調成飛行最為美味。

### 絲塔朵陳年琴酒Citadelle Réserve Gin，酒精濃度44%

綠薄荷和剛砍下的巴莎木香氣，再緩緩讓路給檸檬皮和帶有胡椒氣息的植物根部調性。加水後展現更多柑橘調性，薄荷香氣轉變為松木油。入口後是多汁、滲著汁液的杜松子。加上水果及辛香料（由木桶而來）氣息，你就有了聖誕布丁裡出現一棵聖誕樹的效果。適合一般的啜飲（不加冰），但調成2：1：1的內格羅尼是最佳選擇。

▼干邑蒸餾器什麼時候不是干邑蒸餾器呢？當然是它在夏天被改用來生產琴酒的時候囉！

▼干邑蒸餾器上的洋蔥形狀葡萄酒預熱器（chauffe-vin）是用來預熱烈酒，並凝結部分的烈酒蒸氣。

# DE KUYPER

## 迪凱堡

由於所有的新英國蒸餾廠都在生產現代主義的當代琴酒，看到一間最典型的英國零售商（歷史可追溯至1698年）選擇在荷蘭製造他們的原型倫敦干型琴酒，是多麼諷刺的事啊！貝瑞兄弟與洛德（Berry Bros. & Rudd）是英國最老牌的葡萄酒商之一，三百年來都在聖詹姆士街（St. James Street）3號持續供應品質頂尖的葡萄酒。當時，這間低調的家族公司已與荷蘭最古老的蒸餾廠迪凱堡（De Kuyper，這名字的意思是「桶匠」〔The Cooper〕）建立起良好的合作關係。因此當貝瑞兄弟認為是時候推出一支頂級琴酒時，他們便向迪凱堡那群備受信賴的友人請求協助。

有趣的是，迪凱堡的歷史能夠追溯到1695年，就在貝瑞的商店開張營業的前三天。當時，佩特魯斯·迪凱堡（Petrous de Kuyper）是位名副其實的人，因為他就是一位桶匠，住在林堡省（Limburg）東部的霍斯特村（Horst）。迪凱堡家族在1728年移民至鹿特丹，並開始收購蒸餾廠——在鹿特丹的泊錨（The Anchor）與三葉草（The Clover），還有一間位於旁邊的斯希丹（Schiedam）。

家族生意代代相傳了下去，而為了供應需求量變得龐大的杜松子酒外銷市場，有更多蒸餾廠加入了迪凱堡的旗下。到了十八世紀末，迪凱堡在鹿特丹和斯希丹之間擁有不下七間的蒸餾廠，以及一間負責供應這些蒸餾廠所需麥芽的發芽室。

在拿破崙經濟封鎖時期，迪凱堡和整個杜松子酒業都苦不堪言，尚存的蒸餾廠被分給了家族成員，而他們不是互相將酒廠轉手給彼此，就是傳給下一代。到了十九世紀中期，第六代的迪凱堡負責了大部分在鹿特丹的事業。美國是最大的外銷杜松子酒購買國家，而多虧荷蘭將烈酒稅金調降到15.5%，因此國內的交易量也不差。大約是在這個時期，迪凱堡公司開始在包裝上使用心形與船錨的標誌（取自三葉草和泊錨蒸餾廠）——而當時的包裝量可是超級大！到了1894年，凱迪堡一年售出了400萬公升的杜松子酒，到了1913年的銷量更是翻了兩倍。迪凱堡比競爭對手博斯還晚了好幾步才進入利口酒市場。他們在1911年從櫻桃利口酒開始，再推出杏桃、薄荷和白橙皮（triple sec）風味。

凱迪堡在1911年將總部遷移至現今位於斯希丹的地址，部分是因為鹿特丹關閉了一條對貨運效率十分重要的運河。不過，新的廠址非常理想，因為隔壁就是O－I玻璃工廠，後來迪凱堡家族也成了該公司的股東。

1995年，荷蘭女王碧翠絲（Queen Beatrix）授與迪凱堡「皇家」頭銜，於是他們便將名稱改為迪凱堡皇家蒸餾公司（De Kuyper Royal Distillers）。如今這間家族公司已經傳承到了第十一代，也成為利口酒和加味烈酒專家。公司的格言是：「我們能把這東西變成液體嗎？」

負責管理蒸餾廠的是首席蒸餾師麥莉安·亨德里克斯（Myriam Hendrikx）與資深的蒸餾師德弗萊茲·德·雍恩（Fretz de Jonge）——後者從1980年代起就在凱迪堡工作。蒸餾廠裡有兩棟建築用作蒸餾，第三棟則位在300平方公尺的地下浸泡桶區域上方。他們嚴謹地遵循傳統製程，對每種原料的條件也有深刻的理解，而這就是這間蒸餾廠的運作祕訣。

3號琴酒（No. 3）只用3110公升的「1號」坎特蒸餾器（Ketel still）於斯希丹的蒸餾廠進行蒸餾——還有一座用來蒸餾薄荷利口酒的2號蒸餾器，但令人沮喪的是，並沒有3號蒸餾器的存在。1號和2號蒸餾器都十分古老。在1911年，這兩座蒸餾器都以紅磚包覆，底下則是燃煤火爐，直到1960年代才改為

▶二戰期間，迪凱堡將回收的啤酒空瓶用作琴酒的包裝。

▲目前迪凱堡蒸餾廠是古老與新穎的奇特綜合體，使用包覆紅磚的古老壺式蒸餾器，也使用了超級現代的真空蒸餾器……還有任何介於兩者之間的設備。

由天然氣加熱。2000公升的55%中性烈酒和100公斤的植物一起送進一號蒸餾器：杜松子、芫荽籽、豆蔻、歐白芷根、葡萄柚皮和橙皮。浸泡過夜後，便會在早上進行蒸餾。大約經過七個小時後，就會進行酒尾的分段取酒。完成的蒸餾液會以中性烈酒和水稀釋，7公升的蒸餾液就能稀釋成一百瓶琴酒。目前3號琴酒一年只會製作兩次，但如果我的計算正確，那大約是四十萬瓶的量。

迪凱堡最近取得了另一間古老的家族蒸餾廠路特（Rutte）。路特家族從1872年開始就在港口城鎮多德雷赫特（Dordrecht）生產杜松子酒，但最後一位領導公司的路特家族成員已於2003年辭世。在迪凱堡的管理下，杜松子酒仍在多德雷赫特的老家生產，但2012年推出的路特琴酒（包括一支芹菜琴酒）是在斯希丹的迪凱堡蒸餾廠生產。

3號琴酒和路特琴酒都是用熟悉的寬肩「斯希丹」酒瓶盛裝。我得知這種酒瓶在自動化生產環境中變得越來越難以使用，因為酒瓶在被推擠時很容易「跳出」生產線。

**3號倫敦琴酒No.3 London Dry Gin，酒精濃度46%**

杜松子果、加了香料的甘甜檸檬香氣。杜松子和芫荽的交互作用非常絕妙。多聞一會兒，葡萄柚香氣就會變得顯著。豆蔻的香氣幽微得很完美。入口厚實、風味生氣勃勃，豆蔻的風味比預期還強烈，接著出現乾淨無瑕的柑橘風味。杜松子風味在第二口變得更加明顯。輕柔的尾韻，極干。調成馬丁尼最為適合，而由於這是最棒的干型琴酒之一，因此這也會是杯好喝到怨天尤人的馬丁尼。

**路特琴酒Rutte Dry Gin，酒精濃度35%**

令人愉快、經典正統的香氣。加了香料的肉桂、柳橙和爆開來的杜松子。在清新與溫暖之間達到平衡。良好口感的質地，有胡椒支撐著杜松子風味。能滿足所有你對琴湯尼的需求。

**路特芹菜琴酒Rutte Celery Gin，酒精濃度35%**

除了芹菜以外，所有綠色植物的香氣都在這裡。草本調性、涼爽而柔和的薄荷。明顯的豆蔻、萊姆、鼠尾草和黑胡椒香氣。比起干型特質，風味更偏向蔬菜調性。尾韻出現些許加了胡椒的莎莎醬。很明顯可以調成紅鯛（Red Snapper）！

# FILLIERS

## 菲利斯

如同菲利斯蒸餾廠那位風度翩翩的行銷人員約拿斯・納森斯（Jonas Naessens）所說：「光用我們家的產品，你就能開一間酒款豐富的酒吧。」他說的一點也不錯。菲利斯擁有五十種不同的商品，包括琴酒、杜松子酒、加味杜松子酒、鮮奶油杜松子酒（cream genever）、蛋黃酒（advocaat）、威士忌、伏特加和利口酒。菲利斯原本是間農場，位於鄰近丹澤（Deinze）的巴赫瑪麗亞利恩（Bachte-Maria-Leerne）村莊郊外，離比利時東法蘭德斯省（East Flanders）的根特市（Ghent）不遠。卡洛・洛戴克・菲利斯（Karel Lodeijk Filliers）於1792年設立了這間農場，不久後便將蒸餾加入農場的工作中，這對當時的農夫是極為常見的選擇。當他們在1880年代註冊品牌名稱後，便開始認真經營蒸餾事業，並在1950年代結束農場的運作。時至今日，這間只有二十五名員工的蒸餾廠比其他杜松子酒蒸餾廠生產了更多的麥酒，為菲利斯的自家產品增添風味，也供應給其他比利時和荷蘭杜松子酒品牌，包括博斯（Bols）。蒸餾廠仍是由菲利斯家族持有與經營，如今正迎來第六代的接班人。

菲利斯蒸餾廠自稱是「溫暖的蒸餾廠」，意思是他們以「從穀物到酒杯」的方式生產烈酒。我很少在一間蒸餾廠裡看到這麼多蒸餾設備，就像奶奶的壁爐上四處散落的陶瓷小雕像。紅磚倉庫裡面是糖化室、發酵容器、蒸餾室、陳年倉庫、研發實驗室和裝瓶大廳，以及一間酒吧和辦公區域。苗條的白色穀物筒倉，看起來就像遍布周圍平坦鄉間土地的細長義大利柏樹。

麥酒是以裸麥和發芽大麥，以及玉米或小麥的混合物所製成。烈酒是否會經過陳年，以及要用在哪個品牌或哪種酒款，都會決定確切的配方內容。糖化階段結束後，再經過五天的發酵階段，「酒汁」就會進入柱式蒸餾器，此時酒精濃度就會提高

▲一大桶準備要在菲利斯蒸餾廠裝瓶的舊式穀物杜松子酒。

到60%。接著用壺式蒸餾器再次蒸餾，得到酒精濃度80%的蒸餾液。我嚐過的樣本帶有堅果調性，像是溫暖的乾草和消化餅乾。

菲利斯的不同麥酒配方是他們的杜松子酒品牌的基石，也會用不同方法來製成最終成品。有些麥酒會放到木桶裡幾年，作為陳年杜松子酒的一部分，或是和杜松子一起放入6號蒸餾器再蒸餾，以製造百分之百的麥酒杜松子酒。或是與中性烈酒混合，並與杜松子一起蒸餾，做成新式杜松子酒。菲利斯有八種杜松子酒是由他們自己裝瓶，包括比利時最古老的杜松子酒品牌凡胡勒貝克（Van Hoorebeke），其歷史可以追溯至1740年。菲利斯的商品包括酒精濃度30%的菲利斯旗艦穀物杜松子酒，裡頭含有桶陳兩年的麥酒，以及五種年分分別為五、八、十二、十五和十八年的陳年杜松子酒。

第三代成員費曼・菲利斯（Firmin Filliers）在一戰結束不久後的1928年創造出一份配方，而菲利斯蒸餾廠目前的「干型琴酒28」（Dry Gin 28）就是啟發自那份配方。這個故事是這樣的：戰爭結束後，有群來自英國的退役軍人搬到了此處，對家鄉的味道十分想念，因此他們懇求費曼替他們製作一

款琴酒。最原本的配方經過了大幅的修改，將植物種類增加到二十八種，額外添加了比利時啤酒花、多香果（allspice）、蒲公英花、接骨木花和菊苣（chicory）。配方也包括精選的新鮮水果如覆盆子，以「新鮮」狀態加入原料中。

琴酒的蒸餾過程是在菲利斯家族口中的「蒸餾師的遊樂場」進行。這間明亮通風的房間既像農家的廚房，也像個實驗室。牆上擺滿了巨大的玻璃與陶瓷浸泡容器。一座肥胖古老的200公升蒸餾器緊靠著一道牆，還有兩座500公升的壺式蒸餾器包辦所有的苦差事。琴酒的蒸餾分為四個不同批次，將原料分類處理。很明顯菲利斯不會輕易揭露他們的作法，但他們的分類可能是水果、植物根部、辛香料和草本／花，並以四個不同的蒸餾批次來處理。接著這四種蒸餾液會混合在一起，做成最終產品，沒有添加任何中性烈酒。

在2011年推出「28」品牌後，菲利斯現在有五種不同的「28」琴酒，包括一支經典的干型琴酒、一支桶陳琴酒，以及三支加味琴酒：黑刺李、松樹花（pine blossom）和橘子（tangerine）。

### 菲利斯穀物杜松子酒Filliers Graangenever，酒精濃度30%

溫暖的蘋果捲（apple strudel），伴隨肉桂及凝脂鮮奶油（clotted cream）的香氣。入口輕盈，些微的奶油、香草、肉豆蔻和輕盈的辛香料風味。尾韻出現蘋果和梨子。爽脆、輕柔，但十分溫暖。

### 凡胡勒貝克Van Hoorebeke，酒精濃度30%

非常輕盈。大茴香、李子果醬，以及一點霜淇淋蘇打香氣。也有些微像是發霉乾草的氣味。入口後出現更多風味：奶油香草、奶油糖（butterscotch）和覆盆子果醬。甜得令人驚訝。

### 菲利斯五年穀物琴酒
### Filliers 5 Year Old Graangenever，酒精濃度38%

輕盈的橡木香氣、扁桃仁膏（marzipan）與歐羅洛梭（Oloroso，雪莉酒的一種，為在直接與空氣

接觸的環境下熟成）雪莉酒的香氣。也有煮沸的牛奶與過萃拿鐵的焦味。入口是胡椒風味、焦糖和香草，但仍維持干型特質。直到尾韻都有堅果、清新的氣息。

### 菲利斯十八年Filliers 18 Year Old，酒精濃度43%

比起蘇格蘭威士忌，更貼近波本威士忌（Bourbon）的新桶特質，與森林水果的香氣相抗衡。上了漆的柚木（teak）、李子塔、黑刺李，最後都由香蕉卡士達蓋過。入口後有干型的灼熱感一路延續，轉為甘美多汁的木質調性、焦糖烤布蕾（crème brûlée）和辛香料。尾韻帶有一抹收斂性，讓你想要再喝一口。

### 菲利斯28琴酒 Filliers Dry Gin 28，酒精濃度46%

輕盈而細緻。首先聞到的是檸檬精油，接著是些微的杜松子與柑橘小麥啤酒（wit bier）調性的香氣。入口是明確的杜松子風味，甘甜（糖果？）、綿延而完整！風味的長度非常驚人，辛香料和啤酒花的風味在尾韻出現。接著轉變為干型陳舊辛香

▲菲利斯是杜松子酒界最重要的蒸餾廠，因為幾乎世界上所有的麥酒都是從這裡生產。

料，和甘甜的發酵植物根部風味。調成琴費茲相當令人驚豔。

### 菲利斯28松樹花Filliers 28 Pine Blossom，酒精濃度42.6%

未熟綠色的杜松子，伴隨各種綠色植物的香氣；聖誕樹、豆蔻、萊姆葉、刺山柑果實（caper berry）、新鮮蒔蘿與麝香。入口帶有清涼、綠色植物氣息，伴隨聖誕樹、月桂葉、葛縷子（caraway）及綠色辣椒延續到尾韻。很適合調成喜慶的馬丁尼，或是作為瑞奇（Rickey）的骨幹。

### 菲利斯28桶陳Filliers 28 Barrel Aged

初聞這支香氣喧鬧的琴酒，柳橙果醬（orange marmalade）、肉豆蔻皮（mace）、薑和丁香的香氣立刻充斥鼻腔。入口有些許木質調性，但主要是加了香料的柑橘水果風味，並以芳香的辛香料作結。風味逐漸消退後，會出現一陣突如其來的杜松子風味。很適合在冬天啜飲，作為苦艾啤酒調酒的基底也非常出色。

# GIN DE MAHÓN

## 馬翁琴酒

梅諾卡島（Minorca）過去曾有五間蒸餾廠，生產出數十個琴酒品牌。故事要從十八世紀中期說起，當時英國和荷蘭海軍將這座島作為戰略基地。梅諾卡島經歷了一小段殖民統治時期，當時的殖民者鼓勵當地人民生產琴酒。後來琴酒產業逐漸凋零，並在最後一間蒸餾廠於1900年代早期被大火燒毀時，戲劇化地結束。1910年，首席蒸餾師米格爾‧古斯托（Miguel Gusto）決定在島上設立新的蒸餾廠，於是索里吉爾蒸餾廠（Xoriguer Distillery）便開始運作。他們從其他老蒸餾廠搜羅來蒸餾器和相對應的配方。如今，索里吉爾蒸餾廠是這座島的琴酒歷史活生生的證據。

現在，蒸餾廠每年生產出60000公升的馬翁琴酒，以及兩種平價琴酒與十一種利口酒。這是非常小的市占率，也與這個品牌的響亮名聲不成比例。儘管全世界許多酒吧裡都擺了一瓶，但可惜通常只是一種象徵意義。真相是除了梅諾卡島以外，大家並不常喝這個品牌。不過這並非一個問題——光是梅諾卡島的飲用量就已經綽綽有餘了。

你可能會認為他們的植物配方十分貧乏。據稱這份配方是在1750年創造，但鑑於這份配方的粗糙程度——至少就這個例子而言——這可是個不可思議的主張。在裝瓶標準酒精濃度38%裡唯一使用的原料是杜松子。美國版裝瓶（酒精濃度41%）則含有極微量的芫荽籽、柑橘和歐白芷根。兩種裝瓶版本都只使用來自庇里牛斯山的杜松子。你通常不會聯想到那裡有在種杜松，但索里吉爾蒸餾廠已經在那裡採購杜松子將近一百年了。在經過人工挑揀碎片及葉片之後，杜松子會放在20公斤容量的塑膠籃裡靜置長達兩年，以除去杜松子中的部分水分，讓油分更濃縮。準備要生產琴酒的時候，就會將這些杜松子放進蒸餾器，並在酒精濃度降低至52%的葡萄基底中性烈酒中浸泡兩個小時。

蒸餾室是一個古蹟。這裡有四座傳統單壺銅蒸餾器負責生產，其中一座據說有超過兩百年的歷史，是我見過的蒸餾器中最古老的一座。每座蒸餾

▼索里吉爾蒸餾廠座落於馬翁港口的前方，是個熱門觀光景點。

▼位於蒸餾器兩側的黑色通風孔，是一種簡單的溫度控制方式。

▼索里吉爾蒸餾廠樸素的瓶裝產線。

▼馬翁琴酒的手工程度比任何工藝烈酒都來得高,從手揀杜松子
　加熱蒸餾器使用的梅諾卡木便可見一斑。這些是代代相傳的
　作法,也是風格特殊的索里吉爾蒸餾廠部分的魅力所在。

器都有自己的石頭保護層，外頭覆上紅色的西班牙磁磚，由燒木材的火爐從底部加熱。作為燃料的木頭是梅諾卡木，由單獨一位蒸餾師鍾情地堆疊好，並踩著漂亮的步伐開關火爐的門，進行檢查。如果溫度變得太高——沒有用任何溫度計或壓力計檢測——蒸餾師就會將側邊的鐵「信箱」活動門滑開，讓蒸餾系統通風。蟲桶冷凝器讓烈酒蒸氣回到液體的狀態，而冷卻劑就是從只隔一條路的港灣裡抽取的水。烈酒中會混入更多中性烈酒與水，以達到裝瓶強度，接著倒入2000公升到美國橡木桶中短暫靜置。這些桶子在幾十年前就已經失去了風味，因此與其說是增添風味，不如說只是用來盛裝的容器。

你很難想像出比這裡更簡陋的配備了。但蒸餾廠對此渾然不覺，令人覺得十分可愛。對索里吉爾而言，事情就是該這樣子。製造方法就這樣一路相傳，沒有人會問任何問題。在這裡，蒸餾師比較像是君王，而非一門技藝的管理人。這並非因為他們不願改變，而僅只是他們從未想過要改變。不過，其實也沒什麼需要改變的。他們的琴酒非常平衡、細緻、複雜。馬翁琴酒是對杜松子的頌揚，也是一種歷經如此原始的演化過程而得出的成果。剛從蒸餾器取出的琴酒滿是皮革和甜味，還有松木與菝葜的風味。梅諾卡的兩大產業是皮革製品與冰淇淋，我發誓你在這琴酒中都可以嚐到。

從馬翁琴酒身上，我們可以看到一個傳奇性的商品已然淪為如此傳統的製程底下的受害者。這不僅反映在蒸餾廠使用的製程上，也更加反映在琴酒的包裝上。從圖案古色古香的黃色酒標到那愚笨的小把手設計，我們很容易就會對這支來自梅諾卡島的琴酒不屑一顧——而這琴酒也莫名其妙替自己弄來了地理標示。不過，千萬別這麼想，這是支非常棒的琴酒。

**馬翁琴酒Gin de Mahón，酒精濃度38%**

飽滿、濃烈、濃縮的杜松子香氣，也有黏糊的松樹樹脂及上蠟的皮革氣味。入口輕柔、甘甜、油潤。充滿了杜松子的風味，但與輕柔的菝葜調性融合，鹽水和一抹粉紅胡椒的風味貫穿至尾韻。調成「波瑪達」（Pomada）飲用，傳統上以琴酒與檸檬汁混調而成。

# GIN MARE
## 馬瑞

我們可以說，過去十年來所有新推出的琴酒品牌，沒有一家像馬瑞一樣，造成如此重大的影響。這家由家族經營、來自巴塞隆納南方的維拉諾瓦艾拉格爾圖（Vilanova I la Geltrú）的「地中海琴酒」品牌，在六年內就從零達成四十萬瓶的銷量。一切都是從吉羅（Giro）家族開始的。這個如今已是第四代的加泰隆吉亞蒸餾家族，歷史可以追溯至1836年，當時他們已在當地做著買賣雪烈酒和葡萄酒的生意。到了1900年，他們已經將蒸餾白蘭地和威士忌加入營業項目中，但直到1940年才初次開始生產琴酒。西班牙內戰（Spanish civil war，1935-1939年）是促成這個決定的原因。當時老曼紐‧吉羅（Manuel Giro）——目前這代接班人（馬克〔Mark〕與小曼紐）的祖父——躲進了西班牙北方的庇里牛斯山脈，在那裡發現了野生杜松樹叢。戰爭結束後，他回到加泰隆尼亞，開始想要製造西班牙的琴酒。他和父親一起推出了「MG琴酒」（Gin MG）品牌，至今仍在持續生產，並在維拉諾瓦艾拉格爾圖裝瓶。他們的琴酒很快便成了西班牙的暢銷產品之一，甚至在今天，MG琴酒每年的裝瓶量仍高達八十萬瓶，聽說在南韓與奈及利亞賣得非常好。

吉羅家族在1960年代推出了吉羅琴酒（Gin Giró），但不久後父子便分道揚鑣，認為不在同個地方生產對兩個品牌來說都比較好。吉羅琴酒搬到了巴斯克（Basque）的鄉間，從那時起就停產了。家族的下一代推出了大師琴酒（Master's Gin），外觀與味道都十分像經典的倫敦干型琴酒。這支琴酒以鈷藍色玻璃瓶作為包裝，如果不是因為在2015年的舊金山烈酒大獎（San Francisco Spirits Competitions）獲得令人垂涎的「最佳琴酒」大獎，

▼什麼？教堂裡的琴酒蒸餾廠？壺式蒸餾器還放在原本聖壇的位置上？真是大不敬！不過，這樣還真行得通。雖然空間很小，配置卻十分完美。

不然也沒什麼特別的。

　　下一個推出的品牌就是馬瑞。這支「海洋琴酒」（Sea Gin）的研發過程於2007年展開。由馬克和小曼紐·吉羅與全球極致品牌（Global Premium Brands）共同開發出配方，這支現代琴酒想要成為地中海風味及該地區熱烈的飲酒文化的代表。馬瑞琴酒嘗試了一百種不同的植物，每種都分別使用15公升的傳統單壺蒸餾器蒸餾。最終這些植物縮減到剩下十一種：杜松子、芫荽籽、豆蔻、塞維亞苦橙、晚崙夏橙（Valencia orange）、列伊達檸檬（Lleida Lemon）、阿貝金納橄欖（Arbequina olive）、乾燥迷迭香、乾燥百里香、乾燥羅勒和乾燥奧勒岡葉。後來他們拿掉了奧勒岡葉，因為它讓琴酒聞起來像是披薩！

　　馬瑞琴酒在米凱爾關塞蒸餾廠（Destilerías Miquel Guansé）裡的一間小教堂中進行生產。這座教堂過去曾是沿海一間修道院的一部分，但在十九世紀晚期便以逐顆搬運石頭的方式遷移到這裡，以騰出建造港口的空間。教堂內部有一座小小的250公升壺式蒸餾器，以及一堆浸泡中的植物。所有的植物在蒸餾之前，都會分開浸泡在86%的中性小麥烈酒裡。浸泡時間是依產品需求而定，草本植物只會保留兩個星期，而更耐放的原料則可以保留更多天。這些植物也是分開蒸餾，並與中性烈酒與水混合，以42.4%的強度裝瓶。這個品牌不吝於公開承認他們使用的是多倍法，並表示蒸餾成品會以大約10：1的比例與中性小麥烈酒混合。

　　我很幸運能在混合之前品嚐到每種原料的蒸餾液，對辨識最終成品中的各種風味組成很有幫助。迷迭香、羅勒和百里香都是乾燥的種類，而它們的風味都完美地捕捉在蒸餾液中。每種蒸餾液都擁有那熟悉的苔蘚、草本植物的調性，讓幽微的杜松子香氣多了一點風味。橄欖是其中最不尋常的植物。15公斤的阿貝金納橄欖能產出100公升風味銳利、鮮美多汁的橄欖蒸餾液。一旦你嚐過蒸餾液，要從最終成品中辨認出來就容易許多。每年都會有2公噸柑橘類水果（晚崙夏橙和塞維亞苦橙、列伊達檸檬）送達蒸餾廠，經過人工去皮後，再浸泡長達兩年。

▲阿貝金納橄欖在蒸餾之前會先碾成泥。

▶馬瑞的小壺式蒸餾器生產出的蒸餾液，風味極為濃縮。（右上）

▶每種植物都分別會經過長時間的浸泡，再進行蒸餾。

**馬瑞琴酒Gin Mare，酒精濃度42.7%**

　　豆蔻是這支琴酒最為顯著的香氣，但很快便有其他綠色植物香氣出現，順序如下：乾燥羅勒、蘋果、迷迭香、松木和橄欖。

# G'VINE
## 紀凡

現在我知道「紀凡」這個名字聽起來更像來自朗格多克（Languedoc）的饒舌歌手，而不是琴酒品牌。不過，別讓這件事讓你打退堂鼓。

紀凡是由烈酒品牌開發代理商「EWG烈酒與葡萄酒公司」（EWG Spirits & Wine）持有，並由魅力十足的尚–塞巴斯蒂·羅比蓋（Jean-Sébastien Robicquet）負責管理。他活脫脫就是詹姆士·龐德電影走出來的人物：溫文爾雅、風度翩翩、渾身充滿了危險氣息。唯一的問題只有他究竟是龐德，還是反派角色。從他位於干邑郊區那棟有防禦工事的莊園宅邸的大小，以及裡頭將近十二座的蒸餾器和一棟用來陳年干邑白蘭地的倉庫來看，我傾向認為他是反派角色。尚–塞巴斯蒂的家世背景深植於這塊葡萄栽培釀酒業的國家。從十七世紀開始，他的家族就在波爾多地區釀葡萄酒了。在獲得法律、經濟學與葡萄園管理的相關證照後，尚–塞巴斯蒂便開始釀造葡萄酒的生涯，但很快又跳了出來，在2001年設立了EWG烈酒與葡萄酒公司。

紀凡「花開」在2006年推出，很快在2008年又有了更經典的「結果」。一切是從白玉霓葡萄（Ugni Blanc）開始的，它是製造干邑白蘭地使用的三個品種之一。這些葡萄會在9月採收，壓榨成汁，並發酵成葡萄酒。EWG的柱式蒸餾器會將葡萄酒蒸餾成96.4%的蒸餾液，並以水稀釋，並準備好在時機到來時與植物一起再蒸餾。葡萄烈酒看似是個非傳統的琴酒基底材料，但我們別忘記在杜松子烈酒以及消遣用「琴酒」最早的紀錄中，全部都是以葡萄烈酒（eau de vie〔grape spirit〕）作為基底。

兩款琴酒都以相同的九種植物製成：杜松子、芫荽籽、桂皮、甘草、綠豆蔻、尾胡椒果實、肉豆蔻、萊姆皮和薑。每種植物都分開在烈酒中浸泡與蒸餾。接著，這些蒸餾液會與分開浸泡的葡萄樹花混合——這些花朵必須在6月某個星期的時間內採收。浸泡液和植物蒸餾液會一起與更多葡萄烈酒再次蒸餾，然後看哪！紀凡琴酒就誕生了。

**花開Floraison，酒精濃度40%**

撲鼻而來的是強烈的萊姆香氣。接著出現一個細緻、轉瞬而逝的花香調性，以及些許輕柔的芬芳辛香料。如果不是因為杜松子和甘草的香氣很晚才出現，我就會說這像泰式咖哩了。不過，總比沒出現好的杜松子終於浮現。花開琴酒勁道強烈的風味，在清新花香、肉桂和一抹甘草之間迅速變換。調成「法式75」（French 75）非常棒，只要少加一點糖，並以莫札克白葡萄（Mauzac Blanc）氣泡酒取代香檳。

**結果Nouaison，酒精濃度43.9%**

這支琴酒是陰柔花開的陽剛版本，香氣更干，花香較少。酒精強度似乎提升了杜松子的香氣，些微壓低了萊姆香氣，並讓整體香氣變得更溫暖。入口後，杜松子、萊姆、肉桂和薑的風味平衡得很好。尾韻的風味也十分出色，有細膩幽微的芫荽，以及尾胡椒帶來的一點點灼熱感。這是支能面面俱到的小傢伙，在任何琴調酒裡都能表現良好。

▶ 年輕的葡萄花蕾和葡萄樹花已是紀凡的招牌風味，以名為「花兒」（Flo）的傳統單壺蒸餾器蒸餾。

# HERNÖ
## 赫尼

不同於其他製造出色威士忌的瑞典蒸餾廠，赫尼蒸餾廠的目光堅定地放在琴酒上。他們是瑞典唯一只生產琴酒的蒸餾廠，在我撰寫本書時，它是全世界最北邊的蒸餾廠。

喬恩‧赫爾葛蘭（Jon Hellgren）是蒸餾廠的創始人，在2012年開始生產琴酒，目前已有七支不同的琴酒。有這麼多種琴酒，這也難怪赫尼宣稱是歐洲過去兩年來獲獎最多的蒸餾廠——他們共獲得了二十五種不同獎項的殊榮。赫尼的包裝十分美麗，瓶中物也美味無比，而或許更棒的是蒸餾廠的周遭環境：達拉村（Dala），就在有「通往高岸（High Coast）的門戶」之稱的海訥桑德（Härnösand）外面。

赫尼琴酒屬於倫敦干型琴酒的類型（杜松子、芫荽籽、新鮮檸檬皮、桂皮和黑胡椒），並以辛香料、水果和花朵修飾：香草賦予了甘甜、森林調性的香氣，而鮮美多汁的越橘（lingonberry）和些許帶有苔蘚味的繡線菊讓香氣活潑起來。越橘是手工採收，繡線菊則是手工摘採，而檸檬當然也是手工去皮的。

赫尼使用的全部植物都經過有機認證，小麥烈酒也是。杜松子和芫荽籽在小麥烈酒中浸泡十八個小時，接著再放入其他植物。蒸餾使用250公升的荷斯坦蒸餾器，而琴酒則是使用一倍法製成。標準的植物混合配方會做成三種酒精強度（我想這締造了一種紀錄）：瑞典傑作（40.5%）、出口強度（Export Strength，40.5%）及海軍強度（Navy Strength，57%）——這支琴酒烈得能讓最光滑的胸膛長出毛來。他們還有一支老湯姆，由蜂蜜帶來甜味，繡線菊的風味也很強烈；它如預料中一樣具有花香，但並沒有犧牲掉杜松子的風味。接著還有兩支水果琴酒：黑加侖與黑刺李，以及一支杜松桶桶陳琴酒（47%）。赫尼不是唯一一間拿杜松做的木

桶來玩琴酒陳年的蒸餾廠，但我想他們確實是始作俑者沒錯。

### 赫尼瑞典傑作Hernö Swedish Excellence，酒精濃度40.5%

這支琴酒的香氣十分適合用「荒野」來形容，你能聞到有苔蘚味的繡線菊調性，還有加蜂蜜的香草讓香氣更活潑。不過，杜松子香氣像是乘著藍色大浪一樣襲擊其他植物，沖刷著聖誕樹樹脂、松針（pine needle）以及綠色未熟的杜松子。入口風味也同樣令人興奮，胡椒和可能從芫荽產生的柑橘調性毫不留情地反擊杜松子。一支了不起的琴酒。能調出有肉脂感的馬丁尼，但也能調成不負眾望的內格羅尼。

### 赫尼老湯姆Hernö Old Tom，酒精濃度43%

赫尼酒廠的老湯姆在許多層面都是對標準老湯姆的諷刺模仿，有許多特質都極度不成比例。杜松子香氣沒那麼突出（但並沒有消失），讓位給更明顯的繡線菊草本氣息及一陣辛辣的蜂巢香氣。入口十分甘甜，讓胡椒風味變得柔和，同時維持住風味的長度，帶來令人愉快的口感。能調成非常美味的湯姆柯林斯或琴費茲。

### 赫尼杜松桶Hernö Juniper Cask，酒精濃度47%

瑞典傑作的風味在這支琴酒中更加堆疊起來，陳年的調性很隱微，偏向柑橘類水果蜜餞與輕柔溫暖的辛香料。橘子糖和研磨薑讓冷冽的杜松子香氣溫暖了起來。入口甜度剛好，讓柑橘調性維持乾燥、辛香料輕柔且酥脆。尾韻很快就消失，讓位給下一口的滋味。可以不加冰塊純飲，或是在冰塊上灑一口薑汁汽水。

▲赫尼琴酒的酒瓶包裝十分簡
　約，令人耳目一新，與瓶中
　物的複雜性形成對比。

# MONKEY 47
## 猴子47

德國西南方景色優美的黑森林（Black Forest，或是Schwarzwald）可能以黑森林蛋糕（gateaux）、櫻桃白蘭地（Kirsch，一種以櫻桃為基底的烈酒）最為出名，還有格林童話。而講到黑森林時，你不會想到琴酒和猴子這兩種東西。確實，如果不是因為英國皇家空軍（Royal Air Force）駕駛蒙哥馬利·柯林斯（Montgomery Collins），可能就不會有人把這些東西湊在一起了。二戰結束後，柯林斯便搬到黑森林，開始了自己的製錶生意。對任何需要技巧與耐心的職業來說，練習與經驗至關重要，但柯林斯兩者都沒有。他最後開了一間名為「潑猴」（The Wild Monkey）的小旅店，顯然這名字是取自一隻他從柏林動物園領養來的猴子（對，這故事有夠詭異）。柯林斯的旅店生意還不賴，到了1970年代，他便開始蒸餾水果烈酒。不過，由於他曾是英國皇家空軍的駕駛，蒸餾一點琴酒根本就是再適合不過，而他也這麼做了。他的琴酒使用了來自當地的水果和辛香料。

我們並不清楚柯林斯最後的發展如何，但根據他多采多姿的過往，他可能成了俄羅斯馬戲團的雜耍員，或是在矽谷成立一間軟體公司。我們確實知道的是，他留下了一箱琴酒，酒標上寫著「猴子馬克思——黑森林干型琴酒」（Max the Monkey－Black Forest Dry Gin）。這箱酒在2007年被亞歷山大·司坦（Alexander Stein）發現，他是來自家世淵遠流長的德國蒸餾師後裔。司坦決定創立自己的黑森林蒸餾廠，並在2008年請來蒸餾天才克里斯多夫·凱勒（Christoph Keller）協助。經過兩年的原料採集與酒款研發後，兩人在2010年推出了限定兩千瓶的猴子47。隔年，這支酒便在舊金山拿下了國際葡萄酒與烈酒大賞（International Wine & Spirits Championships）的「年度最佳琴酒」（Best of Class）獎項。

猴子47使用了至少（等著瞧吧……）四十七種不同的植物，這可是破紀錄的數量。由於你真的得費盡心思才能拿出這麼多種植物，因此我懷疑短時間內有人可以打破這個紀錄。

令人驚訝的是，其中最不尋常的原料，居然是平凡無奇的蔓越梅。事實上，蔓越梅比你想像中更加是個明顯的選擇，這種水果賦予了猴子47莓果與柑橘調性的香氣特徵，並在與通寧水混合時，展現蔓越梅特有的收斂性。因此，蔓越梅並不常出現在琴酒配方中，實在是令人滿訝異的。

看看其他四十六種植物，除了所有常見的種

▼一支不同一般的琴酒，由不同一般的人在不同一般的地方製造。

▼猴子47已經證明在全世界的調酒師之間大受歡迎。

類（真的是「所有」），這支琴酒使用的原料其實頗為瘋狂：管香蜂草（Monarda didyma，又稱大紅香蜂草〔scarlet beebalm〕）是北美洲的原生植物，其蒸餾液帶有伯爵茶清新的香氣。雲杉芽（spruce shoot）增添了松木與柑橘調性的香氣，提升了杜松子的綠色植物調性，而對這支酒的配方來說，杜松子能獲得越多幫助越好。雲杉芽和越橘、刺槐花（acacia flower）、黑莓葉（bramble leaf）與歐白芷根都正巧取自當地。

有了這些花朵和無核小水果，就一點也不意外他們在蒸餾時使用了兩種截然不同的萃取方法：以三十六小時的浸泡與沸騰處理較耐操的原料，而較細緻的原料則是以蒸氣浸潤處理。其成果是產生一種他們稱之為「分子香氣建築」的香氣——如果你覺得這聽起來像是某種難聞的第四十八種植物，那我跟你想的一樣。但認真地說，「建築」對這樣的產品而言是個很恰當的比喻——將許多不同材料組合成一個單一架構。在瓶口那條扣緊軟木塞的鐵環上，雕刻了一段格言，也佐證了這一點：「合眾為一」（ex pluribus unum）。

而這支酒瓶可真是漂亮極了。棕色的藥瓶輪廓看起來很簡單，彷彿蹲踞在地，但等著瞧它的酒標吧。以老式殖民地郵票為靈感，酒標上紫色的細節讓我想起黑森林櫻桃（說也奇怪，配方裡居然沒有！）並連結起印度、大不列顛和德國。

將內格羅尼（見P.254）的酒譜比例提高到2：1：1，便能出色地展現猴子47的風味。另外一個選項則是配上一大塊黑森林蛋糕一起吃。

### 猴子47Monkey 47，酒精濃度47％

具有尤加利葉與樟腦的藥物氣息，以及薄荷與松木的香氣。接著森林水果的香氣便很快湧現，伴隨柑橘、歐白芷根、茶葉與橡樹苔。入口後，琴酒的風味複雜，有柑橘調性的苦甜風味，伴隨線香的煙燻感，以及可能是來自鼠尾草的鹹鮮味。尾韻充滿成熟莓果與它們的葉子氣息。

▶猴子47是烈酒包裝和設計的大師傑作。酒標傳達了酒的來歷與誠信，同時又不會過於浮誇或正經過頭。

# NOLET

## 諾利

諾利蒸餾廠座落在荷蘭斯希丹的巴滕黑弗運河（Buitenhaven canal）沿岸，擁有所有其他工藝琴酒蒸餾廠所具備的魅力：古老的壺式銅蒸餾器、穿著鐵匠風格的皮革圍裙的蒸餾師，以及可以追溯十一個世代的歷史淵源。但他們的規模大得不同凡響。這間蒸餾廠向四面八方蔓延而去——高聳向天、深入地底，還延伸到了運河兩側，如今真正是象徵了斯希丹的蒸餾歷史與未來的紀念碑。在蒸餾廠的一大堆特色裡頭，其中一項是世界上最高的風車磨坊——不過它其實是外形設計成風車磨坊的渦輪機，所以不能算是最高的。諾利風車裡面有一間咖啡廳、一間六十人座電影院，以及一些斯希丹最棒的天際線景觀，能遠眺的景色包括全部六座還存在的風車磨坊（真正的）。

儘管風車的造型是向過往致敬，這間蒸餾廠的內部主要還是聚焦在未來。在斯希丹蒸餾了三百二十五年之後，諾利蒸餾廠近來較知名的產品，是品牌坎特1號（Ketel One）的伏特加，而不是琴酒和杜松子酒。伏特加是他們的金雞母，不過，是三百年的杜松子酒製造歷史才讓他們走到這一天。

看看現在的樣子，很難想像諾利家族曾在1977年的杜松子價格戰中陷入低潮，若不是當時推出了坎特1號的杜松子酒，他們可能會就此一蹶不振。現任董事長卡洛魯斯‧諾利（Carolus Nolet，第十代）決定將蒸餾廠超過四十種的商品縮減到只剩下一種。這算是一種重新上市的舉動，而當時蒸餾廠的員工只有七個人。當杜松子酒的價格大跌時，苦苦掙扎的不只有蒸餾廠，也包括零售商——他們一瓶幾乎賺不到一荷蘭幣。諾利蒸餾廠最聰明的舉動之一，就是以能有足夠獲利的價格，將杜松子酒賣給零售商。市場上充斥著低價、品質低劣的杜松子酒，而坎特1號在這市場中扮演了回歸工藝實踐的象徵。

坎特1號杜松子酒是新式的風格，包含了「至少3%的麥酒」。就和幾乎所有的荷蘭製造商一樣，這些麥酒是來自比利時的菲利斯蒸餾廠，由小麥、玉米和裸麥的混合物製成。麥酒抵達諾利蒸餾廠後，就會放入烘烤過的220公升法國橡木桶中，陳年十二到十八個月，接著與十四種祕密植物一起進入1號或7號蒸餾器再蒸餾。這座紅磚包覆、以煤加熱的「坎特1號蒸餾器」（Distileerketel No.1）正是這個品牌名的由來（包括坎特1號伏特加品牌）。它是蒸餾廠裡最老的蒸餾器，在大約1853年就裝設起來了。澄清的麥酒蒸餾液接著會與中性小麥烈酒混合，再用水稀釋至裝瓶強度。

最近推出的坎特1號「熟成」，象徵了諾利蒸餾廠對於桶陳杜松子酒的未來懷抱信心。這支杜松子酒混合了中性小麥烈酒，以及一批經過混調、在未燒烤的美國橡木桶中陳年八年的麥酒。部分麥酒會

▶傳奇的坎特1號蒸餾器，已經連續使用超過一百六十年了。

◀諾利蒸餾廠的鐵工藝裝飾那線條繁複的影子，投射在一個巨大的陶製浸泡桶上。

▲這個古老的木頭桶章提醒了我們：琴酒在斯希丹一點兒也不是新鮮事。

與祕密植物一起再蒸餾。酒中加入了焦糖，以增添顏色，還加入了少量的糖來提升口感。

我想，諾利琴酒的出現是不可避免的結果。坎特1號伏特加在國際間取得的成功、琴酒的復興，以及諾利蒸餾廠累積了幾世紀的杜松子酒專業，在在顯示出如今是推出一支諾利琴酒的完美時機。當「純銀」（Silver）與「珍藏」終於在2007年於邁阿密亮相時，感覺幾乎都有點太晚了，就像這個家族這次沒能趕得上船（實在很不像他們）。但如果考量到這兩支琴酒花了七年才完成，那他們顯然是為了要確保一切都做對了，而不至於為了在琴酒文藝復興中先發制人而砸了自己的腳。

「純銀」的基底是一系列精選的倫敦干型琴酒所用的植物，但並未公開。每種植物都分開浸泡在溫度攝氏50度、酒精濃度50%的中性小麥烈酒裡，為時二十四小時。烈酒會在浸泡過程中冷卻，最終降至與室內溫度相同。接著，使用300公升的壺式蒸餾器蒸餾植物。蒸餾器連接了一個頗長的柱式精餾器，因此蒸餾液成品的酒精濃度會超過90%。接著蒸餾液會根據配方來混合，並加入覆盆子、玫瑰和桃子的萃取液，再加水稀釋為裝瓶強度。「珍藏」的製程甚至還更加神祕，幾乎所有你問的問題都會被回以一個會心的微笑，以及等同於「無可奉告」的答案。根據淡琥珀色的酒液來看，裡頭肯定有番紅花和馬鞭草，我敢打賭他們是在蒸餾後才浸泡進去。而從香氣判斷，我會說裡面有玫瑰、桃子和覆

盆子。除此之外我能告訴你的就不多了，因為他們不肯說！

### 坎特1號經典Ketel 1 Genever Originale，酒精濃度35%

擁有麝香，以及輕柔的穀物、麵包和榛果抹醬香氣。入口甘甜絲滑。海綿蛋糕的風味，淡淡的甜感，而後出現香草味。紅胡椒粒的風味綿延到尾韻。

### 坎特1號熟成Ketel 1 Matuur，酒精濃度38.4%

首先聞到的是可可脂和可可碎豆，接著出現一抹綿軟的香蕉糖（banana candy）的甜味。香草、薑和丁香。加水後出現蠟質調性的氣味，質地明顯且微微帶甜。白巧克力。尾韻有柔和的灼熱感。

### 諾利干型琴酒「純銀」Nolet's Dry Gin 'Silver'，酒精濃度47.6%

香氣類似表面粉粉的雪寶糖錠，「糖心」裡頭有許多水果調性的香氣：覆盆子、黑加侖、紅葡萄、柳橙和綠蘋果。一會兒後，傳來一陣線香般的氣味，有如雪松與玫瑰。入口後，玫瑰的風味更加明顯，但有辛香料風味讓玫瑰安分守己。風味的長度非常驚人，順水推舟地轉變為甘甜的紅色莓果、桃子甘露（peach nectar）、肉桂和更多那種從未間斷的雪寶糖風味。這是一支獨一無二的琴酒。丟到冷凍庫裡，以純飲方式飲用。

### 諾利珍藏Nolet's Reserve，酒精濃度52.5%

首先聞到飽滿、鹹鮮的氣息與番紅花，濃烈而具有干型特徵。酒精氣味被高明地遮蓋住。不過，番紅花的香氣隨著每次嗅聞逐漸消退，展露更多「純銀」裡的元素：玫瑰、豆蔻和雪寶糖。入口後絲滑油潤，具有麝香風味、強烈而帶有薰香氣息。第二口帶來更多玫瑰、覆盆子和綠茶風味。加水後展現杜松子風味。喝下第三口，這支酒就變身成倫敦干型琴酒了。什麼巫術！這支一瓶要價六百英鎊的琴酒，我建議要小心翼翼地啜飲才是。

# ZUIDAM
## 贊丹

在荷蘭的巴勒–拿索（Baarle-Nassau）郊外，有一座工業園區，看起來就跟一般的工業園區沒什麼不同。但在一堆鞋盒形狀的建築之中，其中一棟裡頭正發生一場工藝烈酒革命——不過並非那種像瘋子一樣揮舞手臂的爆炸性革命，而是更為緩慢，需要謹慎的安排與數十年低調決心的那種革命。不過，緩慢的動作往往出自最堅定的意志，而在斯希丹，我們看到了就各方面而言都可說是十分強大的精神（spirit）／烈酒。

弗雷德・范・贊丹（Fred van Zuidam）於1976年創立了自己的蒸餾廠，而在此之前，他是位事業有成的迪凱堡首席蒸餾師。弗雷德有自信能……以不同的方法做事，於是買下了一處300平方公尺大的廠區空間，並裝設了一座銅製蒸餾器。他的妻子海倫娜（Helene）和兩個孩子——派崔克（Patrick）與剛出生的吉爾伯特（Gilbert）——就住在隔壁，但那裡很快就會變成他們的木桶室。弗雷德一開始製造的是精品利口酒，但不久後便開始延伸到杜松子酒的生產。兩個男孩就在蒸餾廠裡長大——而且是真的就住在裡頭。桶屋（Barrel House）成為他們的遊樂場，乾草堆則是他們的躲藏處，有時他們還會一把一把地偷拿要做成利口酒的新鮮水果。

現在，兩個男孩已經都長大了（幾乎啦）。弗雷德已經退休了，而派崔克則成了首席蒸餾師。吉爾伯特負責處理銷售，而海倫娜仍是所有產品的包裝設計師。蒸餾廠也長大了。如今的面積是3600平方公尺，設備多了糖化槽、發酵槽、浸泡桶和六座蒸餾器（其中兩個是驚人的5000公升容量）、一條裝瓶產線，以及超過五千桶陳年中的烈酒。除了利口酒和杜松子酒以外，蒸餾廠現在也生產伏特加、蘭姆酒、威士忌和——當然，還有琴酒。事業的規模變得這麼大，如今這個家族正在建造一個全新的蒸餾廠。

走在蒸餾廠裡，吉爾伯特・范・贊丹滔滔不絕地表達他的熱情與驕傲。他有時會因懷舊之情而眼泛淚光，有時則連珠炮似的條列各項論據，有時又迸發出一陣幽默感。在糖化（贊丹使用等比例的裸麥、玉米和麥芽來製造麥酒）發出的聲響中，他的興奮之情十分具有感染力。他從烈酒冷凝器上直接接了一杯麥酒，在口中漱了一圈，再吐到地板上。「真是太棒了！」他驕傲地表示，一邊拍打我的背（又一次）。

麥酒會經過六天漫長的發酵，使用的是釀酒師的酵母。蒸餾三次之後，麥酒會與中性烈酒、杜松子蒸餾液、甘草和大茴香蒸餾液、穀物烈酒和水混合，以製成新式或舊式杜松子酒。他們的舊式杜松子酒分為一年、三年和五年，以及限量的單桶或超長桶陳版本。贊丹也生產以穀物酒為基底的

▼除了杜松子酒以外，贊丹蒸餾廠的倉庫還有很多威士忌和蘭姆酒。

▼贊丹的蒸餾室非常忙碌，也是六座蒸餾器的家。

杜松子酒，以及百分之百裸麥杜松子酒「羅格」（Rogge）——一半是發芽裸麥，一半則是未發芽的裸麥。贊丹蒸餾廠並沒有標示出羅格的年分，但酒液或許在木桶裡待了一到三年。這是市面上唯一一支百分之百裸麥杜松子酒，1公升二十二歐元，非常划算。依照標準，這些產品都經過新的或二手美國橡木桶陳年，不過，倉庫架上開始出現雪莉桶，因此未來應該會喝到有馬德拉酒（Madeira）尾韻的杜松子酒。真棒！

蒸餾廠在2004年推出了贊丹琴酒，但已改名為荷蘭人的勇氣（Dutch Courage）。在2012與2013年，他們分別推出了一款老湯姆與一款桶陳琴酒。標準的「干型琴酒」酒款和酒標上的名字名副其實。每種植物（杜松子、芫荽籽、鳶尾根、橙皮、檸檬皮、香草莢、甘草和豆蔻）都分開蒸餾，之後再以正確的配方比例混合。根據贊丹兄弟的說法，這個方法（就像馬瑞琴酒的作法，見P.201）確保每種植物的風味不會流失：「捕捉到原料的鬼魂」。他們的老湯姆琴酒使用同樣的植物，但只在木桶中短暫靜置，加上一點點白糖，就似乎能在酒液中帶出一種乾淨、草本植物調性與薄荷醇的特徵。

### 荷蘭人勇氣琴酒Dutch Courage Dry Gin，酒精濃度44.5%

衝擊強烈的杜松子、柑橘香氣，清涼而乾淨。入口後是具有干型特質的胡椒與強烈的柑橘，力道剛好足以持續到尾韻。隨著風味逐漸消散，酒液變得越來越有礦物感、鋼鐵味、金屬味、銅味……幾乎是鹽漬的氣息。請做好心理準備，你正面對的是人生中最干的馬丁尼。不需加上裝飾。

### 荷蘭人勇氣老湯姆琴酒Dutch Courage Old Tom's Gin，酒精濃度40%

一開始是草本、溫暖、茴香、綠豆蔻的香氣——非常類似蕁麻酒的風格。藥味調性隨後出現，伴隨香草，以及一種明亮的草系氣息，幾乎帶有薄荷感。入口風味微甜，將香氣出色地帶到口中。風味輕柔且帶有綠色植物調性。是非常不一樣

的老湯姆，適合加冰啜飲。

### 陳年琴酒Aged Gin 88，酒精濃度44%

一開始聞到的是輕盈的花香，帶有奶油感。接著是怡人的輕柔熱帶調性香氣：木瓜、香草、檸檬酪（lemon curd）。入口出現更多的辛香料風味，與水果風味融合得相當出色。木質調一路延伸到尾韻，伴隨很棒的氧化、草本特性。調成馬丁尼茲會很有趣（苦艾酒不要加太多），做成內格羅尼也同樣美味。

### 羅格杜松子酒Rogge Genever，酒精濃度35%

聞起來有法式糕點（pâtisserie）的香氣，以及不甜的可可、糖釉（sweet glaze）、白巧克力和隱約一絲葡萄乾香氣。繼續嗅聞，就會冒出更多胡椒調性的氣息。儘管酒精濃度較低，裸麥風味仍讓辛香料的風味在口中保持穩定。苔蘚調性、草本風味一路發展至尾韻。

### 單桶穀物酒五年Single Barrel Korenwijn 5 Year Old，酒精濃度38%

香氣是烤水果麵包上的香草奶油。麥芽、麥片調性，伴隨甘甜的香蕉及香草。入口先是輕柔的干型特質風味，以及乾淨的水果風味。接著進入椰子和水果軟糖的風味領域，再轉為討喜、啤酒一般的尾韻。

### 創始人珍藏二十五年舊式杜松子酒Founders Reserve 25 Year Old Oude Genever，酒精濃度38%

輕柔的杏桃、梅乾與椰棗蛋糕的香氣漸弱後轉為扁桃仁膏、菸草袋、菸斗煙與深色水果。入口風味集中濃縮、綿長而複雜。出現更多菸草、無花果布丁、乾燥芒果和蘋果風味。甜感輕柔，單寧適中，因此雖然風味濃郁，卻也十分順口。這支酒款是為了紀念弗雷德·范·贊丹的八十歲生日，這是你能找到年分最老的杜松子酒商品了……不過再也不是了，因為已經都銷售一空啦！

▲以一款陳年烈酒來說，贊丹羅格杜松子酒非常物超所值！

# BOLS
## 博斯

對於絕大多數的我們來說，遇見博斯的第一印象應該就是某種藍藍或很薄荷味的東西。或者各位喝到的是另外三十七種顏色各異的加味利口酒。一直以來，利口酒都是博斯產品的一部分，但杜松子酒才是博斯在眾人眼中留下第一印象的酒款。

博斯的故事要說博爾斯（Bulsius）家族說起，此家族大約在1575年來到了阿姆斯特丹，並將姓氏改成了博斯。他們也預備在同一年推出同名品牌。這無疑也讓博斯成為世界最古老且依舊正在營運的烈酒公司。

到了1634年，事業蒸蒸日上且運作得宜，此時才由皮耶特‧雅各布斯‧博斯（Pieter Jacobzoon Bols）正式在阿姆斯特丹註冊了「小棚子」（'t Lootsje）蒸餾廠。這座博斯的第一間蒸餾廠就如同它的名稱，規模的確只比小棚子大一點點。所有蒸餾作業都是在戶外完成，不論颱風下雨或豔陽高照，烈酒的冷凝水也是直接從一旁的溪流引入。雖然我們並不能確定博斯究竟是何時開始製作杜松子酒，但最早的紀錄是一份詳細記載了1664年購入杜松子的會計帳目。不久之後，博斯家族的第三代盧卡斯‧博斯（Lucas Bols）開始在蒸餾廠工作，博斯就是在他的經營之下起步邁向全球。

此時正值荷蘭黃金時代的開端，荷蘭東印度公司就是在這段時期將整個國家轉變為國際強權。荷蘭東印度公司眾多業務之一，就是貿易與運輸異國香料，其中就有許多能用在製作杜松子酒與利口酒的原料。盧卡斯‧博斯想必意識到了這方面的發展對於自身事業的重要性，因此成為荷蘭東印度公司的主要股東之一，並贏得了該公司十七人會議的關注，特地指派他成為荷蘭東印度公司獨家「精緻水」（fine waters）的供應商。這也讓他擁有取得水果與香料空前龐大的權利，博斯也因此將自家產品版圖擴張到沒有任何競爭者可及的地步。我們很難

確定是不是就在這段時期，因為肉桂、肉豆蔻與豆蔻等原料變得更為普遍，而形塑了數世紀以來杜松子酒與琴酒的風味輪廓。到了1700年，博斯已經產出超過兩百種利口酒，銷售網絡遍及所有荷蘭殖民地。

1719年，盧卡斯‧博斯過世，而博斯公司自此進入長達一世紀的緩慢衰退。1819年，博斯賣給了蓋布瑞爾‧范特沃特（Gabriël Van't Wout），來自鹿特丹的金融會計家族。范特沃特拯救了博斯公司，一一整理了所有訂單，甚至還寫了一本屬於博斯公司的書《蒸餾與利口酒製作手冊》（*Distillers and Liqueur makers Handbook*），源自小棚子的老顧客。許多博斯的酒款配方引用的都是這本手冊。

1868年，第三個重要家族摩特斯（Molters）登場，他們在此年買下了博斯。在摩特斯家族持有的時期，成立了八家國際蒸餾廠，擴張了出口業務，尤其是有利可圖的美國市場。1954年，博斯成為上市公司，並在2000年列於頂尖烈酒人頭馬君度集團（Rémy Cointreau）的旗下。五年過後，博斯擁有遠遠更為健康的經濟狀態，但蒸餾廠一一關閉，而銅製壺式蒸餾器不是運到了比利時的菲利斯蒸餾廠（見P.195），就是拆成一塊塊出售。博斯的首席蒸餾師與混調師，傳奇人物皮特‧凡‧萊基豪斯特（Piet van Leijenhorst）依舊記得那天淚水不斷在他眼眶裡打轉。2006年，博斯再度易手。過去十年間推出許許多多且各式各樣的酒款，正是新領導團隊的功勞，另外再加上於阿姆斯特丹成立博斯之家（House of Bols）博物館，並在市中心建立了一間小型工藝蒸餾廠。

現今，博斯依舊製作著路線廣泛的酒款。他們多彩的利口酒擁有不小的市占率，再加上他們的系列杜松子酒，以及在過去幾年間慢慢購入的杜松子酒品牌：波克馬（Bokma）、克拉林（Claeryn）、

▲博斯最早的利口酒可以追溯至一百五十年前，當時有不少花俏的酒名，例如「掀起你的上衣」。

▲某些關於杜松子酒最古老的原料資訊，都在博斯的檔案庫中。

J. H. 漢克斯（J. H. Henkes）、霍普（Hoppe）、哈特維特（Hartevelt）、威南德福金克（Wijnand Fockink）——這些都曾經是獨立公司，如今都納入了博斯旗下。用於製作博斯杜松子酒的麥酒先進行五天的發酵，再以四臺原本的博斯蒸餾器蒸餾，一切都在位於比利時的菲利斯蒸餾廠進行。中性烈酒、杜松子麥酒、草本麥酒（以芫荽籽與葛縷子等等植物加味）及水進行混調之後，便能做成博斯一系列新式、舊式與穀類杜松子酒。

### 波克馬舊式穀物杜松子酒
### Bokma Jonge Graanjenever，酒精濃度35％

輕盈且微弱的麥香。柔和的消化餅、乾草、香草與大麻。口感雄壯，集中的灼熱感帶著穀物調性，但酒精感也提供了恰好的新鮮感。尾韻豐富且強壯。很適合與輕盈且以柑橘風味為主的琴酒一起享用。

### 博斯杜松子酒Bols Genever，酒精濃度42％

濃烈的農場氣味（好的那一面）：馬汗、青貯飼料、溫暖的乾草、馬鞍。一股穀物麥汁的味道。潛伏於表面之下的是梅乾與杏桃。口感帶甜味且漸漸轉干。後方出現了帶核果香，與燉煮過的茴香味，同時以零星的薄荷腦點綴。質地宏大且油滑。這是市面上最佳非年分杜松子酒酒款之一。做成琴費茲或顛倒馬丁尼都很美味。

### 威南德福金克黑麥杜松子酒Wijnand Fockink Rogge Jenever，酒精濃度38％

香料蘋果餡派放在現劈的橡木上……再淋上一點太妃醬。嗅聞時，尚帶點燒焦水果與大量胡椒味。入口後比想像中地更不甜，但仍是不缺刺刺的胡椒感，一路伴隨著風味。從瓶中倒出50毫升，然後把糖漿倒進瓶中並放入冰箱冷藏——杜松子酒司令！

### 博斯桶陳杜松子酒Bols Barrel-Aged Genever，
### 酒精濃度42％

這款輕盈且如微風般的杜松子酒中，柔和的薄荷與葡萄汁是最為鮮明的香氣。後方潛藏的是充滿

植物根與橡木調性，但桶陳過程似乎讓酒液變得更為澄淨。橡木風味入口後變得更持久不退，同時有柔和的紅色水果與單寧輔助廣度的擴張。時間漸長之後，橡木調性會變得更緊實，口感有微微的收束感。

### 波克馬舊式弗里斯切杜松子酒Bokma Oude Friesche Genever，酒精濃度38%

穀物風味在這款溫暖且帶有礦石調性的杜松子酒中，創下新的里程碑。黑麵包與堅果麥汁的風味讓香氣整體融合。在口中可嚐到草本與水果風味，甚至還有一點點鳳梨可樂達（Piña colada）的感覺？尾韻充滿溫暖的辛香料。

### 波克馬五年Bokma De Vijf Jaren， 酒精濃度38%

鮮美多汁且深邃。鏡面般滑亮的橡木、新鮮黑莓、桑椹酒與與焦糖烤布蕾。入口後帶有波本威士忌的風格，但森林水果的風味並未輕易散去。溫和且細緻，在有如古老的干邑白蘭地尾韻中，果乾漸漸變成果醬。

### 博斯穀類杜松子酒六年Bols Corenwyn 6 Year Old，酒精濃度40%

最先出現的是水蜜桃與香水般的香氣，還帶有一點如同粉臘筆、花朵的優雅調性。入口後的表現設計得相當美麗、平衡且飽滿，香甜且灼熱。一路從明亮的熱帶水果：芒果、香瓜；轉為焦糖布丁與麥芽發酵的風味。尾韻綿長而且該死地美味。

◀博斯的年分杜松子酒系列會用瓦罐裝瓶（上），未命名的酒款則是以玻璃瓶裝。

# STOKERIJ VAN DAMME

## 達美酒廠

1843年，比利時擁有四百五十五間農場蒸餾廠。對一名農夫而言，蒸餾烈酒是相當合理的方式，如此一來可以將夏季多餘的穀物，轉變成冬季必要的現金。河川與泉水在冬天也會製造出大量冰冷的水源，此時蒸餾廠的冷凝器也會更有效率，再加上沒有人會不喜歡冰霜寒冷的冬天能有一個炎熱的銅製壺式蒸餾器當作熱源。剩餘的穀物廢料還可以餵養農場裡的牲畜，也進一步有了隔年生產更多穀物農作必要的肥料。但是，自從十九世紀晚期大型杜松子酒蒸餾廠一一浮現之後，農場也一一退出這項事業。到了1913年，僅剩下二十四間農場蒸餾廠，今日的比利時與荷蘭已經沒有任何一間留下，但除了這一間。

達美酒廠（Stokerij Van Damme）位於比利時阿斯特（Aast）小鎮，此地大約距離布魯塞爾（Brussels）四十五分鐘的車程。這間農場與蒸餾廠成立於1862年，由一位遙遠的祖先盧多·蘭帕特（Ludo Lampaert）建起，自此這兒就一直為蘭帕特家族所有。2010年，達美酒廠被比利時政府列為國家遺產，雖然其外觀不過是一間滿漂亮的中型酒廠，裡面還有一間咖啡室與小小的訪客中心。

然而，其中一間穀倉便是蒸餾廠——與世界其他蒸餾廠都極為不同。踏進達美蒸餾間，就像踏進蟲洞，直接一路傳送到十九世紀中期。除了柱式蒸餾器，其他都是原本最初的設備，年代可追溯至一百五十年前。不過，原本的柱式蒸餾器最近退役後，就頹喪地倚在一旁穀倉的牆邊。整座蒸餾廠都是由火爐燃燒木柴與煤炭加熱一座已布上厚厚黑油的蒸氣引擎推動。引擎連接了一系列的巨大滑輪，牽動麥汁桶、發酵槽，甚至提供了一連串將液體推到不同階段的幫浦。只有燈泡與裝瓶產線依靠電力啟動。與所有傳統蒸餾廠一致，只有在每年11月到4月才會進行蒸餾工作。一般而言，盧多·蘭帕特與多明尼克·蘭帕特（Dominique Lampaert）平凡的一天都是從早晨五點開始，此時先餵養達美農場裡兩百頭牛，七點為訪客料理早餐，剩下的上午時光就

▼本書收錄了少數幾間農場蒸餾廠，但沒有任何一間像達美酒廠如此極致，這兒的牛甚至也參與了杜松子酒的製作過程。

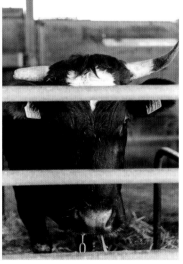

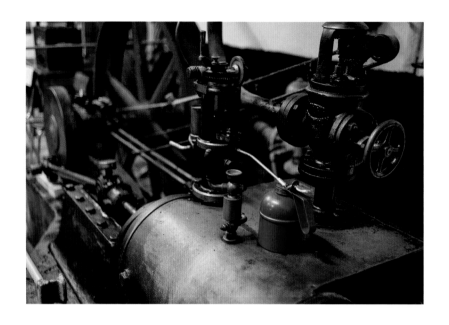

◀燃料蒸氣推動的蒸氣引擎提供了所有蒸餾廠所需的能量。

▶蒸餾廠中絕大多數的設備都有資格進入博物館。

進行訪客中心的清潔整理,接著整個下午就在蒸餾間進行麥芽糖化(mash)、釀酒與與杜松子酒的蒸餾。

　　他們的杜松子酒結合了裸麥與發芽大麥。裸麥全數在自家農場種植,但大麥則是購入,因為農場裡面沒有可以進行發芽的設施。總共三款的杜松子酒擁有不同配方,每一款的糖化配方也稍微不同,裝瓶的酒精濃度也分別取在相異的30%、41%、54%。蒸餾結束之後,酒液會先放入巨大的橡木桶中;容量介於4000至10000公升。此木桶也是最初一路留下的,經過如此長期的使用,早已過了「最佳賞味期限」,因此對於最終酒款的風味影響非常微小。此時,會添入微量的杜松子香精,但此動作是為了符合杜松子酒的法律規範,而非試著調整酒款風味。其實很像是這個類型很想變成威士忌,但始終擺脫不掉「杜松子酒」之名的束縛,所以不得已只好加入杜松子。

　　達美酒廠每年生產的杜松子酒數量為健康的五萬瓶,包括檸檬與櫻桃加味杜松子酒。再加上農場與訪客中心的額外收入,以及比利時政府的補助,前途似乎一片光明。蘭帕特有三個協助農場工作的女兒,目前尚未決定等他們退休之後會是由誰經營

蒸餾廠。對於年輕的比利時蒸餾師而言,蘭帕特三姊妹一定是全比利時最適合的結婚對象!

### 比利時Belgemsche,酒精濃度31%

　　嗅聞時,結合了溫暖與農場風味,類似乾草、青貯飼料與裸麥麵包,再加上強烈的草莓酯類與丙酮香氣。入口風味細緻、寬廣且擁有些許辛香料,尾韻有更多黏膠丙酮的味道,綿延不去。

### 比利時Belgemsche,酒精濃度41%

　　果香開始變成主調,但是風格倔強。超越單純果香之感。瀰漫著一股古怪的溶劑香氣,並帶有微弱的香蕉與紅色水果。入口後,意外地結構良好,有抓束感且炙熱。但實在很難忽視此酒款的粗獷感。

### 比利時Belgemsche,酒精濃度54%

　　三款中最精緻的酒款。聞起來比較中性,有白胡椒、柔和香草、黑醋栗與梅乾。酒精濃度如此高的狀況之下,口感意料之外地溫柔,帶有辛香料風味,但不澀口。

# USA
## 美國

　　列在菲律賓之後，全球最大的琴酒市場就是美國，光是2014年的銷售數字就超過一億兩千萬瓶。其中大約有三分之一都源自進口（絕大多數來自英國），對於國內生產者而言這是相當龐大的市場。施格蘭（Seagram's）是美國銷量最高的國產品牌，但其根源其實是加拿大的安大略（Ontario）。另外還有高登（Gordon's），如果各位是在美國購買一支高登琴酒，其裝瓶地點確實會在美國康乃狄克州，但蒸餾地則是加拿大。事實上，優質的美國琴酒品牌（土生土長的類型）在過去一百年來的路途相當顛簸，原本看似已然發展完善的產業卻驟然被禁酒運動粉碎，幾乎沒有任何生還可能。幸運地是，情況有了轉變，而且這股轉變是多麼巨大。

　　怎麼可能不轉變呢？畢竟，這個國家是由來自荷蘭、西班牙與英國的殖民者——全部都與杜松子飲品關係匪淺。杜松子酒是北美洲首批開始製造的烈酒之一，到了十九世紀，美國更是全球杜松子酒進口量最高的國家。當人們的口味變得比較不甜時，琴酒也隨之改變，而美國人將雪白的高調新風格打造成酒吧黃金時段的新寵兒。

　　接著，禁酒時期降臨。以小船與貨車運送非法進口琴酒，也為乘著月光的走私酒添加了更多品項。禁酒時期終於結束之後，人們對於走私酒品牌已經產生了忠誠，因此它們是最適合在美國土地設店的品牌。施格蘭與高登之所以能在1930年代打進市場，也還必須感謝禁酒時期。這些少數幾家蒸餾廠成為美國琴酒市場最骯髒的祕密；沒有任何人會承認美國當地正在製造琴酒，因為他們做出來的都不叫美國琴酒。

　　如今，美國琴酒的製造並沒有短缺的現象——喔，不。在本書付梓之際（2016年），美國工藝蒸餾廠的數量將攀升至一千間，回想十年前此產業掙扎的模樣，此數字實在不可思議。

　　除了產品本身的遍及散布之外，美國也將迎來琴酒風格逐漸成熟的時代。新西式干型（New Western Dry）的琴酒風格除了對於新入行琴酒蒸餾師而言是新的選項之外，此風格也同時改變了全世界琴酒製造的遊戲範圍，這個風格大聲清楚地宣布：「風味不是杜松子主導也沒關係。」以某種角度而言（包括定義合法的酒款），這些稱為琴酒的酒款有的根本不是琴酒。毫無疑問地，我們需要新的定義，更確定的是，美國需要發展出屬於自己的風格。在美國，只有大約12%的琴酒會做成琴湯尼享用（英國占74%），其他44%會純飲或做成調酒。既然這裡還沒有一種能解決一切需求的萬用酒款，那麼，也許需要的就是一種新的風格酒類。

▲美國與杜松子的關係歷史悠久。現代美國琴酒一方面朝著延續這段歷史關係的方向發展，例如紐約蒸餾公司（New York Distilling Company），另一方面也大步邁向更現代風格的道路。

# ANCHOR

## 海錨

對於美國琴酒市場而言，海錨的酒款「胡尼佩羅」（Junípero）幾乎是耶穌再度降臨──差不多就是英國的米勒或黑木。而且，就像這些酒款的命運，胡尼佩羅也變得如同殉道烈士，讓其他品牌帶著琴酒所傳遞的訊息，繼續進行它在1990年代晚期發起的重要任務，而它自己，則在局外看著一切（滿心困惑地）。

酒款胡尼佩羅由海錨蒸餾廠製作，其背後擁有位於加州波特雷羅山（Potrero Hill）的海錨啤酒公司支持。這間啤酒廠的源頭可以回溯至1890年代，最知名的的品牌可能就是「蒸氣啤酒」（Steam Beer）。早期發展時期其實對於海錨並不友善，兩位擁有者相繼在1906與1907年猝逝，1933年還遭逢一場大火，隨後經歷了無數次搬遷與動盪。接著，1950年代海錨推出的全風味風格啤酒，但市場反應極糟。1965年，海錨終於從即將關閉的命運中被拯救，當年弗雷德里克・路易斯・美泰克三世（Frederick Louis Maytag III）買下了這間公司。1979年，海錨最後一次搬遷到了現今廠址，蒸餾廠接著在1993年成立。海錨蒸餾廠最早製作的酒款是裸麥威士忌，名為「波特雷羅」，接著就是1997年推出的琴酒「胡尼佩羅」，酒名引用了方濟修士聖胡尼佩羅・塞拉（Saint Junípero Serra）之名，其為舊金山與加州歷史相當重要的人物。

胡尼佩羅那種強調杜松子風味的堅定不妥協幾乎可以稱為自負。另外，負責輔助杜松子的植物約有超過十種都是不公開的祕密，但這場風味比賽的冠軍是誰無庸置疑。

### 胡尼佩羅Junípero Gin，酒精濃度49.3%

展現了杜松子許許多多的面相，從帶花香的薰衣草，到溫暖的聖誕樹，甚至還有些許皮革的氣味。不過，也不是只有杜松的風味；背後也藏有碎

▲它看起來比較像是一支葡萄酒或是白蘭地，而非頂級琴酒，但毫無疑問地，不論是聞起來或嚐起來它都是十足的琴酒。

薑的香氣，以及類似鼠尾草或迷迭香的溫暖苔蘚調性。柑橘調性在嗅聞時有些拘束，但在酒精攻擊舌頭時，柑橘調性發揮了清新的作用。尾韻綿長且帶有辛香料，同時伴隨杜松子反覆現身。做成馬丁尼會有點過頭，做成琴湯尼就好。

# AVIATION

## 飛行

知道瑪格麗特（Margaritas）調酒與琴酒酒款「小雛菊」（Marguerites）差異的你，想必已經發現這款琴酒與經典琴酒調酒擁有相同的名稱。淡淡的紫羅蘭花色與令人心曠神怡的柑橘風味，調酒飛行擁有一巴掌重整你的神經的能力。調酒飛行的第一份酒譜源自1916年，當時正值禁酒運動興起，而這款調酒使用干型琴酒、檸檬汁與紫羅蘭利口酒（crème de violette）。但還沒有時間發展出足夠的愛好者時，1920年的禁酒時期便展開了，調酒飛行變成有點被遺忘的經典調酒，而紫羅蘭利口酒也從酒類專賣店的架上消失。1948年出版的《調酒的藝術》（*The Fine Art of Mixing Drinks*）中，作者大衛・恩布理（David A. Embury）列有調酒飛行，但此時的利口酒已經換成了櫻桃利口酒，不用說，這款調酒的境遇與原本大不相同。直到2007年，終於在長長的假期過後，紫羅蘭利口酒回歸，而我們也終於可以再次重現調酒飛行。

在紫羅蘭利口酒重返舞臺的前一年，飛行琴酒品牌便在美國推出，聽起來似乎有些巧合。飛行琴酒的創始人是調酒師萊恩・馬加里安（Ryan Magarian），但飛行琴酒的誕生還須感謝萊恩與波特蘭的豪斯烈酒蒸餾廠（House Spirits Distillery）——調酒師與蒸餾廠之間第一次有類似的關係是在……萊恩當時正在尋找一種更適合混調的新琴酒風格，他希望這種琴酒可以用在其他不是馬丁尼的調酒。沒有這種琴酒存在，所以他們開始發展這款琴酒，最後為它取名為萊恩喜愛的調酒飛行。

飛行琴酒的植物（杜松子、芫荽籽、洋茴香籽、綠豆蔻、薰衣草花、洋菝葜〔sarsaparilla〕與甜橙皮，順序非特定）會先全部浸泡在中性烈酒，並在蒸餾之前將固體原料濾出，以容量為1500公升的不鏽鋼製壺式蒸餾器蒸餾。所有酒款都在廠中裝瓶，而且這個酒瓶真美！如同裝飾藝術一般，這款酒的包裝也許是琴酒中我最愛的一款。

從第一天起，每次聊到關於這款琴酒杜松子所扮演的角色（或缺席的角色）時，他們始終自信滿滿。萊恩表示，「植物民主」，而杜松子不再扮演風味的獨裁者。現在聽起來很稀鬆平常，但在2006年，飛行琴酒引起了不小的爭議。我記得我第一次品飲這款琴酒時，便用十分輕蔑的態度說，「這不是琴酒。」而到了2016年，某些琴酒酒款已經是勉強帶有一絲杜松子氣息，在這樣的琴酒背景之下，飛行琴酒已經算是經典琴酒。在某些琴酒圈中，杜松子快速地退到了遙遠的後方；某些圈子中的杜松子甚至已經不見了。現代琴酒投入了新的風味陣營，例如花香、辛香料、草本與甚至是果香。傳統類型中一度不受歡迎的風味，如今已經成為一個流派。新西式琴酒（此詞由萊恩・馬加里安最早提出）是不容我們忽視的類型，它代表的也是保存「倫敦干型琴酒」還留有的些許完整性。該死的——也許現在講保存為時已晚。

### 飛行美國琴酒Aviation American Gin，酒精濃度42%

聞起來魁梧且圓潤，帶有似乎要將其他一切吞沒的草本調性。幾次嗅聞，會找到薰衣草的氣味，如同化妝品的粉撲，伴隨些許洋菝葜色調。嚐起來有點疲軟——不集中且模糊。當紫色色調退卻之後，會留下宜人的辛香料與短暫浮現的杜松子。很適合做成拉莫斯琴費茲（Ramos Gin Fizz），酒中的花香能凸顯這款調酒的鮮奶油調性。

▲飛行琴酒打響的名號比較像是美國琴酒風格，而非酒款本身。

# DEATH'S DOOR
## 死門

威斯康辛州、華盛頓島與鄰近島嶼相隔主島多爾郡（Door County）的是大約7英里的水域，被稱為「死亡之門通道」（Death's Door Passage）。這個名字的歷史可以追溯到一支大約三百名印第安人組成隊伍，試圖以獨木舟穿越暴風雨的那夜。他們都不幸喪生了，因此開啟了此水域充滿了惡靈的傳說。死門蒸餾廠成立於2005年。那年，布萊恩·艾利森（Brian Ellison）與農業兄弟湯姆·科延（Tom Koyen）和肯·科延（Ken Koyen）在島上啟動了永續農業計畫。2005年，他們種植了兩公頃特定品系的硬冬小麥（hard winter wheat），也對水進行了測試，看看是否還有發展新農業的空間。他們原本打算將小麥製成麵粉，但他們引起了華盛頓島首都啤酒廠（Capital Brewery）的注意，啤酒廠開始與艾利森合作，利用穀類製造小麥啤酒。艾利森認為啤酒製作只是計畫的一半，並開始到密西根州立大學（Michigan State University）修習蒸餾課程。而他也在那兒遇到了未來的死門蒸餾師約翰·傑佛瑞（John Jeffery），約翰當時正在修讀食品科學，專長為發酵與蒸餾，在撰寫論文的過程也會諮詢死門。

十年過去了，華盛頓島上已經至少種植了485公頃的小麥。死門還有了一間升級過的新蒸餾廠。而且，他們是玩真的。廠中有一座9公尺高的柱式蒸餾器負責中性烈酒的生產（使用經過有機認證的華盛頓島「硬紅」冬小麥），還有一個容量為2000公升的壺式蒸餾器，用於製作琴酒。死門蒸餾廠每年能夠製作二十五萬箱的烈酒，所有酒款都精心設計，而且外觀精美。

以來自當地的植物忠實地反映四周環境，這種琴酒十分罕見。但死門希望的正是利用杜松、芫荽與茴香得到此目標。杜松子來自華盛頓島，而茴香與芫荽則源於威斯康辛州——我想，他們也一定正在島上努力地種植這些植物。

### 死門Death's Door，酒精濃度47％

涼爽、綠色的杜松子風味，就像是薄荷與松木。入口後植物們都很快地現身。杜松子如揮鞭般出現，伴隨柔和與綠色調性，接著是龐大的辛香料芫荽爆發。尾韻翠綠、新鮮，洋茴香與茴香的風味持續。試試2：1：1的內格羅尼（琴酒比例較高），金巴利香甜酒（Campari）與苦艾酒試圖與之抗衡時，十分令人驚豔！

▶很少有蒸餾廠可以如同死門這般，致力於展現當地環境。

# FEW

## 珍稀

　　珍稀蒸餾廠位於伊利諾州艾凡斯頓（Evanston）芝加哥大街（Chicago Avenue）918號。艾凡斯頓是一座幾乎與禁酒運動畫上等號的小鎮。當地進入半禁酒的狀態早在1850年代就開始了。1855年成立的西北大學（Northwestern University）自願擔任維護學生的道德以及和基督的連結，2月14日他們修訂了大學章程，規定：

　　　「無論持有執照與否，不得在大學方圓4英里（6公里）之內販售烈酒、葡萄酒或發酵液體……除非藥用、機械設備使用或聖禮用途，每項違規應處美金二十五元的罰款。」

　　因此，1920年於美國全境實施的第十八條修正案禁酒令通過時，艾凡斯頓幾乎沒有產生任何變化。1933年廢除禁酒令時，艾凡斯頓於1934年投票決定維持4英里無酒精區，直到1972年，才終於允許酒類以玻璃瓶販售。

　　美國基督教婦女禁酒聯會（Women's Christian Temperance Union）自1910年根植於艾凡斯頓。據說，他們的創始人之一，法國人選舉權的伊麗莎白·威拉德（Elizabeths Willard），也許將她的名字首字母借給了珍稀烈酒公司（FEW Spirits Co.），但品牌擁有者保羅·赫萊特科（Paul Hletko）聲稱這只是巧合。我懷疑有一定程度的引用。美國基督教婦女禁酒聯會如今已成為全球運作，但其總部仍在艾凡斯頓，我不認為他們會希望創始女英雄之一的名字縮寫放在酒瓶上。

　　保羅將蒸餾廠的名稱取為珍稀的真正原因，是因為艾凡斯頓在歷史過程中的酒精實在太少，他的蒸餾廠很小、產品也很少。在建立珍稀蒸餾廠之前，保羅這一生都是傑出的家庭釀酒師。他的捷克家庭在前捷克斯洛伐克（Czechoslovakia）擁有歷史悠久的啤酒廠經營。他的工作是專利律師，此背景想必在試著於美國最缺酒精的城鎮之一申請蒸餾許

可證時，派上用場。為此他參加了總共十五場聽證會，終於在2011年修法之後，執照許可核准了。

　　珍稀蒸餾廠有製作威士忌與琴酒。玉米、小麥和大麥會在廠內進行糖化與發酵，接著再蒸餾成酒精。他們擁有的設備包括一臺柱式精餾器加裝在一臺350公升的壺式蒸餾器，這是美國威士忌經典的配置，另外還有一臺150公升的壺式蒸餾器用於製作琴酒。但兩臺都無法製造純正的酒精濃度96％中性烈酒精。因此，這裡的琴酒用的就是「白威士忌」，而這樣的風味也被保留在最終的琴酒九款中。

　　珍稀蒸餾廠有三個琴酒酒款。美國琴酒，使用大溪地香草和保羅自家種植的啤酒花，再加上其他常見的琴酒植物。標準問題（Standard Issue）就是上述酒款的海軍強度版本。最後是桶陳琴酒（Barrel Gin），這款琴酒的杜松子風味濃厚，並在22公升的美國橡木桶裡經過四個月的桶陳。

### 珍稀美國琴酒Few American Gin，酒精濃度40％

　　最初嗅聞如同未經過桶陳的威士忌，擁有穀物調性，並發展成柔軟的蘋果、扁桃仁膏與柑橘風味，再加上些許發酵香氣。不過，後面還有幽微的甜杜松子香。入口之後相當奇異。由胡椒調性的穀物風味開頭，發展成鹹鮮的肉豆蔻與番紅花特質，接著投入更傳統的琴酒領域。很適合做成馬丁尼茲，或是荷蘭的潘趣（Holland's Punch）。

### 珍稀桶陳琴酒Few Barrel Gin，酒精濃度46.5％

　　從杯中散發出香甜如甜點般的香氣。風味包括如漆面雪松與高山樹木屑，接著是碎肉豆蔻與丁香。嚐起來也有厚重的肉豆蔻；帶有微微的辛香料與甜味，並發展成香草，伴隨松木調性強烈的杜松風味進入尾韻。這是標準的桶陳琴酒。純飲，或是添加一點點氣泡水。

# LEOPOLD'S

## 里奧波德

2009年，陶德‧里奧波德（Todd Leopold）與史考特‧里奧波德（Scott Leopold）在密西根州的安娜堡（Ann Arbor）成立一家精釀啤酒廠。幾年過後，他們又增建了一座微型的蒸餾廠。1996年陶德取得了發芽與釀製（Malting and Brewing）的碩士學位，隨後花了數年時間於多間德國啤酒廠實習。接著，他進入一間位於肯塔基州的蒸餾學校（是的，的確有這種學校存在）。史考特‧里奧波德則是為公司尋找永續的元素，他曾是一名環境工程師，因此蒸餾廠裡的所有要素都設計得盡可能達到碳中和。啤酒廠與蒸餾廠也因為他們的「生態友善」而聞名，其中包括使用有機穀物，以及高效管理廢水。

後來，蒸餾廠搬到了科羅拉多州的丹佛，原本蒸餾廠的運作便關閉了，而啤酒釀造的營運自此全面停止。今日，里奧波德兄弟（Leopold Bros）是一處占地1.5公頃的龐大建築群。蒸餾間裡裝有七臺蒸餾器，其中包括一個製作中性烈酒的柱式蒸餾器，一個可容納2000公升的木桶，以及最令人印象深刻的是，一間全北美洲蒸餾廠最大型的地板發芽間。

當然，對於生產幾瓶琴酒而言，這規模有點太龐大了——兄弟倆每年只生產五十箱琴酒！但除了琴酒，此處另外還有製作其他二十多種產品。多元、創新、永續與環保意識。有理由能不愛他們嗎？

里奧波德擁有兩款琴酒，「美國小批次」（American Small Batch）與「美國海軍強度」（Navy Strength American）。兩款琴酒的植物浸泡與蒸餾都是分開獨立進行。這是琴酒製作越來越常見的方式，陶德解釋，「當植物一起煮沸時，某些植物會煮過頭，導致萃取出類似單寧的風味，琴酒會被這類風味掠奪抽乾，同時，其他植物則還尚未完全展現其風味。」標準的「美國小批次」酒款中，陶德使用杜松子、芫荽籽、柚子、鳶尾根與晚崙西亞橙（Valencia oranges），以及另外四種未公開的原料。這些公開的植物似乎都能閃耀其風味。「美國海軍強度」這款琴酒則極為稀有，植物配方力道更強更濃縮，包含杜松子、芫荽籽、豆蔻與佛手柑皮。

### 里奧波德美國小批次Small Batch American Gin，酒精濃度40％

聞起來柔潤，並帶點甜點與麵包調性。接著由森林林地、豆蔻、綠色松針與一些木質調草本風味。入口後澄淨且翠綠，有優質柑橘調性，以及溫和的胡椒尾韻。我喜歡以此酒款做成琴費茲（Gin Fizz）——柑橘風味會因為較鹹鮮的元素變得柔和。

▶ 出了美國，並不太容易看到里奧波德的酒款，所以有機會一定要嚐嚐。

▶ 新的里奧波德蒸餾廠擁有巨大生產能力，並以工藝模式營運。他們沒有做更多琴酒酒款實在太可惜了！

# NEW YORK DISTILLING CO.

## 紐約蒸餾公司

　　我第一次前往紐約蒸餾公司是2012年與妻子的度假期間。我們約了與琴酒大師安格斯・溫徹斯特（Angus Winchester），也就是我們的好朋友在布魯克林一間叫做棚屋（The Shanty）酒吧碰面。我們叫了一輛計程車，車子把我們送進了一個看起來很陰暗的小巷，我們急忙朝著發出光的倉庫門走去。進去之後，小酒吧的模樣變得清晰，四周傳來忙著調製一杯杯酒的聲音。然後，我們看到右手邊有兩扇巨大的窗戶，令人驚訝的是，窗外是一間巨大的蒸餾廠。

　　紐約蒸餾公司由湯姆・波特（Tom Potter）創建，他也是布魯克林啤酒廠（Brooklyn Brewery）的共同創始人，以及東岸精釀啤酒兄弟會（East Coast craft brewing fraternity）的元老之一。2000年代中期，波特出售了自己在布魯克林啤酒廠的大部分股

權，開始計畫一個和緩的退休流程。但是，工藝蒸餾領域正急速發展，在參觀了西海岸許多蒸餾廠之後，他開始計畫在紐約開設自己的蒸餾廠。波特、他的兒子比爾（Bill），以及知名的烈酒教育家艾倫・卡茲（Allen Katz）三人共同合作，卡茲後來成為紐約蒸餾公司的首席蒸餾師和負責人。

　　這間蒸餾廠製作兩種琴酒，以及一種以裸麥為基底的杜松子風格烈酒，此酒款的範本就是1809年的配方「荷蘭琴酒」（Holland Gin）。這款琴酒與烈酒歷史學家大衛・溫德里奇一起開發，正是溫德里奇在山謬・麥克哈利（Samuel McHarry）的《蒸餾師實用手冊》（The Practical Distiller）中發現了此配方。第一支以此製作出的琴酒名為「桃樂絲帕克」（Dorothy Parker），桃樂絲是一位紐約客，以幽默機智而成為1920年代最受歡迎的名人之一。她最為傳頌悠久的評論就是與馬丁尼有關，而且這句話也完全解釋了為何會選擇將她的名字標在酒瓶上：「我喜歡馬丁尼，最多兩杯。三杯後倒在桌子下，四杯後就倒在主人懷裡。」

　　杜松子最鍾愛的夥伴——芫荽籽與歐白芷，而少了這兩位夥伴的琴酒我僅能想得到桃樂絲帕克。令人高興的是，即使少了它們依舊可以做出美味的琴酒，其中包括杜松子、接骨木莓、乾燥木槿花、檸檬皮、葡萄柚皮和肉桂，這些就是讓這款琴酒如此美味的風味之選。

　　培里陶德是第一款美國海軍強度琴酒。它以布魯克林紐約海軍造船廠（New York Navy Yard）的海軍准將馬修・佩瑞（Matthew C. Perry）命名。配方為更經典的植物：杜松子、橙皮、檸檬皮、葡萄柚皮、芫荽籽、歐白芷根、肉桂、茴香、豆蔻與來自紐約北部的野花蜂蜜，這是市面上最棒的超量酒精濃度琴酒之一。

　　戈瓦努斯酋長（Chief Gowanus）代表了十九世

紀早期某種在布魯克林醉酒的精神。這款琴酒由裸麥威士忌作為基底（類似麥酒），再以「幾鑣杜松子與一點啤酒花」再蒸餾。此款琴酒以美國原住民卡納西（Canarsie）的酋長名字命名，正是這位酋長將之後的布魯克林區賣給了荷蘭人。

### 桃樂絲帕克Dorothy Parker，酒精濃度44％

興奮愉快的杜松子首先從這款活潑的琴酒跳出。其中也帶有草本調性，再加上迷人的橡膠／乳膠特質。入口後有絕佳的杜松子的表現，酒精也隨之停留了一段時間。也許還有一絲肉桂香、一抹葡萄柚香與一點木槿花香。這款琴酒熱愛做成調酒。

### 培里陶德Perry's Tot，酒精濃度57％

聞起來驚人地令人放鬆，但這讓人感到更擔憂。蠟燭香、麵包屑與許多大地辛香料：蒲公英根與歐白芷。藥草味。嚐起來厚重且結構良好。首先以胡椒調性的杜松子堆疊，接著是些許桂皮、肉豆蔻、葡萄柚皮、類似茉莉花香與芫荽籽。做成馬丁尼很美味。在家可以做成琴蕾（Gimlet）。

### 戈瓦努斯酋長Chief Gowanus，酒精濃度44％

濃烈且充滿麥芽香，這款古老的杜松子風格酒有明確的麥芽麵包、粗黑麥麵包、菸斗菸草、皮革與啤酒花……再加上杜松子在其間的穿梭挑釁。口感厚重且鮮活。木桶的特質潛入，提供了一抹焦糖、薄荷菸草與石榴糖漿。可以試試把它做成潘趣，或是如果可以承受的話，可以只加冰塊品飲。

# ST. GEORGE SPIRITS
## 聖喬治烈酒

聖喬治烈酒建立在舊金山灣阿拉米達島（Alameda islan）上，此地之前為阿拉米達海軍基地。該蒸餾廠成立於1982年，是本書最古老的新潮流「工藝」蒸餾廠。蒸餾廠的長期員工具蘭斯・溫特斯（Lance Winters）於2010年接管了此公司，並於2013年推出了三款琴酒。這款琴酒的第一印象就是酒標長得很像美金鈔票，這是一種巧妙的潛意識行銷。其中的兩款琴酒的風格很現代，這兩款酒分別是「風土」（Terroir）與「植物食客」（Botanivore）；第三款「干裸麥」（Dry Rye）則比較像反映了十七世紀人們的口味。所有聖喬治琴酒都以1500公升的壺式蒸餾器製作，並且常常結合不同蒸餾方式，在某些情況下，還會混合使用蒸氣浸潤。

「風土」這款琴酒酒是聖喬治特別獻上的「舊金山金州頌」。這款酒將道格拉斯冷杉、月桂樹和鼠尾草結合在一起，反映蒸餾廠附近森林和植被的氣味，還有另外九種植物，其中包括似乎能捕捉環境風味的「鍋炒芫荽籽」。這款琴酒進行了兩次蒸餾：一次是道格拉斯冷杉與鼠尾草的蒸餾，另一次是其餘植物的蒸餾（包括月桂葉和杜松子）。

「植物食客」代表的就是大自然的自然消化器。此款琴酒使用十九種植物，其中最值得注意的是新鮮芫荽、啤酒花、蒔蘿籽、茴香籽、葛縷子、薑和月桂葉。這款琴酒以一次蒸餾完成，就像是風土那款琴酒，將杜松子、月桂葉與芫荽葉（香菜）倒入植物籃中，利用蒸氣浸潤萃取風味。

「干裸麥」使用百分之百壺式蒸餾過的裸麥（一種未經桶陳的裸麥威士忌或「白狗」〔white dog〕）製成，加入六種植物後進行再蒸餾，強化的風味為杜松子。此風味可謂是火力全開，聖喬治的形容最為貼切，「這是一款獻給威士忌愛好者的琴酒——也獻給所有琴酒狂，只要你們不介意麥芽與溫和裸麥一起上了杜松子的烤架。」聽說聖喬治的

風土琴酒為現代新西式琴酒樹立標竿。由於我一直力求保持品飲筆記的客觀，但的確為這間蒸餾廠感到驚訝，聖喬治絕對能列入全球最棒琴酒行列。

### 聖喬治風土St. George 'Terroir'，酒精濃度45%

聞起來帶有鮮活的焚香調性，源自於縈繞的鼠尾草；辛香料風味，但同樣也具備果香與香甜的花香。一會兒之後，變成更綠，如同愛爾蘭的苔蘚。還有幽微的熱帶水果發酵味。嚐起來一開始為不甜且具有辛香料調性，逐漸飄向白堊土與海洋的調性，似乎還帶有些許鹽分。令人印象深刻的蒸餾琴酒。純飲或是自冰塊上方直接攪拌倒入杯中，再淋上一點你最愛的蜂蜜。做成琴湯尼會有點太強烈。

### 聖喬治植物食客St. George `Botanivore'，酒精濃度45%

潮濕的青草與充滿霧氣的早晨。溫暖的乾草、飄來些許茴香、乾燥辛香料與一點明確的啤酒花風味。嚐起來有更多果香，伴隨與明亮草本風味搭配得宜的酒精灼熱感。有黑胡椒、肉桂、柑橘與一閃而過的啤酒花。做成極冰的1:1的琴湯尼很不錯，可搭配葡萄柚皮裝飾，然後別喝太慢。

### 聖喬治裸麥St. George 'Dry Rye'，酒精濃度45%

嗯，這是不太一樣的東西。厚實的西洋梨糖果主導，再添加一點炙熱的辛香料——葛縷子與茴香籽。其中也有堅果與麥芽的特性，但果香龐大，不過依舊澄淨且新鮮。各種植物的風味在入口後持續綿延，油滑且鮮美多汁。些許杜松子調性被溫潤的辛香料一掃而過，再加上更龐大的裸麥風味現身——彼此爭奪著風味光譜的表現相當優秀。做成馬丁尼茲令人驚豔——兩份裸麥琴酒、一份甜苦艾酒，再加上些許你最愛的苦精。

# GINEBRA SAN MIGUEL, PHILIPPINES

## 菲律賓，琴聖麥格

說到菲律賓馬尼拉（Manila）也許第一印象不會想到琴酒，但一種叫做「琴聖麥格」（Ginebra San Miguel）的當地杜松子果汁，極其受歡迎。

杜松子果汁自1834年便在此出現，當時為西班牙持有的阿亞拉蒸餾酒與利口酒公司（Destileria y Licoreria de Ayala y Compañia）創立，並在1924年被現今的擁有者唐德納公司（La Tondeña）買下。聖麥格（San Miguel）其實是全菲律賓最龐大的公司，通常每年會生產2億公升的琴酒（Ginebra）。它也因此成為全球目前最巨大的琴酒品牌，排名第二的高登每年生產體積只有聖麥格的大約六分之一。琴聖麥格的琴酒產量大約將近全世界總產量的50%，烈酒產量則大約占1%，對於幾乎出了菲律賓就很難見到的琴酒而言，這數字真的很不錯。

琴酒之所以可以在菲律賓如此成功且流行，背後的原因很多。首先就是烈酒的賦稅很低，1公升琴酒的賦稅與1公升啤酒差不多，酒類專賣店會如何決定便顯而易見。低稅也代表製造商擁有較高的收益，在行銷與廣告封面的預算就可以多分一些。琴酒的廣告幾乎遍及菲律賓全境，從棒球與足球遊戲，到雜誌及連續劇。不得了，聖麥格還擁有一支籃球隊，巴朗加國王隊（Barangay Gin Kings）。

馬尼拉日常夜晚的街道上，就有一桶桶裝滿「琴波」（Ginpo）的景象，這是一種頗為美味的飲料，混合了琴酒與泡粉製成的柚子果汁，再以大量的碎冰裝成一杯。另一種版本則是換成鳳梨汁，在一切聽起來實在過於美好時，就會出現某些實在該被淘汰的調酒，這款名列我嚐過最噁心的飲料之一，它以琴酒、啤酒與薄荷糖做成，但它喝起來並不像有加啤酒。記得，在菲律賓的習俗是一瓶新的酒要把第一杯灑在地板上，以示對祖先的尊敬。雖然現在這種習俗已經比較少見，但如果真的人人如此貫徹實行，那麼根據簡單的數學估算，每年倒在菲律賓地板上的琴酒，正是一座西方中等規模蒸餾廠的年產量，例如亨利爵士。

▶ 聖麥格集團位於菲律賓馬尼拉的企業中心，掛著許多該公司的食物與飲品廣告。除此之外，琴聖麥格已經與此國家彼此交織。琴聖麥格甚至擁有自己的籃球隊與媒體網絡。

# 琴調酒

## GIN COCKTAILS

# DRY MARTINI
## 干型馬丁尼

關於馬丁尼的二三事，

些許刺癢但忘不掉的快意；

圓潤醇香的黃色馬丁尼；真希望現在就能來一杯。

關於馬丁尼的二三事，

晚餐之前，舞步踏起，跟你說說實話吧，

這不是苦艾酒，我猜它可能是琴酒。

〈一杯藏著什麼的酒〉（A Drink With Something In It）──奧格登・奈許（by Ogden Nash）

45毫升　坦奎利十號（Tanqueray Ten）
10毫升　多林干型苦艾酒（Dolin Dry Vermouth）

* 將原料放入冰鎮過的攪拌杯（保持冰凍般的低溫），以大量冰塊攪拌至少九十秒鐘。倒入冰鎮過的馬丁尼杯或寬口杯（coupe）。
* 這款調酒分量相對少。但我個人認為這樣遠遠更好，讓一切維持應有的文明，馬丁尼也可以維持冰涼。整杯享盡最好不要超過五分鐘，這也多出了許多再叫下一輪的時間。

能在任何情境中完美結合兩種原料，如食物、飲料或其他東西，都是值得頌揚。就馬丁尼而言，顯然我們已經達到這個目標了。大多數人都知道這款調酒在文化上的重要性，但只有少數的幸運兒才能體會這款酒究竟是何等天才的傑作。一杯好馬丁尼要濃烈但細緻、複雜但乾淨、冰涼但辛辣。而最重要的，或許是那種能在簡練之中找到的美。一杯馬丁尼不能（也不該）被細細品味。如果要正確享受它，要麼是一口喝下，要麼就是連碰都別碰。入口要迅速，否則就會永遠失去那轉瞬即逝的冷冽，而這正是能軟化酒精感、強調柑橘風味，並使酒液在口中的質地變得濃厚的關鍵。

馬丁尼的歷史十分混亂，往往也自相矛盾。干型馬丁尼本質上是馬丁尼的變奏曲，於1890年代首次登場。馬丁尼本身幾乎與馬丁尼茲（Martinez）調酒一模一樣，而之所以會改名為馬丁尼，可能

是為了表明當時在酒譜中使用的是馬丁尼牌苦艾酒。十九世紀晚期的酒譜書籍很少同時列出馬丁尼和馬丁尼茲，許多人也因此認為它們就像是連體雙胞胎──擁有不同的名字，卻以同樣的方式製作。1884年的馬丁尼茲實際上是以琴酒為基底的曼哈頓（Manhattan），由兩份義大利苦艾酒（Italian vermouth）及一份老湯姆琴酒、苦精（bitters）和一點點糖漿調成。在1890年代亮相的馬丁尼也是同樣的作法，而大部分都是用甜的苦艾酒和老湯姆琴酒。

那個年代的其他酒款都想過使用干型琴酒和法式（干型）苦艾酒。1904年出版的酒譜「小雛菊」（Marguerite）特別指出要使用普利茅斯琴酒（Plymouth），並與同等分量的法式苦艾酒、庫拉索橙酒（orange curaçao）和柳橙苦精混合。接著又有了選擇甜苦艾酒的賽馬俱樂部（Turf Club，首次

於1880年代出現），然後是哈利・強森的「馬丁」（Martine）——這名字可能是因為拼錯了馬丁尼（Martini）或馬丁尼茲（Martinez）才誕生的！整個世界要等到1900年代早期，才出現我們認得出來的干型馬丁尼：比爾・布斯比的《世界飲品及調製》（1908年出版）使用了同等分量的法式苦艾酒和「干型倫敦琴酒」與柳橙苦精，配上一小片檸檬皮與一顆橄欖作為裝飾。在布斯比的著作出版前，還有其他書也提到了這種酒，但布斯比的是第一個我能找到以現代風格使用法式苦艾酒和干型琴酒的酒譜。他也收錄了一份「吉布森」（Gibson）的酒譜，內容完全相同，但沒有使用苦精。有趣的是，我們現在會將配上銀皮洋蔥的干型馬丁尼稱為「吉布森」，但布斯比的吉布森使用的是橄欖。

和後續出現的干型馬丁尼相比，布斯比的干型馬丁尼甚至都沒那麼「干」了。琴酒和苦艾酒的比例逐漸增加，代表這款酒飲隨著時間演進變得越來越烈，也越來越不甜。當馬丁尼的干型特質在1950年代達到巔峰——只要瞥一眼苦艾酒酒瓶就夠了，或是以邱吉爾喜歡的說法：「打通電話到法國。」——其冷酷的性質對頑強生意人的決心來說，是個完美的考驗。有人想來頓三杯馬丁尼的午餐嗎？當然。

當伏特加接掌大位、琴酒逐漸凋零之時，傳統的風味也漸漸遠去。不過，馬丁尼並沒有被徹底忽視，在1980年代起死回生（奮力掙扎、大吵大鬧），當時只要是裝在馬丁尼杯的調酒都會被稱為「○○○（風味名稱）馬丁尼」——諷刺的是，這些酒裡通常就是沒有琴酒和苦艾酒！

如今，調酒文化已確實地回到正軌，調酒師再次回顧了馬丁尼的故事，並向這款最神聖的調酒獻上敬意。我花了許多時間思考讓這款看似簡單的酒飲如此難以調製完美的諸多變數。而真相是，每個人都能找到那杯完美的馬丁尼，但困難之處在於要如何找出你心目中的那一杯。也許正是因為如此，馬丁尼才禁得著時間的考驗。與其說它是一種酒飲，不如說它是一種概念，準備好要依照每位酒客的需求量身定制。請一位調酒師為你調製馬丁尼時，你就會被反問至少五個問題。如果調酒師沒問你，那就離開那間酒吧。

有幾個觀察心得是我認為值得與你分享的。願不願意接受都可以，因為這些心得並非真理，只是來自一位飲用、思考馬丁尼多年的人的一些見解。

別假定越干的馬丁尼越好——我的甜蜜點落在3：1和6：1之間（琴酒比例較高）。使用乾的冰塊（意即最好是直接從冷凍庫拿出來的冰塊），否則酒液會變得太稀，也會有點疲軟。不過稀釋的程度還是要足夠。喝一杯馬丁尼不該是件苦差事。一般而言，馬丁尼需要經過九十秒的攪拌，以盡可能達到最佳溫度，過程中也會稀釋酒液。令人訝異的是，馬丁尼很難因為攪拌過久而稀釋過頭，因此慢慢來吧。如果你喜歡，也可以用搖的，這個方法確實也會快上許多。別在裝飾上想破頭。我認為馬丁尼是否需要裝飾是可以辯論的問題，但一小片檸檬皮或一顆橄欖就很好了——大家都知道我常說一大片檸檬皮比搖酒器更能毀掉一杯馬丁尼。

就稱之為迷信吧，因為我無法用異端邪說這麼高貴的詞語來稱呼這個想法：
馬丁尼不可以用搖的。真是胡說八道。
這完美的事物由琴酒與苦艾酒構成。兩者皆是自信自立的酒、牢靠，有著不屈的心。
我們不需要待它們如同鴝鳥的蛋。根本無須在意馬丁尼是用搖的還是攪拌的。
重要的是是否有碎冰掉入酒杯中，而我猜正是從這小小事實的種子，
孕育出了那荒誕的想法：我們必不得「讓琴酒碰傷」。

——伯納德・迪維托（Bernard de Voto），《歡樂時光：一份調酒的宣言》（*The Hour: A Cocktail Manifesto*）

# GIN & HOMEMADE TONIC

## 琴湯尼

自製通寧糖漿製作

| | |
|---|---|
| 1公升 | 水 |
| 60公克 | 磨細的金雞納樹皮 |
| 30公克 | 葡萄柚皮絲 |
| 3公克 | 磨碎多香果 |
| 3公克 | 粉紅胡椒粒 |
| 15公克 | 檸檬酸粉 |
| 3公克 | 鹽 |
| 1公斤 | 糖 |
| 100毫升 | 伏特加 |

★ 2公升的通寧水，足以製作40杯琴湯尼。

* 在一個加壓鍋中裝加入水、金雞納樹皮、葡萄柚皮、磨碎多香果與粉紅胡椒粒，密封之後加熱至製造商說明書上寫的最高壓力。二十分鐘之後，讓壓力釋放，並以平紋細布將液體濾出，盡可能除去所有沉積物。

* 將濾出的液體置於冰箱冷藏六小時，接著小心地將它倒進一只乾淨平底深鍋，鍋裡不帶有任何不可溶的物質。小火加熱並加入檸檬酸、鹽與糖。當液體澄淨之後，離火。

* 最後，加入伏特加，此步驟並非必要，但能讓糖漿的保存期限拉長一倍（任何冰箱冷藏的糖漿也很適合添加）。

★ 製作琴湯尼時，建議琴酒與糖漿分量相等，最後再加入一點氣泡水與大量的冰塊。

　　不論你相不相信，但曾有一段時間，當吧檯喊出「一杯琴湯尼」時，就會吸引眾人的目光。這段時期就是1970到1990年之間——雖然我很樂見有人質疑我的根據，因為我當時要不還沒出生，要不就是整個時期都還不到可以喝酒的年紀。差不多長達二十年的時間，琴湯尼是個被嚴格保守的祕密，大多都是由特定年紀的女性所守護——她們出於本性的衝動而遠離父母手上的高球調酒（Highball），選擇投向舒心爽快與風味的懷抱。有鑒於當時的其他選擇都是藍色珊瑚礁（Blue Lagoon）調酒和香甜的德國葡萄酒這類酒飲，你會以為謙遜的琴湯尼是個明顯的選擇，但潮流是種捉摸不定的事物，而後見之明也是個隨你怎麼說都無傷大雅的東西。

　　對我而言，琴湯尼的魅力在於甜與苦的平衡。琴酒使用的許多植物都帶有苦味，而某些原料——也就是杜松子和甘草——同樣能貢獻不少甜味。但是蒸餾過程並無法將這些化合物帶進最終成品裡，因為物理學並不允許這種事發生。因此當苦甜摻半的通寧水與琴酒混合在一起時，就好像是長大成人，或重新發現古老的價值觀一樣。在裡面加入一點氣泡，就會得到活潑刺激的灼熱感，伴隨所有前述的香氣與風味特徵貫穿舌頭。辛香料、植物根部、水果和草本的風味全都恢復生機。就某些角度而言，也許能說沒有通寧水的琴酒就是不完整——兩者直到混合在一起的時候，才能發揮全部的潛能。

　　如今，我製作通寧水已經超過十年了，我初次嘗試時，是我還在傑米·奧利佛（Jamie Oliver）的Fifteen餐廳工作的時候，時值2005年。那是在琴湯尼革命的速度還沒真正加快的時候，而我一點都不羞於告訴你們，當時我們是帶著一定程度的嘲諷之心在處理這項任務。現在，歐洲和美國已有超過五十種通寧水，這可是比我當年成為調酒師時還多了四十八種。當通寧水的種類足以匹敵琴酒的多樣性時，就有成千上萬種可能的方法調出獨一無二的琴湯尼。

　　通寧水必須苦甜摻半，琴酒則必須香氣十足，在大多數情況下喝起來須有杜松子及柑橘調的風味。除了這些，通寧水和琴酒的各種風格，能調出迥然相異的酒款。拿亨利爵士（Hendrick's）、飛行（Aviation）或紀凡花開琴酒（G-Vine Floraison）與芬味樹接骨木花（Fever Tree Elderflower）通寧水混

調，就會得到一杯花香柔和、微甜的酒飲；而在馬翁琴酒（Mahón）或希普史密斯（Sipsmith）VJOP與舒味思（Schweppes）通寧水那力道濃縮集中的調飲面前，可能會嚇得花容失色。

如果你已經讀過本書關於琴酒歷史的章節，現在就會知道，賦予通寧水苦味的奎寧能從金雞納樹樹皮取得。事實上，從金雞鈉樹取得奎寧，是唯一一種經濟實惠的天然取得方式，因為合成奎寧非常困難，因此幾乎全世界的奎寧都仍是取自金雞納樹。

2005年時，我發現要購買金雞納樹樹皮非常困難，但最後無意中在網路上找到一個來源，專門販售巫術使用的草本植物與香料！我們將紅色的樹皮研磨成細粉，接著放入水中加熱，以萃取奎寧。接著再加糖、測試味道。由於我們沒有方法來測量奎寧的含量──含量過高時會很危險──因此我們只能從味道來判斷正確的強度，試著符合舒味思的苦味程度。接下來便有了一連串通寧水的原型，直到我們總算調製出最終的成品。現在，我都會用壓力鍋來提取金雞納樹樹皮中的奎寧，因為這種方法能提取出更多苦味，基本上也能從樹皮萃取出更多物質。雖然這種作法並非必要，但你可能會需要使用比上述方法更大量的金雞納樹樹皮，才能達到相似程度的苦味。

最後一點，每塊樹皮的奎寧含量似乎確實不盡相同，而就如同所有天然製品一樣，這些樹和其成分組成都依風土和氣候而有所變化。請記住這一點，在你開發自己的配方時，永遠都要小心謹慎。原則上，任何帶有苦味的東西往往都具有危險性，只要劑量夠高，奎寧也不例外。事實上，奎寧會造成一種獨特的病況，稱為金雞納中毒（cinchonism），症狀包括耳鳴、頭痛、腹痛和冒汗。在美國，食品藥物管理局（Food and Drug Administration）對通寧水立下規範，規定奎寧含量不可超過百萬分之八十五的濃度，也就是0.0085%的奎寧。如果你有疑慮，可以將通寧水送去食品實驗室，分析其中的奎寧含量。

# WHIPPER GIN FIZZ

## 發泡琴費茲

| | |
|---|---|
| 200毫升 | 琴酒（試試老湯姆〔Old Tom〕） |
| 350毫升 | 礦泉水（瓶裝） |
| 110毫升 | 無果肉檸檬汁 |
| 60毫升 | 砂糖糖漿（用兩份的砂糖與一份的水製作） |
| 30公克 | 蛋白 |

★ 做出750毫升，或大約6小杯。

* 用一個大壺或電動攪拌機將所有原料澈底混合均勻。小心地緩緩倒入一個容量為1公升的蘇打槍（soda siphon）；依照分量等比例換用較小型或較大型的蘇打槍。

* 整臺放入冰塊水槽，靜置一小時。

* 完全冰鎮之後，為蘇打槍注入一罐二氧化碳。加裝完畢後，搖盪蘇打槍，接著上下顛倒地釋放氣體。再打進一罐，搖盪，然後把蘇打槍放回冰塊水槽五分鐘。為冰凍的高球杯注入氣泡之前，再度搖盪蘇打槍。

★ 讓這款調酒變得更美味的方式很多。加上一撮鹽就很美味了，淋上一點橄欖油與一滴優質香草精也有相同的作用。

　　一杯真正出色的調酒，特徵之一便是恢復力，而這代表了兩種意思。第一，這款調酒持久不變，能愉快地度過潮流的變化，並在時局較好的時候帶頭衝鋒陷陣。第二，這款調酒必須抵抗得了創意造成的危害。不管是加入了異國風情的原料，或點綴繁複的裝飾，這款調酒的概念標準永遠都不能被鬆動。馬丁尼在第二點上失敗了，品質墮落得面目全非。瑪格麗特（Margarita）則是一個優雅變老的好例子，不過，也許沒有其他調酒像琴費茲一樣做得那麼好。

　　不過，琴費茲有個難言的隱情：湯姆柯林斯（Tom Collins）。湯姆柯林斯和琴費茲的原料完全相同，只有製作方式有所不同。多年來，調酒菁英與調酒歷史學家不斷爭論這款調酒是該攪拌還是用搖的？要不要加入蛋白？要倒在冰塊上還是不要？

　　這兩款酒的歷史過程十分相似，迫使它們演變成與原始樣貌有些微不同的版本。有鑒於此，一杯湯姆柯林斯應該要最後倒在冰塊上，並只要攪拌就好；一杯琴費茲則該用搖的，不加任何冰塊，最後加入蘇打水，重點是其中還要有蛋白。加入蛋白（為了口感）代表你得搖上好一段時間，而且還要搖兩次。在過去，調酒師會使用「空搖法」（dry shake）以盡可能達到最棒的空氣感。這個作法是在第一次搖酒的時候不加冰塊，讓調酒打發起來，接著第二次搖酒時加入冰塊，讓酒液變得冰冷。在多年的調酒生涯中，我對這種先搖入空氣再冷卻的方式感到越來越不自在。接著在2011年，我在我倫敦的調酒吧「崇拜街口哨店」做了一些試驗後，發現更好的作法是第一次搖酒時加冰塊，第二次則不加，以避免把酒液中的空氣又全部搖了出去。從今以後，「逆向空搖法」便成了標準作法。如今我看到全世界的調酒師都採用了這種方法。

　　比空搖法更好的方法是電動攪拌（blending）或發泡（foaming）。這種科技技術在十九世紀時還不存在，不過我想不到任何在現今世界不好好利用的理由。電動攪拌能創造出一種超級綿密、超級冰冷的琴費茲。使用鮮奶油發泡機為酒液打入空氣甚至更棒，因為能更輕易控制酒液被稀釋的程度，並讓氣泡增加到最大程度。

# FRENCH 75

## 法式75

35毫升　紀凡花開琴酒（G'Vine Floraison Gin）
10毫升　無果肉檸檬汁
5毫升　糖漿
適量　香檳（Champagne）

* 調法一

　預先混合琴酒、檸檬與糖漿，然後放進冰箱冷藏約一到兩小時。因此無須使用冰塊，避免任何稀釋風味的可能。澈底冰涼之後，將預先混合的酒液倒入玻璃杯，最後以香檳斟滿。

* 調法二

　如果各位手邊有蘇打槍，非常值得預先混合所有材料並且冰鎮（請見調法一），接著為蘇打槍注入二氧化碳。以正確的比例混合兩個嘶嘶作響且冰鎮的液體，便完成了。

* 調法三

　無須煩惱材料是溫熱或冰涼，直接將所有東西倒入玻璃杯中，然後放入幾顆乾冰。乾冰能同時達到為調酒冰鎮與添加碳酸，同時不會產生任何稀釋的影響。不過，有幾項事情需要注意：由於乾冰在昇華的過程會釋放碳酸，所以會為調酒帶入微微的酸度——你可以當作需要減少10%的檸檬汁用量；另外，必須等到所有乾冰都「溶解」之後才能享用這杯調酒——乾冰不可以吃！

★ 用扭轉過的檸檬皮或調酒櫻桃裝飾。或是兩個都加。又或是兩個都不加。

　　讓我們先說清楚：氣泡酒不是一種很好混調的原料。

　　不論是香檳、西班牙卡瓦（Cava）氣泡酒、義大利波歇可（Prosecco）氣泡酒，或任何其他地區的氣泡酒——這些酒通常都很難與其他人好好相處。這部分是因為氣泡酒本身就是作為單獨飲用的酒款，而不是要和外來的風味混雜在一起。因此以調酒來說，氣泡酒往往相當執拗、缺乏彈性，利用它們身為頂級飲品的聲譽維護自身：純淨而不可碰觸。由此來看，另外一個理由就相當諷刺了：香檳和其他氣泡酒之所以無法和其他原料好好地混合，是因為它們其實根本沒那麼好喝。

　　你不需要重讀上一段的最後一句話。大多數人都認同香檳並不是特別美味的飲品，卻還是開心地一杯接一杯，因為這是一種正確的社交行為。等等，你不喜歡香檳嗎？不——不那麼喜歡。

　　當然，我還是會喝它，因為那是液體，裡面還有酒精，而且我還可以享受到一種施虐的快感——因為我知道某人（不是我就對了）花大錢買了一瓶酒，但在經過仔細思量後，會發現這酒比同等價位的威士忌、蘭姆酒、白蘭地、龍舌蘭或琴酒的品質都還要差、複雜度也更低。同等價位、風味貧乏的葡萄酒甚至也比它好。總之真相是——至少以作者在下的看法而言——香檳根本不值得人們給予它崇敬，也不值得標籤上寫的價錢。

　　看完上述一點點的抱怨後，你現在可能想知道該拿放在冰箱好幾個月的那瓶已經沒那麼誘人、「慶祝時才能喝」的氣泡酒怎麼辦才好。一個簡單的解決方法，就是調成一杯法式75，或是調成很多杯。

　　人類已知的像樣氣泡酒調酒只有零星幾種，雖然我樂意承認貝里尼（Bellini）和皇家基爾（Kir Royal）都是很好的酒款，但由於作法相當簡單，因此將它們視為調酒的理由並不是很有說服力。另一

方面，法式75則無疑是款調酒，也許是唯一一種真正稱得上美味的氣泡酒調酒。其中的原料不僅彼此完美搭配，嚐起來甚至比單獨飲用時還棒。琴酒、檸檬和糖將氣泡酒轉化為一種你可能巴不得希望它是裝在香檳瓶裡的酒。

這場風味之間的聯姻並非誕生自哪位天才之手，而是從費茲（Fizz）與沙瓦（Sour）演化而來的調酒，這實在再明顯不過了。雖然在這款調酒中，氣泡酒取代了蘇打水。聽起來很無害吧？但想像看看，如果這是一個蘇打水擁有超過16%酒精濃度的世界，那你不需要是個數學家，也能明白法式75的酒勁有多強。

親身試驗一下這個理論，你會發現在喝下第三杯法式75之後，這款調酒為何要命名自75公釐（3英寸，口徑）野戰砲的理由，就顯而易見得令人擔憂了。法國人在一戰時讓這座武器發揮極大的作用，使用野戰砲發射有前臂那麼長的有毒瓦斯罐到敵方的壕溝中。也許這是因為琴酒和香檳那爆炸性、讓人爛醉的效果，讓哈利·麥克艾洪（Harry McElhone）*——大部分人都視他為這款調酒的發明者——將他的調酒以那個年代最致命的武器來命名。

在調製這種酒時，溫度和氣泡程度是兩項主要的障礙，有鑒於此，這裡提供了三種不同的調製方法，全部都十分簡單，但有些需要專業的工具。酒中的氣泡會自然地被不含二氧化碳的原料所軟化（氣泡酒調酒往往令人失望的另一個原因），因此使用新開瓶的香檳是最重要的。

---

\* Harry McElhone這位調酒師，在世界飲酒史上挺有名氣。他在1923年買下了巴黎的 New York Bar，並加上他的名字成為：Harry's New York Bar。這間酒館成了美國人在巴黎最愛的酒吧，從海明威到亨佛利鮑嘉等都是座上嘉賓。還有幾款經典調酒都由他所發明，如血腥瑪麗（Bloody Mary）、側車（Sidecar）與法式75（French 75）。

# GIMLET

## 琴蕾

60毫升　普利茅斯海軍強度琴酒
　　　　（Plymouth Navy-Strength Gin）
20毫升　羅斯牌（Rose's）濃縮萊姆汁，或新鮮萊姆汁

＊　搖盪之後倒入冰凍的馬丁尼玻璃杯，然後用剛剛被診斷出
　　患有壞血病的心情大口喝下。
＊　也許各位會想用一小塊萊姆片裝飾，但我發現這不太必要
　　且有點讓人分心。

　　1740年，一位名叫維農（Vernon）的英國海軍上將採取了史無前例的舉動，用柑橘汁稀釋了水手們的蘭姆酒配給。儘管剛開始並不受下屬的歡迎（很可以理解），但這個簡單的舉動卻在後來拯救了無數人的性命。七年後的1747年，一位名為詹姆士·林德（James Lind）的蘇格蘭外科醫生發現，將果汁加進水手的飲食中，就能大幅降低罹患一種可能致死的壞血病的機率。後來發現，這種壞血病是由於缺乏維他命C所致，因此所有船隻就都開始裝載上了柑橘汁。1867年，英國強制規定所有船艦都要配給萊姆汁。

　　問題是，裝在木桶裡的果汁在經過一至兩個星期之後就會腐壞。另一位富有企業精神的拉克蘭·羅斯（Lauchlan Rose）開發出了一種新的萊姆汁保存方法——濃縮——並申請了專利。重要的是，果汁的藥性和維他命C都能完整保存下來。羅斯萊姆糖漿（Rose's Lime Cordial）於是誕生了，也是全世界第一瓶濃縮果汁。

　　單獨飲用萊姆糖漿一點都不好玩，因此配著一湯匙的琴酒（很大一匙）來把這種藥吞下去實屬必要。傳說中，是皇家海軍的外科醫生湯瑪士·吉姆雷特爵士（Sir Thomas Gimlette）想出了這種喝法，勸誘他的同袍喝下作為抗壞血病藥方的萊姆汁。不過，實在找不到什麼證據可以證明這個故事的真實性，反而比較可能是取名自一種用來在東西上戳孔

的尖銳手持工具——這個形容不只適合這個工具，也很適合這杯酒。

　　談到調製琴蕾，調酒師之間都有一個刻意迴避的問題：到底該用新鮮萊姆和糖，還是萊姆糖漿？

　　我們都知道最初的作法是使用羅斯的糖漿，但之所以會用到糖漿，是因為情勢所迫，而非追求美味。我敢打賭，如果萊姆汁在當時如同現在一樣實用又隨手可得的話，肯定會被選上。但如此一來，這款調酒就變得越來越像「琴黛綺莉」（Gin Daiquiri）了，而琴蕾是款值得擁有自己的名字和條件規則的調酒。對我而言，這次是懷舊之情贏了。我很樂意犧牲琴蕾中一點點新鮮風味，換來知道自己正在喝的是兩百五十多年未曾改變的一個簡單原料結合。拉克蘭·羅斯勝利！

　　現在，我們解決了材料問題，剩下的爭議就是比例了。《薩伏伊調酒手札》（1930年出版）建議一半琴酒、一半萊姆糖漿，而雷蒙·錢德勒（Raymond Chandler）在1953年出版的小說《漫長的告別》（*The Long Goodbye*）也支持這個作法，書中這麼寫道：「一杯真正的琴蕾是一半琴酒、一半羅斯萊姆汁，僅止於此。」但我力勸你思考一下你的牙醫會怎麼反應，並建議你降低一點萊姆糖漿的量。三份琴酒兌一份糖漿是有點甜（喝起來則不會）的平衡點。

# SALTED LIME RICKEY

## 鹹萊姆瑞奇

| | |
|---|---|
| 50毫升 | 普利茅斯琴酒（Plymouth Gin） |
| 15毫升 | 萊姆汁 |
| 1公克 | 鹽 |
| 適量 | 氣泡水（斟滿酒杯） |

* 這款調酒必須要非常冰冷——就是非常非常冰冷。如果可以的話也把玻璃高杯放進冷凍庫，然後確定冰塊是乾的。
* 在一杯高杯中裝進一堆冰塊；加入琴酒、萊姆汁與鹽，然後用長吧匙充分攪拌。在攪拌的同時，將氣泡水倒入，杯端留下一點點空間。再加上更多冰塊，接著再度攪拌更久，再放上一塊萊姆片就完成了。

1903年出版的《戴利調酒師百科全書》（*Daly's Bartender's Encyclopedia*）的書中，有一段話寫道：「這款調酒是由已故的瑞奇上校發明，他是一位意氣相投的朋友、殷勤好客之人，以及美食佳釀的鑑賞家，名聲遠播世界，而舉世皆同意，以一款含有酒精的飲料而言，這是一款最清新宜人的調酒。」

這是史上首次收錄琴瑞奇酒譜的一本書，不過正如作者所說，這款調酒在當時已極受歡迎，也很有可能是1890年代最受歡迎的琴調酒。但到了今天，琴瑞奇這名字罕為人知，也不常有人點它——至少以我的經驗來說是如此。它已經成為無名小卒，而我必須跳出來承認，在我調酒生涯早期的大半時間中，我很少想到琴瑞奇。我總認為那是用萊姆汁調成的柯林斯或費茲。這並不是說我覺得它不好喝——琴酒、萊姆和蘇打水這個組合，不管是寫在書上或喝進嘴裡都十分合理——只是我不會因為要喝這杯調酒而感到太興奮就是了。不過，2011年一場印度之旅讓我改觀了。

琴瑞奇是印度最受歡迎的調酒之一。有鑑於這個國家過去和琴酒打交道的歷史，以及適合種植柑橘類水果的氣候，這不是太令人驚訝的事。但是，印度的琴瑞奇並不是用西方世界的作法調製。在印度，酒譜要不只有一點點糖，要不就是沒有，並且用鹽取代。鹽能夠緩衝萊姆汁的酸度（跟糖的作用一樣），但也會讓琴酒與萊姆油中的礦物感稍

稍展露出來。沒有了糖，這款調酒就不會那麼甜膩，而且能避免在喝下第三杯或第四杯酸酸的氣泡調酒後，產生那種糖分攝取過多的噁心感。先不論風味，完全捨棄糖的作法對某些人來說會很有吸引力，讓這款調酒也能與糖尿病患和精算熱量攝取之人成為朋友。雖然醫生可能會質疑以鹽代替糖的邏輯，但印度人極為信賴這款酒在炎熱夏日替他們補水的能力。

琴瑞奇可能剛開始是以波本威士忌調製，但這有點怪異，因為波本威士忌和蘇打水通常都同床異夢，往往需要比一點點萊姆還多很多的輔助。即便如此，華盛頓修梅克酒吧（Shoomaker's Bar）的喬治·A·威廉森（George A. William）認為這兩個原料的聯姻十分有愛，於是在1880年代時，便構思出了琴瑞奇，並以民主黨說客喬·瑞奇（Joe Rickey）的名字取名，而此人還說不準在琴瑞奇的創造中也扮演了某種角色。總之，有件事是可以確定的：瑞奇本人很不高興自己的名字被用在一款受歡迎的調酒上，他曾說：「我是密蘇里的瑞奇上校，我是參議員、法官和政治家的朋友，也是政治事務的權威人士……但有人曾基於上述原因談論我嗎？恐怕沒有。不，我的名聲都是來自身為『琴瑞奇』的作者這件事，而我必須接受。」

# PURL
## 苦艾啤酒

**★植物浸泡液製作**

| | |
|---|---|
| 150毫升 | 普利茅斯琴酒（Plymouth Gin） |
| 3公克 | 磨碎黑胡椒粒 |
| 3公克 | 月桂葉 |
| 3公克 | 鼠尾草 |
| 1公克 | 龍膽根 |
| 1公克 | 艾草 |
| 1公克 | 八角 |
| 1公克 | 肉豆蔻 |
| 1公克 | 乾燥迷迭香 |

＊ 把所有材料都裝進一個果醬玻璃罐（或類似的罐子），浸泡兩週，將液體倒出之後留存備用。你也可以用奶油槍（cream whipper）加速這個過程，注入一罐氧化氮。

**★調酒製作（700毫升）**

| | |
|---|---|
| 150毫升 | 植物浸泡液（如上述） |
| 500毫升 | 棕艾爾（Brown Ale） |
| 50公克 | 德梅拉紅糖（Demerara Sugar） |
| 50公克 | 糖粉 |

＊ 將所有材料依序倒入一個玻璃大瓶或大型玻璃罐，讓糖粉開始溶解。這款調酒可以從冰箱拿出後，直接冰冰地享用，或是拿出靜置等其稍稍回溫。各位可以根據不同類型的啤酒與你的喜好，可以自由調整糖粉的使用量。

在寫本書時，我幾乎無法不想到苦艾啤酒（Purl）——這個將名字借給我第一間酒吧的一種酒飲。在珀爾酒吧於2010年開張之前，你很難找到一位知道這種酒款的調酒師。不過，亨利爵士琴酒看見了這個組合背後的巧思，並與我們合作推出行銷活動，讓這款酒飲增加了一些知名度。但這段短暫的成名和十八世紀中期的情況相去甚遠，在當時，走過泊滿船的泰晤士河時，你很難不聞到空氣中飄蕩的苦艾啤酒香氣。

這款酒的最初樣貌比英格蘭琴酒早了至少一百年出現，在大約十七世紀之交變得頗受歡迎。使用啤酒花當作防腐劑（以及苦味劑）對當時的麥酒來說並不是個尋常的作法，這表示那時的啤酒很快就會腐壞，味道也十分平淡。機智的民眾使用其他草本植物與辛香料替啤酒增添風味，而艾草在當時便是其中一項最常見的調味料。加入艾草的啤酒通常被稱為「苦艾啤酒」——這個來自十六世紀的字詞過去被用來形容蜿蜒曲折的溪河。

到了冬天，將這些啤酒加熱飲用成了一種流行，有時也會加入季節性的辛香料和糖。你也許能預料到接下來的發展：在十八世紀早期那段墮落奢靡的歲月，人們便認為有必要以當時無所不在的烈酒——琴酒——強化苦艾啤酒，量還要足夠多才行。這款酒飲在查爾斯·狄更斯（Charles Dickens）的一些小說中受到頌揚，最著名的是《老古玩店》（*The Old Curiosity Shop*，1804年出版），書中角色迪克·斯威弗爾（Dick Swiveller）給一名受到不公對待的女僕端上了「一大壺飲料，裡頭裝了一些極為芬芳的東西，散發出一陣令人愉快的水蒸氣，而那正是上好的苦艾啤酒……」

這份酒譜本身能有跳脫常規的發揮空間，就和香料酒一樣，可以根據個人對甜度與辛香料的喜好量身訂做。說實在話，唯一必須用到的原料就只有啤酒、琴酒和艾草，但我一定會建議放入一些糖以平衡苦味。一些上好的水果與辛香料也不會出錯。

試著避免讓酒液加熱太久，也千萬不要煮沸。我建議將啤酒、糖與其他調味料一起蓋上鍋蓋加熱十分鐘，接著加入琴酒降溫，並加強成品的酒精濃度。也許最棒的方式是將一批成品裝在密封的瓶子裡，接著隔水加熱。

# CLOVER CLUB
## 三葉草俱樂部

★覆盆子糖漿製作

| | |
|---|---|
| 250公克 | 新鮮覆盆子 |
| 2公克 | 鹽 |
| 250公克 | 糖粉 |
| 250毫升 | 水 |

* 準備一個梅森罐（mason jar，也可以用密封袋取代），放入鹽與糖，再將覆盆子丟進鹽與糖中，放進冰箱冷藏一夜。隔天早晨，將水倒入罐中。
* 以平底深鍋裝水加熱至攝氏50度（利用溫度探針測量），降低火力，讓溫度停留在這裡。把梅森罐放進水中，靜置兩小時，偶爾微微晃動它。
* 兩小時到了之後，小心地取出罐子，然後使用篩網將罐中液體濾出。也許要再用平紋細布進行第二次濾篩。若想延長糖漿的保存期限，常見的實用作法就是加入一點琴酒或伏特加。冷藏於冰箱可保存一個月。

★調酒製作

| | |
|---|---|
| 40毫升 | 琴酒（達恩利目光〔Darnley's View〕或有強勁辛香料風味的琴酒） |
| 15毫升 | 檸檬汁 |
| 15毫升 | 覆盆子糖漿 |
| 15毫升 | 馬丁尼特干苦艾酒（Martini Extra Dry Vermouth） |
| 15公克 | 蛋白 |

* 將冰塊與以上材料一起搖盪，將酒液倒入另一個攪拌杯或雪克杯（shaker），再度以沒有冰塊的狀態「空搖」，如此能產生將空氣打入調酒的效果。
* 將調酒倒入一只冰鎮過的寬口杯，然後別喝太慢。也可以選擇不加蛋白，但是蛋白能增加一種雪酪般的口感。

部分是琴酒沙瓦，部分是馬丁尼，部分是覆盆子利口酒——三葉草俱樂部充滿了果味、帶有干型特質、細緻，並且如小惡魔般誘人，極易上癮。我認為所有人都會喜歡這款調酒，而且如果給它一個機會，它極有可能單槍匹馬地挽救深陷在墮落飲酒風氣深淵中的1980年代。

這款調酒的名字來自一間位於費城、創立於1882年的律師與作家俱樂部，而當時的客人也已經能享受這款調酒。如同那個年代其他的紳士俱樂部，一間店的招牌飲料是與好友聚會時的必要元素。三葉草俱樂部的歷史可以追溯至1896年，並出現在1897年的書籍《費城的三葉草俱樂部》（*The Clover Club of Philadelphia*）中。

當我剛成為調酒師時，三葉草俱樂部還在掙扎著要脫離長達七十年乏人問津的處境。我們以前都會用琴酒、紅石榴糖漿（grenadine）、檸檬和蛋白來調製這款酒。基本上這就是一款粉紅琴酒沙瓦，而儘管非常美味，它卻無法贏得任何與創新有關的獎項。事實上，最早的酒譜用的是覆盆子糖漿，而不是紅石榴糖漿，也有淋上一點點苦艾酒。慢慢地，我們調酒師開始接納經典的酒譜版本，而就如同粉紅色的花瓣緩緩舒展一般，三葉草俱樂部真正的美妙與和諧終於盛開綻放。

對我來說，正是因為灑上了那一點點苦艾酒，才讓三葉草俱樂部脫穎而出——百里香的香氣和艾草的苦味半路攔截了覆盆子糖漿的味道，不讓它的水果風味變得太重。也就是說，覆盆子糖漿可能是最重要的原料。不過，現成糖漿往往嚐起來像死板的糖果糕點，而不是經過精心萃取的新鮮水果精華。幸好覆盆子糖漿的製作方法超級簡單，在家就可以做，因此我將作法也附在本頁上方。對三葉草俱樂部來說，這可是扭轉命運的原料。

# NEGRONI

## 內格羅尼

30毫升　琴酒（避免使用強調柑橘風味的琴酒，它們會迷失自我）

30毫升　金巴利香甜酒（Campari）

30毫升　馬丁尼紅苦艾酒（Mardini Rosso Vermouth）

＊　一杯優質的內格羅尼應該要使用大塊凍結的冰塊，直接將所有材料都依序倒進一只古典威士忌酒杯中。

＊　攪拌約一分鐘，然後以一小條葡萄柚皮或一小片柳橙裝飾。

★　對於新手，比較聰明的方式是選用艾普羅利口酒（Aperol），而非金巴利香甜酒——它就像是人比較好的金巴利，那個討人厭的表弟。如果還是覺得有點太苦，當然可以微微降低一些比例，或是跟我一樣用琴酒代替吧！

　　這是個保守得相當好的祕密——調酒師在酒吧裡當客人時，通常都不會點調酒，反而喜歡來瓶啤酒或一次喝下一口杯（shot）。這是一項殉難的舉動，仁慈地讓調酒師同胞免去調製飲品的磨難，以及被一名職人觀察的屈辱。不過，內格羅尼是一個可接受的例外。它不複雜但具有挑戰性，濃烈但順口——內格羅尼是調酒師的聖地，是一鍋無懈可擊、由烈酒、葡萄酒與苦精熬成的酒湯，顏色血紅，冰涼透心。

　　如果要質疑內格羅尼的重要性，只要觀察酒吧裡眾人有多公開討論這種調酒就好了。每個人都對裡頭的原料組成、調製方法、裝飾和冰塊有自己的意見；有人發誓會喝到生命的最後一天，有人則寧死也一滴都不肯碰。儘管內格羅尼厚顏無恥的性格讓眾人意見分歧，對調酒愛好者來說，這款調酒是他們不顧一切地想盡可能享受的酒。不管你喜愛與否，內格羅尼還是有通行的權利，或說是應得的權利。就如同你初次品嚐葡萄酒或啤酒，那味道讓你臉都皺了起來，但圍繞在這種飲料的密謀感要求你再喝一口、再喝一口，直到你的生命沒有它就不再完整。而內格羅尼超越了其他所有調酒，成為工藝調酒運動中那身著法拉利紅的明星焦點。

　　我對內格羅尼起源的了解，出自於盧卡·皮契（Luca Picchi）於2002年出版的《伯爵的審判》（*Sulle Tracce del Conte*）。這本書有大量歷史文件佐證，暗示了這款調酒是以卡米洛·路易吉·曼弗雷多·瑪麗亞·內格羅尼（Camillo Luigi Manfredo Maria Negroni）的名字取名。這位內格羅尼一開始要求卡索尼咖啡館（Café Casoni）的調酒師弗斯科·斯卡塞利（Fosco Scarselli）在他的美國佬（Americano，一種苦味義大利開胃酒，與甜苦艾混調，加上一點蘇打水）裡以琴酒加烈。這件事發生在1919或1920年的時候。其中一項支持這個故事的證據，是一封來自倫敦的法蘭西斯·哈珀（Frances Harper）在1920年10月13日寫給內格羅尼（顯然他當時身體微恙）的信：

　　「你說你還可以跟以前一樣喝酒、抽菸，我可是笑了。我感覺你根本沒什麼好同情的嘛！你一天內絕對不能喝超過二十杯內格羅尼啊！」

　　沒人能在一天內喝那麼多杯內格羅尼，因此我們可以猜測這杯調酒的早期版本要不是容量較少，要不就是琴酒的比例較低，或者兩者皆是。如今我們調製內格羅尼的預設作法是相等分量的琴酒、苦味利口酒／義大利利口酒（amaro）及甜苦艾酒。確切的比例可以依照琴酒、苦精和苦艾酒的牌子而調整（我喜歡多一點點琴酒，但要大量稀釋）。正是由於這款調酒的簡單與客製化的潛力，讓它成為歷久不衰的經典。

# GIN & JUICE

## 琴果汁

40毫升　琴酒
100毫升　苦橙（Cinotto）

* 用高杯裝進這些材料以及一大堆冰塊。以一塊血橙片裝飾，或是一般柳橙（如果你不會覺得干擾）。

### 「琴果汁到底是什麼鬼？」

　　在我著手對付這份酒譜之前，我問自己的正是這個問題。這聽起來是個蠢問題，但一旦仔細想想，整個概念似乎有一點奇怪——就像把番茄醬加到你的壽司上。

　　對我來說，琴果汁一直都像是某種逗趣的押頭韻字詞，而不是你真的會拿來調製的酒，更別說是點來喝了。1999年時，這款調酒因為饒舌歌手史奴比狗狗（Snoop Dogg）的歌一炮而紅——那段不朽的文字充滿節奏感地從他口中流瀉而出：「啜飲琴果汁，放輕鬆，滿腦都是我的錢和我腦海裡的錢。」我當時立刻猜想琴果汁是用來隱喻某種跟性愛或毒品有關的東西。結果發現根本不是。後來也發現，美國人超愛琴果汁，因此以國家作為單位來看，美國調的琴果汁比琴湯尼還多。

　　將琴酒與果汁混調在一起當然不是什麼新鮮事。琴酒殿堂會銷售一種稱為「扭轉琴酒」（Gin Twist）的酒飲，將琴酒與檸檬汁混調，再配上一片扭轉的檸檬皮，而將近一百五十歲的琴蕾（見P.246）則是多一點琴酒和濃縮果汁混調在一起。接著又有在二十世紀中期誕生的紅鯛魚調酒（基本上就是使用琴酒的血腥瑪麗〔Bloody Mary〕）。還有西班牙調酒波瑪達（Pomada），傳統上會將琴酒與檸檬汁混合。費茲、柯林斯、雛菊、瑞奇、潘趣等調酒，都是將琴酒與果汁混調。但果汁在這些調酒中的角色都是用來增添酸味，而不是風味的延伸或正式用來調酒的飲料。

　　深入研究琴果汁擁護者的作法時，我發現琴酒被拿來與各式各樣的果汁混調在一起，而葡萄、葡萄柚和柳橙是最受歡迎的選擇。柳橙和葡萄柚理論上非常適合琴酒，因為這些水果都會定期在製造倫敦干型琴酒的原料帳單上出現。但它們根本不適合，或至少表現不如我的期望。這些果汁會殺死琴酒的風味，倒不如和伏特加一起混調還比較好。因此我們回到一開始的結論：是這個詞押了頭韻才讓這款調酒走紅，而不是原料之間有什麼多密切的關係。

　　因此，是時候該向你們坦白了，親愛的讀者。我不會提供將琴酒與果汁混調的酒譜給你們，因為不太好喝。但我會建議你們將琴酒與義大利苦橙汽水（Cinotto）混調。苦橙汽水不是果汁，但其實並沒有差太多。這種無酒精的義大利開胃酒擁有鮮紅的顏色與微量的氣泡，由正好叫作「奇諾」（Cino）的品牌販售。這種汽水是由苦味香料、水果和糖所製成，在風味光譜上介於金巴利香甜酒、血橙汁和通寧水之間。聽起來很美味吧？確實如此。它能和琴酒搭配得非常出色，特別是當你穿著高筒布鞋坐在前廊享用的時候。

　　對頁照面中的酒是我早期嘗試將水果精油用琴酒、糖、酸和水乳化，實際上是從無到有做出一種軟性飲料。在試出一種特別出色的配方後，我震驚地發現我創造出的是一種早已存在的軟性飲料（儘管顏色不同）——苦橙汽水！

# HOLLAND HOUSE

## 荷蘭之家

50毫升　博斯杜松子酒（Bols Genever）
20毫升　干型苦艾酒（Dry Vermouth）
10毫升　檸檬汁
5毫升　瑪拉斯奇諾櫻桃利口酒

* 所有材料與冰塊一起搖盪，接著將酒液倒進潘趣杯（Punch Glass）。
* 從雪克杯中取出一顆冰塊放入潘趣杯，或是放一大塊透淨的冰塊。用扭轉的檸檬皮裝飾。

　　年紀夠大、記得登月任務的讀者，可能還記得起荷蘭之家這個品牌的調酒用飲料（cocktail mixer）。這一瓶瓶受歡迎的「威士忌沙瓦」和「黛綺莉」（Daiquiri）是為了簡化各位在家調酒的流程，將所有必須的原料（除了酒以外）都裝在一個瓶子裡獻給各位。這些調酒用飲料在1950與1960年代大獲成功，直到大家發覺它們其實難喝得要命。於是，長達二十年的調酒黑暗時代就此展開。

　　除了本書精選的一系列調酒之外，還有其他至少三種使用便利調酒用飲料的經典琴調酒可以使用荷蘭之家。第一種是馬丁尼的大哥馬丁尼茲，我在此系列的另一本書《The Curious Bartender》收錄了它的酒譜，其中使用了荷蘭之家的苦艾酒和瑪拉斯奇諾櫻桃酒（Maraschino）。第二種是飛行，我的第一本書也收錄了這款酒譜，將琴酒與檸檬汁、瑪拉斯奇諾櫻桃酒或紫羅蘭利口酒混合。第三種是亡者復甦二號（Corpse Reviver No.2，亡者復甦系列中我最愛的一位），琴酒、檸檬、柳橙利口酒和干型苦艾酒在其中交互輝映。第四種——請容我繼續——是三葉草俱樂部，你可以翻到第252頁，自己發現其中的相似之處。

　　上述所有調酒都是各自迥然相異的野獸，儘管它們含有幾種相同的原料。荷蘭之家就像它們之間遺失的連結，可能早在這些調酒出現前就存在了，除了馬丁尼茲以外。事實上，有些調酒迷主張荷蘭之家就是馬丁尼茲，考慮到被廣泛接受的現代酒譜與傑瑞・湯瑪士在1862年的馬丁尼茲酒譜之間的相似處——後者使用了瑪拉斯奇諾櫻桃酒、老湯姆琴酒、苦艾酒、苦精和一個檸檬切片，而只要捨棄苦精並增加檸檬的量，你就有一杯荷蘭之家了。不過，一個最平凡的理由更有可能可以解釋兩者的相似之處——巧合。

　　對荷蘭之家調酒而言，將琴酒換成杜松子酒才是讓一切改變的關鍵。一支出色的舊式杜松子酒或穀物杜松子酒的強勁力道能真正禁得起檸檬和利口酒的考驗，同時苦艾酒能提供需要的稀釋、提升整體的細緻度。我聽說荷蘭之家在過去被形容為「有麥芽味的飛行調酒」，雖然這是個頗為公平的形容，卻對這款值得更多認可的調酒不甚公道——甚至還被拿來與更知名的經典調酒不甚精確地比較（不過我也這麼做了）。

# SLOE GIN

## 黑刺李琴酒

**★真空低溫／滲透法**

| | |
|---|---|
| 500公克 | 黑刺李（可以利用快速冷凍使果皮變得柔軟，但並非必要） |
| 250公克 | 糖粉 |
| 10公克 | 蘋果酸（Malic Acid） |
| 5公克 | 鹽 |
| 500毫升 | 琴酒 |

* 用一個大型密封袋或真空袋裝入黑刺李、一百公克的糖粉、蘋果酸與鹽。充分地搖晃，以及輕輕擠壓，然後冷藏於冰箱一夜。
* 隔天早晨就會發現有許多果汁滲出。加入剩下的所有材料，包括琴酒，將袋子妥善密封，然後放進攝氏65度的水槽中，低溫加熱三小時。你也可以將溫度調高一點或加快一點，但這是我覺得擁有最佳風味平衡的最有效方式。用細網與平紋細布篩濾出液體。
* 將濾出的酒液倒入消毒過的瓶中。保證可以保存數年。

**★電動攪拌法**

| | |
|---|---|
| 500公克 | 黑刺李 |
| 100毫升 | 溫水 |
| 500公克 | 琴酒 |
| 200公克 | 糖 |
| 10公克 | 蘋果酸 |
| 5公克 | 鹽 |

大約可以做出1公升

* 準備置於室溫之下的黑刺李，如此一來取出果汁會比較容易。將它們倒入電動攪拌機，再加上水與大部分的琴酒。以高速間歇攪拌大約十秒，持續進行一至二分鐘；這麼做的目的就是將所有東西打成泥，但避免讓液體過度加溫。
* 把泥用粗網濾出，可用湯匙背面將所有的果汁壓出。接著，再以細網過篩，步驟一樣。接著再以平紋細布過濾。用剩下的琴酒「洗出」剩餘果肉中的風味。加入糖、蘋果酸與鹽，然後將液體裝瓶。
* 把瓶子放在溫暖的地方大約數小時，直到糖完全溶解。冰鎮後享用。

就在不久之前，家中廚房曾是名副其實的酒類活動基地，就如婦女研究機構（The Women's Institute）出版的家庭食譜書所證明的。自製葡萄酒、糖漿和利口酒就和自製麵包與果醬一樣常見。對所有的水果浸泡法而言，琴酒都是受歡迎的候選對象，這點對於當時在家自製或大型蒸餾廠都一樣，而後者販售的檸檬和柳橙風味的琴酒取得了不錯的成績。如今加味琴酒已經消失無蹤，而儘管某些新的現代琴酒品牌也選擇替產品添加風味或甜味（請見第三章「琴酒世界之旅」），卻只有黑刺李琴酒真正經得住時間的考驗。黑刺李琴酒的製造，是少數幾種以酒為基礎、仍是英國主要自製食品的烹飪技藝之一。

不過，在深入探討之前必須強調，我們一定要謹慎對待製造黑刺李酒這個主題。沒有任何對話主題像討論更良好的琴酒／水果浸泡方法一樣，會在婦女研究機構的下午茶室裡造成大打出手的混戰。這個一開始完全屬於家庭的技藝，如今已被某些人視為一種經典藝術，充斥著各種迷信與謎團。至於黑刺李果實本身，有些人則把它視為近乎神聖的存在，而黑刺李琴酒在前置作業與製造過程中應當以什麼方法來對待，便反映了這一點。

有些較老的黑刺李琴酒配方建議要等到採收季節的「初霜」之後，才能採收果實。乍看之下這好像是某種生物動力法策略（在採集水果之前，讓天體運行到正確的位置），而有些人也解釋這是在

進行浸泡之前，大自然軟化果皮的方式。科學告訴我們，水果中含有的氰化氫（天然抗凍劑）在寒流中會增加，並能賦予利口酒宜人的扁桃風味特質，類似於蘋果籽帶有的苦扁桃仁風味。如果氰化氫聽起來很危險，那是因為它真的有危險性。在我的經驗中，通常初霜都下得有點太晚，會有失去所有作物的風險。有一種選項是自己製造霜，也就是採收成熟的果實，並在浸泡之前短暫地冷凍一下。我曾聽說有人堅持要一顆顆把黑刺李果實戳破，再與琴酒混合，這個過程艱鉅到已有臨床證明會逐漸侵蝕心智，如今也正式被《人權法案》（Human Rights Act）歸類為一種長期的心理虐待。傳統的作法是拿果實生長的那棵黑刺李樹上的刺來戳破果實，但用針也可以，只要是用銀做的就好（這樣才天然）。

重點是，每個人都有自己代代相傳的方法。無論好壞與否，談到珍藏的家族配方時，大多數人都會變得非常頑固，而雖然這聽起來是件很古雅的事，當想要執行有邏輯的烹飪流程時，這類型的傳統卻往往十分難以應付。

我使用兩種不同的方式來製造黑刺李琴酒。兩者的成果都十分出色，也不需要花多少時間。第一種是將果實混入琴酒中，在真空低溫的狀態下加熱。意即將水果和酒裝進密封袋（或真空密封袋），置入溫度控制的水槽中幾個小時。這個方法比低溫浸泡法能萃取出更多苦味，也就表示酒液能加入更多糖，得到更濃縮的酒。

我的第二個方法是一種「無情」的手段，而這種作法需要用到一臺電動攪拌機。這會令人不太舒服，也不是特別有效率，你母親肯定也不會這樣做，但這是一種能快速、輕鬆完成工作的方法。聖誕節家族聚餐時，這肯定也會成為餐桌上的話題。將黑刺李和琴酒一起攪拌，能做出細緻的泥，之後只需要短時間的浸泡，再經過稍微久一點的過濾程序即可。

你會發現，這兩種方法所需的黑刺李果實都比較少，也比傳統食譜少了更多不耐等待的時間。

# FRUIT CUP
## 水果杯

★水果杯糖漿製作

| | |
|---|---|
| 300公克 | 糖粉 |
| 200公克 | 草莓切薄片 |
| 150公克 | 小黃瓜，削皮切片 |
| 30公克 | 葡萄柚皮 |
| 10公克 | 新鮮薄荷葉 |
| 數枝 | 乾燥薰衣草 |
| 300毫升 | 水 |

* 將糖粉撒在草莓、小黃瓜、葡萄柚皮、薄荷與薰衣草上，並且冷藏在冰箱一夜——這可以將水果的水分帶出。加入水，接著把所有東西倒進可重複密封的塑膠袋。
* 將混合果水倒入平底鍋加熱，並用溫度探針讓水溫保持在攝氏55度。四小時之後，從平底鍋中拿出袋子，用細網將袋中的液體濾出。

★水果杯製作

| | |
|---|---|
| 200毫升 | 水果杯糖漿 |
| 400毫升 | 高登琴酒或任何其他杜松子風味為主的琴酒 |
| 400毫升 | 甘夏紅苦艾酒 |
| 些許 | 檸檬汽水或薑汁汽水 |

切片草莓與柳橙、幾枝薰衣草、月桂葉，用以裝飾

* 當水果杯冰鎮之後，再與琴酒及苦艾酒混合。放進冰箱中冷藏可以最好地保存水果杯，最佳賞味期限可上達六個月。
* 製作最終調酒成品時，將一份水果杯與兩份檸檬汽水與薑汁汽水（或是都加）倒在一堆冰塊上。用盡全力裝飾它。

乍看之下，「水果杯」好像是一種仍在耐心等待文藝復興來臨的混調飲料。但當你細想皮姆牌（Pimm's）開胃酒其實根本就是一種水果杯，也確實是這種酒的開山始祖，那很明顯這款酒飲根本就不需要別人伸出援手。在英國，皮姆會讓人聯想到在夏日坐在戶外——特別是溫布頓網球公開賽的現場，一邊喝這種酒，一邊吃草莓佐鮮奶油，而這種組合差不多已經算是一種義務。

皮姆1號杯子酒（Pimm's No.1 Cup，被簡單地稱為皮姆）特別吸引了琴酒酒客的興趣，因為那是以琴酒為基底的酒。當然了，它喝起來並不真的像琴酒，但這也就是說，直到你試過皮姆的其他「杯子」酒款，才會知道每種酒都因為使用不同的基酒而擁有獨特的風味特質。

皮姆酒的裝飾方法最近成了純粹主義者和「越多越好陣營」之間的爭論要點。教條主義者會告訴你，只能用琉璃苣的藍色花朵或葉子來裝飾皮姆酒，如果你講究排場的話，也許再加上一片檸檬切片。不過，皮姆酒會給你一股極大的誘惑，讓你想要盡可能把水果都丟進去，而我肯定有罪（請見下一頁）。

我的酒譜使用了一種水果杯糖漿，以真空低溫狀態於水槽中加熱是最佳作法，雖然用一鍋熱水和數位溫度計也能達到效果。接著將這個糖漿、琴酒與甜苦艾酒混合，變成水果杯的最終成品。

現在，雖然我們可能不會這麼想，但皮姆1號杯子酒實際上是一種瓶裝調酒。「杯子」系列是由傑瑞・湯瑪士在《如何調酒，或享受生活之

人的指南》（*How To Mix Drinks or the Bon Vivant's Companion*，1862年出版）中給予明確定義的酒款，但詹姆士・皮姆（James Pimm）實際上在1820年代便開發出他的酒譜了，就在他的第一間生蠔酒吧於1823年開幕不久之後。這個充滿果香與草本香氣的浸泡液，原本是作為讓吃太多貝類的酒客幫助消化之用，結果大受歡迎。他不斷成長的連鎖餐廳也是，而在1859年，他推出了一種可以銷售給其他餐廳的版本。這個版本的產品被稱為一號杯，因為皮姆的餐廳總是用巨大的杯子供應飲料，才誕生了這個名字。

6號杯（伏特加）可能是第二常見的商品（最常見的是1號），酒液的顏色也比較淡，以搭配沒那麼辛辣的味道。接著還有3號杯，在2008年以溫暖的「皮姆的冬天」（Pimm's Winter）重新推出。最後則是2號杯（蘇格蘭威士忌）、4號杯（蘭姆酒）及5號杯（裸麥威士忌）。如果你能找到未開瓶的最後這三款酒，應該要買下來——它們在1980年代就停產了。最近皮姆推出了好幾款變化版，以其他水果風味組合為特色。

最原本的1號杯展現了極為巧妙的風味平衡。儘管酒色深暗、風味溫暖而辛辣，卻也爽脆、清新、充滿果香（我唯一能想到做得比它好的商品只有可口可樂）。與檸檬汁、薑汁汽水、薑汁啤酒或以上原料的組合混調在一起時，這款酒就會活過來。在一個陽光燦爛的下午，看到一壺壺這種酒究竟能以多快的速度從野餐長椅上消失，實在是非常驚人的畫面。帶有清涼特性與清新香氣的黃瓜是我的首選。當來到喝皮姆的時間，英國超市裡的黃瓜往往因此一掃而空。

# 附錄 APPENDIX

## 蒸餾廠名單
## Glossary Of Distilleries

本書已經無法詳盡介紹世界所有琴酒品牌，其實這也是個值得慶祝的事。不過，全球正有一些奇妙迷人的事情正在發生，尤其是那些掙扎著努力表現自己的小型品牌。不論規模大小，由於許多蒸餾廠無法收錄於本書，此附錄希望能給各位一份繼續從深度與廣度等層面看看世界各角落蒸餾廠的入門介紹。雖然說了這麼多，還是要說這份清單儘管全面，但並非詳盡無遺。

### 英國United Kingdom

**7 Dials｜七鐘面｜46% ABV**
由原子品牌代表倫敦琴酒俱樂部（The London Gin Club）酒吧製作，七鐘面一名取自倫敦柯芬園（Covent Garden）一處七條道路交會之地。此款琴酒採用七種植物：杜松子、芫荽籽、歐白芷根、錦葵（mallow）根、克里蒙橘（clementine）皮、豆蔻與扁桃，並且用旋轉蒸發器進行低溫蒸餾，最後以中性烈酒與水稀釋。

**Ancient Mariner｜老水手｜50% ABV**
老水手是一款杜松子風味為主的琴酒，由海布里底烈酒與利口酒公司（Hebridean Spirits & Liqueurs company）持有，但是由泰晤士蒸餾廠在倫敦製作。酒款名取自柯立芝（Coleridge）的知名詩作〈老水手之歌〉（The Rime of the Ancient Mariner）。

**Anno｜紀元｜43% ABV**
這款肯丁斯（Kentish）的琴酒由兩位在巨型藥品集團葛蘭素史克（GlaxoSmithKline）退休的大人物創立。使用來自「英格蘭花園」（Garden of England）一系列新鮮且

風味豐富的原料，包括啤酒花、玫瑰果（rose hips）、接骨木花、薰衣草（源自國家薰衣草收藏館〔National Lavender Collection〕的馬德瑞苗圃〔Downderry Nursery〕），以及海茴香（samphire，源自羅姆尼濕地〔Romney Marsh〕）。這款酒很美味。他們也有生產黑刺李琴酒與一款接骨木花伏特加。

**Bath Gin｜入浴琴酒｜40% ABV**
入浴琴酒由泰晤士蒸餾廠生產，以位於巴斯（Bath）皇后街（Queen Street）的金絲雀琴酒吧（Canary Gin Bar）為名製作。其酒標為維多利亞風尚型錄的模樣（其實是一張朝你眨眼睛的珍‧奧斯汀〔Jane Austen〕），這款酒包括了一系列經典的原料，再加上艾草與青檸葉。

**Beckett's｜貝克特｜40% ABV**
這款琴酒由金士頓蒸餾廠（Kingston Distillery）製造，位於倫敦西南部郊區的金士頓區（Kingston-Upon-Thames）。採用的植物包括杜松子、萊姆、鳶尾根、甜橙皮、芫荽與新鮮薄荷。貝克特使用的杜松子來自薩里的伯士丘（Box Hill），而且此品牌也與位於英格蘭的英國國民信託（National Trust）一同合作執行了杜松保育計畫。

**Blackdown｜布萊克頓｜37.5% ABV**
品牌薩塞克斯（Sussex's）對於這波琴酒爆發的回應，就是這款布萊克頓琴酒。這款琴酒蒸餾十一種經典植物，接著經過木炭過濾，再與當地的銀樺樹汁混合。這是一款很美味的果汁，但因為有著酒精濃度37.5% ABV，所以會希望能有多一點架構與持久度。

**Blackwoods｜黑木｜40% ABV**
這款琴酒頗具神祕感，因為沒有任何人知道黑木在哪兒製作（我認為是在巴門納克蒸餾廠），這款由雪德蘭群島（Shetland Islands）啟發的琴酒使用一系列不斷更新的採集植物，包括野生水薄荷（water mint）與海石竹（sea pink）花，因此這款始終在改變的酒款稱為「年分黑木」（Blackwoods Vintage）。最初的黑木品牌很早進入新琴酒市場，但在2008年此品牌面臨破產危機，但所幸被布拉沃德葡萄酒與烈酒公司（Blavod Wines & Spirits Co.）拯救。

**Boë｜博依｜41.5% ABV**
這款琴酒是另一款認識蘇格蘭琴酒的入門，來自靠近史特靈（Stirling）的汀士頓威士忌蒸餾廠（Deanston Whisky Distillery）。有趣的是，首席蒸餾師伊恩‧麥克米倫（Ian Macmillan）曾經在布思倫敦蒸餾廠（Booth's）工作，我個人認為這是琴酒領域中相當好的履歷。他們的包裝是用「標籤雲」的方式呈現十一種植物，我並不特別喜歡他們的包裝，但琴酒很不錯。

**Boodles｜波德仕｜40% ABV**
在詹姆士‧龐德小說中的刀鋒俱樂部（Blades Club）據說就是以波德仕紳仕俱樂部為範本，此俱樂部可以追溯至1845年。這裡必須擁有自己的品牌才似乎比較合理。波德仕琴酒由G&J格林諾蒸餾廠製作，植物包括肉豆蔻、鼠尾草、迷迭香與杜松子。

**Boxer｜拳擊手｜40% ABV**
酒瓶上就有一位拳擊手（boxer），但是這款酒叫做拳擊手的真正原因，是因為可以買盒裝版（box）的補充包。作

法就是你可以先買一支琴酒，然後買盒裝版補充，這表示每公升的售價將因此降低，但這也是更環境友善的投資。這款酒的開頭如經典的倫敦干型琴酒，由蘭利蒸餾廠製作，該酒款混合了新鮮的喜馬拉雅杜松蒸餾液，以及冷壓佛手柑萃取物。

**Brecon｜布雷肯｜43% ABV**

由位於威爾斯（Wales）的潘迪恩威士忌蒸餾廠（Penderyn Whisky Distillery）製作。該蒸餾廠的「植物」琴酒中的植物成分並未公布，雖然酒標與乾淨的玻璃瓶身上清楚地畫著杜松子、柳橙、歐白芷與芫荽的插畫。標準酒精濃度的「布雷肯」琴酒則使用了十一種經典植物。

**Brockmans｜布洛克曼｜40% ABV**

由G&J格林諾蒸餾廠製作，這款琴酒蒸餾後以藍莓合成液加味，酒液因此有了相當鮮明且瀰漫的莓果香氣。

**Bulldog｜鬥牛犬｜40% ABV**

在2008年成立，這是另一個相對早進入正在成長的琴酒市場的品牌。鬥牛犬在G&J格林諾蒸餾廠製作，除了使用這個標準英國風的名字之外，它也採用了東倫敦的原料，例如罌粟籽、蓮葉與龍眼果實等等。酒瓶為黑色、寬肩，並在瓶頸處圍了一環狗圈，帶點些微的施虐風格。

**Cambridge｜劍橋｜42% ABV**

該蒸餾廠使用旋轉蒸發器對植物進行減壓蒸餾。劍橋的威爾羅威（Will Lowe）是一款為了哥本哈根的諾瑪（NOMA）餐廳而製作的知名琴酒，除了植物，原料還包括木螞蟻（wood ants）——雖然在歐盟的規範之下，螞蟻其實不算是植

物。劍橋自家琴酒則是依季節釋出，其中的植物原料可以包括黑醋栗葉、檸檬馬鞭草、歐白芷籽、玫瑰花瓣、紫羅蘭花瓣、羅勒與迷迭香，這些植物均源自蒸餾廠的花園。一款優秀的琴酒。

**Chilgrove｜奇爾格羅夫｜44% ABV**

在薩塞克斯蒸餾產出的琴酒，基酒為葡萄酒，配方還包括水薄荷等十一種植物。這款琴酒擁有相稱的葡萄酒香，伴隨溫和的檸檬與花朵調性，其支持著像樣的杜松子基底調性。

**City of London｜倫敦市｜40% ABV**

這間蒸餾廠與酒吧最初在2013年成立，如今已經成為琴酒狂的集散地。該蒸餾廠的建立時還有傑米·巴克斯特的顧問，為了對得起如此高規格的待遇，倫敦市蒸餾廠開始邀請客座蒸餾師，以維持最高水準。第一位客座蒸餾師就是前坦奎利與高登的首席蒸餾師湯姆·尼克爾，最近他便與此蒸餾廠合作推出特別款「克里斯多佛·雷恩」（Christopher Wren），加入先前的四款琴酒。

**Colonel Fox｜福克斯上校｜40% ABV**

這款琴酒據說是根據1859年的配方，由知名的戰爭英雄福克斯上校發現。此配方十分單純：杜松子、芫荽、歐白芷、桂皮、甘草與苦橙皮。這款酒由位於倫敦的泰晤士蒸餾廠製作，該蒸餾廠另有一款黑刺李琴酒，叫做巴傑將軍（Gentleman Badger，此為虛構人物）。

**Conker Gin｜七葉樹琴酒｜40% ABV**

此名稱推測應該是源自戰時利用蒸餾七葉樹製作丙酮的方法，這也是多塞特（Dorset）交出的第一批貨物。此款琴酒採用了當地的接骨木果實、海茴香與

荊豆花（gorse flower），接著與其他植物一起放進壺式蒸餾器蒸餾，酒款溫潤且帶森林調性，一款美好又低調的琴酒。

**Cotswolds｜科茲窩｜46% ABV**

此蒸餾廠計畫未來會更聚焦於威士忌，但現在使用科茲窩結合了「浸泡與沖煮」與「蒸氣浸潤」，創造了一款頗為美味琴酒。酒瓶看起來像葡萄酒或利口酒，但我十分喜愛。能從酒中間到明亮的葡萄柚與新鮮松木調性。絕對是值得關注的一間蒸餾廠。

**Dà Mhìle｜達米雷｜42% ABV**

此品牌有個有趣的故事。故事從威士忌開始，在1992年時，達米雷的擁有者約翰·薩維奇–昂斯韋德（John Savage-Onstwedder）請蘇格蘭的雲頂蒸餾廠製作。這款威士忌以蓋爾語的「2000」為名，以紀念千禧年。接著，到了2010年，約翰成功獲得蒸餾廠的執照，並在威爾斯西南部的芬代爾農場（Glynhynod Farm）建立蒸餾廠。他們的有機「農舍」琴酒使用二十種植物，風味集結了涼爽、花香、柑橘與草本。他們也推出了海草琴酒，為蒸餾後浸泡紐基（Newquay）海草。

**D1 Daringly Dry London｜D1大膽倫敦干型｜40% ABV**

這款酒由蘭利蒸餾廠製作，原料包括杜松子、芫荽籽、柳橙皮、檸檬皮、歐白芷根、桂皮、扁桃、甘草與蕁麻。蕁麻的挑選由混茶師擔任，最終琴酒因此帶了微微的草本與柑橘特質。

**Daffy's｜達菲｜43.4% ABV**

又一個被問到蒸餾廠位於何處時，帶著一抹神祕色彩的琴酒品牌，不過他們

承認自己立基於蘇格蘭，並且使用一臺「古老蒸餾器」且位於蘇格蘭群島之一。他們的琴酒會經過「慢煮」的蒸餾過程，需時九個半小時，在此之前植物已浸泡四天。除了九種傳統植物之外，還添加了黎巴嫩薄荷（Lebanese mint）。

**Dr J's｜J博士｜45% ABV**
由約翰·華特斯博士（Dr. John Walters）創立，在牛津大學取得生物化學博士學位。這款琴酒由位於劍橋郊區的英國烈酒蒸餾廠（English Spirit Distillery）製作。除了琴酒，約翰還生產義式渣釀白蘭地（Grappa）、加味伏特加、杉布卡（Sambuca），甚至還有蘭姆酒。約翰博士的琴酒結合了杜松子、五個品種的芫荽籽、新鮮檸檬、萊姆、柳橙、夏威夷豆與磨碎的歐白芷根。這座蒸餾廠擁有五臺傳統單壺蒸餾器，名叫「凡尼」（Fanny）。

**Durham｜杜倫｜40% ABV**
杜倫蒸餾廠宣稱自從亨利八世統治以來，為英國第一座蒸餾廠。他們也表示雇用了全國最年輕的女性首席蒸餾師。杜倫琴酒所使用的植物並不公開，但其中包含了杜松子與粉紅胡椒。酒款香氣頗為花香調性，並帶有一股印度香料茶（chai）的特性，因此推測原料可能包括肉桂或桂皮。

**Fifty Eight｜58｜43% ABV**
一款相當傑出的倫敦干型琴酒，來自東倫敦的哈克尼當恩斯（Hackney Downs），並以一臺葡萄牙的傳統單壺蒸餾器製作，每一蒸餾批次僅能產出八十瓶。

**Forest｜森之琴｜42% ABV**
那似乎散發光芒的石缸酒瓶，上面以網版印刷著剪紙藝術裝飾，宛如直接從茱莉亞·唐娜森（Julia Donaldson）的圖畫書直接拿出來，森之琴十分令人期待。此品牌由琳賽（Lindsay）與卡爾·龐德（Karl Bond）創立，他們的植物原料一部分是親自在峰區（Peak District）的麥克斯菲爾德森林（Macclesfield Forest）附近採集，包括野莓山桑子、荊豆花、樹莓與苔蘚。

**Gin Lane 1751｜琴酒巷1751｜40% ABV**
另一款產自泰晤士蒸餾廠的琴酒，與布魯姆斯伯里俱樂部（Bloomsbury Club）合夥。這款琴酒使用了八種經典植物，裝在看起來相當美味的酒瓶中。他們也有生產老湯姆、「維多利亞」粉紅琴酒（添加了調酒苦精），以及一款酒精濃度為47%的「皇家強度」（Royal Strength）。

**Japanese Gin｜日本琴｜42% ABV**
又是一款劍橋蒸餾廠的產品，這款琴酒結合了傳統植物的蒸餾，再搭配與紫蘇葉（shiso leaf）、芝麻及日本柚子低溫真空蒸餾。

**King of Soho｜蘇活之王｜42% ABV**
這款琴酒由霍華德·雷蒙德（Howard Raymond）所擁有，製作則交由位於倫敦南部的泰晤士蒸餾廠。霍華德為蘇活區地產與情色大亨、已故的保羅·雷蒙德（Paul Raymond）之子。這款琴酒的包裝非常有型且非常不像琴酒。另一方面，裡面的琴酒——有點令人失望——平庸，此酒款以十二種植物製作。

**Liverpool｜利物浦｜42% ABV**
利物浦的第一間琴酒蒸餾廠，歷時超過一百年，推出了三款「複雜有機琴酒」（complex organic gins），其中包括「玫瑰」（Rose）風味與「晚侖夏橙」（Valencian Orange）風味。這間蒸餾廠為瞭望臺酒吧（Belvedere Pub）與利物浦有機啤酒廠（Liverpool Organic Brewery）聯手展開的冒險。

**Makar｜馬卡｜43% ABV**
這款酒是格拉斯哥蒸餾公司（Glasgow Distillery Company）對於琴酒復興的回應。此蒸餾公司於1770年代成立，接著在2013年死而復生。這款酒驕傲地自稱「優質的杜松子主調干型琴酒」，它也的確比絕大多數琴酒酒款都做到了這一點，而我們也應該為此心得到感激。這款琴酒的確有強勁的杜松子風味，盡可能地堅持了經典風格。

**Masons｜梅森｜42% ABV**
梅森是另一個自行採集杜松子的琴酒品牌，產地位在他們家鄉約克郡（Yorkshire）的某處。酒款包裝簡單得令人耳目一新，味道也如其貌（正面之意）。梅森是英國寥寥數家宣稱使用自家生產的中性烈酒（使用甜菜）製作琴酒。

**Mayfair｜梅費爾｜40% ABV**
又一家酒款源自泰晤士蒸餾廠的品牌。此酒款使用杜松子、歐白芷根、芫荽籽與鳶尾根。酒款包裝方正呆板。我討厭它，但我想我並非目標族群。然而，其中的酒液美味又經典。

**Mombasa Club｜蒙巴薩俱樂部｜41.5% ABV**
這也許是最不典型的琴酒酒款包裝，蒙

巴薩俱樂部看起來比較像是一只放在早地上的大酒壺。酒款名稱引用自蒙巴薩知名的社交俱樂部，英國移民很喜歡在那兒來杯琴酒（或五杯）。辛香料風味恰當，充滿大地調性，又有點渾濁。都是正面美味之意。

**NB｜42% ABV**
此名稱為北貝里克（North Berwick）的縮寫，這是一個位於愛丁堡東北部的小鎮。由史帝夫（Steve）與薇薇・謬爾（Viv Muir）這對情侶共同創立，薇薇因此放棄了合夥律師的成功事業，追逐他們製酒的夢想。酒款包裝簡單，其中的酒液也頗為如此。他們使用了九個經典植物，完成了這瓶美味的琴酒，但就是有點太保守求安全的感覺。

**No. 1 London Original｜1號倫敦原始｜47% ABV**
諷刺地，這款琴酒其實並不是倫敦干型琴酒，在倫敦也看不太到這款琴酒，即使如此，這款酒依舊是在倫敦的泰晤士蒸餾廠製造。1號倫敦是西班牙相當受歡迎的琴酒選擇（此品牌由雪莉酒廠岡薩雷斯比亞斯〔González Byass〕擁有），這款酒我的確常在西班牙免稅商店看到它們排成一列。酒色是淡淡的藍色，源於蒸餾後浸泡梔子花（gardenia flowers）。

**Pinkster｜粉紅者｜37.5% ABV**
以粉紅酒色為包裝，我的確被這個不太低調的市場策略嚇到了。這款琴酒由泰晤士蒸餾廠製作，蒸餾後浸泡了新鮮樹莓。我第一次品嚐這款酒的時候頗為驚喜，樹莓的味道並不像外表看起來可能十分強烈。在粉紅色的包裝之下是一款美味的琴酒——我幾乎都要有點為它的長相感到抱歉了。

**Poetic License｜詩的破格｜43.2% ABV**
來自桑德蘭（Sunderland）的「北部干型琴酒」（Northern Dry Gin）由詩的破格蒸餾廠酒吧，在洛克最佳西部旅館（Roker Best Western Hotel）製作，這款酒採用波斯萊姆與豆蔻，希望展現一股綠色的中東風味調性。他們也有生產老湯姆（Old Tom）。

**Rock Rose｜石玫瑰｜41.5% ABV**
不錯的陶器風格包裝，此酒款源自蘇格蘭最北端的琴酒蒸餾廠。酒液因為野地採集植物而帶有一絲健康的調性，其中包括紅景天（rhodiola rosea）、花楸果實、沙棘、歐洲越橘（blaeberries）與馬鞭草。

**Shortcross｜短十字｜46% ABV**
在位於愛爾蘭北部唐郡（County Down）的拉德蒙莊園（Rademon Estate）蒸餾，須使用當地採集的野生三葉草，再加上接骨木花、接骨木果與綠蘋果。這款琴酒由大衛（David）與費歐娜・波伊德–阿姆斯壯（Fiona Boyd- Armstrong），後者是地產大亨法蘭克・波伊德（Frank Boyd）的女兒，而他也是愛爾蘭最富有的人之一。

**Steam Punk｜蒸氣龐克｜40% ABV**
這款琴酒由諾森伯蘭琴酒公司（Northumberland Gin Co.）製作，採用相當「奇特的植物」，並且根據1892年的配方，這份配方源自萊禮・福爾摩斯–當森爵士（Sir Raleigh Holmes-Dunson）——他有可能是一名虛構人物……我真的不確定。

**Stovell's｜史托維爾｜42% ABV**
史托維爾的「野工藝」源自薩里喬巴姆（Chobham）的史托維爾餐廳。品牌的團隊使用一臺旋轉蒸發器以減壓蒸餾的方式濃縮全系列的野外採集植物，包括橡木苔、紅三葉草、菖蒲（sweet flag）、玫瑰果、茴香、車前草（woodruff）與蕁麻。這款琴酒還帶了些許當地蜂蜜的調性，蜂蜜為裝瓶前添入。

**Strathearn｜斯特拉森｜40% ABV**
來自蘇格蘭最新且最小型的蒸餾廠之一，距離愛丁堡僅一小時車程。斯特拉森已經推出了「經典琴酒」，這款酒採用青檸葉與八角，再加上帚石楠與玫瑰。另一款「桶陳高地琴酒」（Oaked Highland Gin）則是經過了小型橡木桶桶陳。

**SW4｜40% ABV**
一個相當標準以倫敦干型琴酒為銷售的酒款，由泰晤士蒸餾廠製作，此酒款名稱取自它出處的郵遞區號。

**Trevethan｜崔維坦｜43% ABV**
立基於索爾塔什（Saltash），地點介於康瓦爾與德文之間，但位於康瓦爾這一側。崔維坦使用一臺220公升的葡萄牙傳統單壺蒸餾器。此酒款以一份1920年代的琴酒配方為基礎，此配方的創始人名為諾曼・崔維坦（Norman Trevethan），他也是當時康瓦爾的社會名流。今日的崔維坦琴酒則是由崔維坦的孫子羅伯特・卡夫（Robert Cuffe）再詮釋，使用了一系列的經典植物，以及從當地採集的材料。

**Two Birds｜雙鳥｜40% ABV**
雙鳥源自萊斯特郡（Leicestershire），英國有任何一個郡沒有製造琴酒嗎？這款酒由馬克・甘伯（Mark Gamble）以

25公升的銅製壺式蒸餾器製作，若是與泰晤士蒸餾廠的蒸餾器做比較，大約等同於奧克斯利（它很小）。此酒款杜松子風味豐沛、油滑且如樹脂——換句話說，風格實在不太像包裝般的現代。雙鳥也有推出特別為調酒設計的琴酒，這款酒的杜松子風味又更上一層樓了。

## Twisted Nose｜歪鼻｜40% ABV

來自古代威塞克斯王國（Kingdom of Wessex）的首都溫徹斯特。歪鼻聞起來擁有一系列加味烈酒與琴酒的風味。其植物名單包括杜松子、葡萄柚皮、桂皮、茴香籽、鳶尾、歐白芷根、薰衣草，以及最值得注意的是，當地生長的水田芥（watercress）。有趣的是，羅馬人曾將水田芥叫做「nasturtium」，此詞之意就是歪鼻。

### 歐洲Europe

## Audemus Pink Pepper｜奧德姆粉紅胡椒｜44% ABV

座落於法國干邑區中心，這間蒸餾廠辛辣的粉紅胡椒琴酒，使用減壓蒸餾法捕捉了胡椒粒所有的香氣，但仍保留了其他植物（包括蜂蜜、香草和豆蔻）的香氣。奧德姆也蒸餾了續隨子（capers，酸豆），製造出一瓶有鹹鮮味的烈酒。

## Berlin Dry Gin｜柏林干型琴酒｜42% ABV

對克里斯蒂安‧楊森（Christian Jensen）而言，簡約的包裝是十足的挑戰，酒瓶上的留白完美體現了瓶中琴酒的空靈柔軟。這份配方意欲捕捉「柏林的靈魂」，使用了黃瓜、錦葵（mallow）和香車葉草（sweet woodruff）和其他原料。每一批次都個別編上從1到9999的數字。

## Blackwater No.5｜黑水5號｜41.5% ABV

威士忌書籍作家彼得‧穆爾楊（Peter Mulryan）於2015年在愛爾蘭成立黑水蒸餾廠。就在科克（Cork）北邊的黑水谷（Blackwater Valley）在十九世紀是重要的辛香料船運地區，而這也是5號配方的靈感來源。這款琴酒是以300公升的蒸餾器製作，嗅聞時，豆蔻和杜松子的香氣綿延不斷。黑水最近也推出了一款杜松子桶陳琴酒，於50公升的客製木桶中陳年。

## Bobby's Schiedam｜巴比斯希丹｜42% ABV

蒸餾廠老闆兼蒸餾師賽巴斯汀‧范博科（Sebastien van Bokkel）將這支琴酒形容為荷蘭人的勇氣混合了印尼辛香料。這支琴酒以一位移民到荷蘭的印尼人的名字「巴比」取名。他在1950年代定居於此，熱衷於將東方來的辛香料浸泡到荷蘭烈酒中。這款琴酒由斯希丹的赫爾曼‧楊森（Herman Jansen）蒸餾廠製造，使用了有機杜松子、茴香、玫瑰果（rosehip）和其他植物。包裝出地融合了傳統與現代的荷蘭設計，也額外加入了一點點印尼風格。

## Buss｜巴斯｜40% ABV

巴斯509號（Buss No. 509）系列酒款是由比利時的巴斯烈酒（Buss Spirits）製作，創始人為塞吉‧巴斯（Serge Buss）。這間公司也生產了覆盆子（raspberry）、水蜜桃（persian peach）和粉紅葡萄柚（pink grapefruit）風味琴酒，但在白雨（White Rain）酒款中，使用的植物包括杜松子、芫荽籽、歐白芷根、甘草、香草、豆蔻、鳶尾、馬鞭草、柳橙和檸檬及其他。這款琴酒的核心有些許馬鬱

蘭（marjoram）強而有力的風味，讓草本植物調性全數帶到前面。

## Cork｜科克｜40% ABV

科克干型琴酒據稱在1793年便開始在科克生產。這支琴酒如今由保樂力加（Pernod Richard）的子公司愛爾蘭蒸餾公司（Irish Distillers）那巨大的密德頓蒸餾廠（Middleton Distillery）生產。愛爾蘭大約有一半的琴酒飲用量都是科克干型琴酒。它是合成琴酒，品質可疑、價格低廉無比，而且愛爾蘭的任何地方都買得到。

## Cockney's｜考克尼｜44.2% ABV

雖然這支酒聽起來像是來自倫敦（「考克尼」指常見於倫敦工人階級中的考克尼口音，即倫敦口音），實際上卻是來自比利時的阿斯特（Aalst）。這支酒的配方據稱出自一位1838年在根特（Ghent）設立一間蒸餾廠的倫敦人之手，使用了十五種植物。這支琴酒以柑橘為主調，帶有礦物風味，如剃刀般鋒利。

## Dingle｜丁格爾｜42.6% ABV

丁格爾是一間位於凱里郡（County Kerry）的愛爾蘭威士忌蒸餾廠，但他們也用蒸氣浸潤的方式生產琴酒，使用了包括花楸果實、沼澤香桃木、細葉香芹（chervil）和石楠花的植物。這支琴酒具有煮熟的莓果特質，以及一抹杜松子和尤加利葉調性。

## Elephant｜大象｜45% ABV

從德國某個體長類動物主題的琴酒汲取了配方設計靈感，大象琴酒挑選了十分不尋常的非洲植物，像是猴麵包樹（Baobab）、南非香葉木（Buchu）、南非鉤麻（Devil's Claw）和非洲苦蒿

（African Wormwood）。這支酒15%的利潤會用來保護非洲的大象。

### Ferdinand's Saar｜斐迪南薩爾｜44% ABV

任何含有板岩麗絲玲（Schiefer Riesling）白酒的產品，都會得到我的一票。這支琴酒來自位於德國溫歇林根（Wincheringen）的阿瓦德斯蒸餾廠（Avadis Distillery），使用了三十種不同的有機植物（不過猴子47用得更多）。最突出的是花香：薰衣草、檸檬百里香、啤酒花和玫瑰。其他包括黑刺李、玫瑰果和百里香。絕對是值得觀察的一支琴酒。

### Glendalough｜格倫達洛｜40% ABV

這間新愛爾蘭蒸餾廠著重在愛爾蘭的蒸餾歷史，主要生產威士忌及愛爾蘭傳統蒸餾酒（poitín），但他們也製造琴酒。他們的網站值得一去，可以觀賞展示蒸餾廠如何從歷史得到靈感來源的影片──影片的製作規格堪比好萊塢的賣座大片。他們的琴酒每個季節都不一樣（一年推出四款），依照他們可以在威克洛（Wicklow）鄉間發現什麼樣的可採集植物而定。

### Granit Bavarian｜巴伐利亞花崗岩｜42% ABV

另一款著重在掠奪當地德國食品貯藏櫃的琴酒。花崗岩出自居住於豪岑貝格（Hauzenberg）的潘寧格（Penninger）家族之手，使用了檸檬香蜂草、蜜蜂花（melissa）、繖形花（bald money，類似歐當歸〔lovage〕）以及從巴伐利亞森林採集而來的龍膽根（gentian root）。琴酒會放在陶罐中靜置，再用花崗碎石過濾──故得名花崗岩琴酒──接著裝瓶。你甚至能得到一塊黏在酒瓶上的花崗岩（其實沒有）。

### Helsinki｜赫爾辛基｜47% ABV

這間芬蘭蒸餾廠原本在2014年設立時是要生產威士忌，但經驗豐富的蒸餾師團隊也製作了充滿芬蘭越橘、塞維亞苦橙、檸檬皮、茴香籽和玫瑰花瓣風味的琴酒。越橘在經過長時間的浸泡與蒸餾後出現一種煮熟的風味，但玫瑰、綠色未熟的茴香籽調性緩和了那股味道。

### Isfjord｜冰峽灣｜44% ABV

格陵蘭唯一的琴酒，而正如同你所想像，是用冰山的水來稀釋的。配方中有十二種植物，而這款琴酒強調的是滑順的口感（多虧了那種水），而不是植物風味的複雜性。礦物風味、甘甜，些許的鹽漬調性。包裝低調得很出色。

### Larios｜拉里歐｜40% ABV

拉里歐是西班牙銷量最高的琴酒品牌。儘管價格便宜（1公升瓶裝大約十歐元），品質卻好得令人訝異。最近也推出了一支拉里歐12（Larios 12），是較為頂級的琴酒，瞄準西班牙利益頗豐的高品質琴酒市場。

### Mikeller｜米凱樂｜44% ABV

來自丹麥的哥本哈根，這支琴酒使用了給予穩定協助的錫姆科啤酒花（Simcoe hop），賦予一種土壤氣息的花香。不像某些加入啤酒花的琴酒，這支琴酒的啤酒花氣味夠隱微，能被視為一支「改造經典風味」的琴酒。

### Napue｜娜普威｜46.3% ABV

來自芬蘭伊索奇勒（Isokyrö）的奇勒蒸餾廠公司（Kyrö Distillery，前身是起司工廠），這支琴酒是以採購的裸麥烈酒為基底，與白樺樹葉、沙棘、蔓越莓、雲杉木和繡線菊及其他七種更傳統的植物一起蒸餾。

### Nginious!｜靈琴酒！｜45% ABV

在我見過的一些最不尋常的烈酒包裝之中，這支瑞士琴酒的包裝很有可能會得到兩極的評價。這款琴酒是奧利佛・烏爾里希（Oliver Ullrich）和拉爾夫・維利格（Ralph Villager）謹慎構思出的創作，兩人最初是在倫敦的烈酒訓練課程中見面。十八種植物的蒸餾分別以四個不同的批次完成，香氣類似的原料會被分在同一類。最終成品是充滿果香、香氣甘甜的琴酒。我很愛。

### Nordisk Brænderi｜北歐蒸餾廠｜44.8% ABV

安德斯・畢格姆（Anders Bilgram）的丹麥琴酒是以他環繞北極圈的航行冒險為靈感。這支琴酒使用了格陵蘭喇叭茶（qajaasat）──一種貼地生長的格陵蘭原生花──瑞典雲梅（Swedish cloudberry）、來自丹麥的沙棘、野生玫瑰花等。基酒是蒸餾自發酵糖蜜和丹麥蘋果酒。採用蒸氣浸潤的蒸餾法，並分為三個批次完成，將相似的原料結合在一起。

### OMG｜45% ABV

來自捷克共和國的祖凡尼克（Žufánek）家族生產了兩支琴酒酒款：OMG（Oh My Gin）和OMFG（Oh My Finest Gin）。我沒在開玩笑。OMG使用了十六種植物，包括薰衣草花以及捷克國樹小葉椴樹（small-leaved linden）的花朵。OMFG則奠基在OMG的風味之上，額外添加了達米阿那（damiana），是一種長得像洋甘菊的花，以催情作用聞名（我的天！）。

**Saffron｜番紅花｜40% ABV**

猜猜看這琴酒加入了什麼風味呀？如果這名字還不夠明顯，那酒色肯定能告訴你答案——這顏色看起來像柳橙汽水。這支琴酒出自備受尊敬的第戎（Dijon）利口酒製造商加布里埃爾·布迪耶（Gabriel Boudier），他們是浸泡法的大師。這一點也反映在琴酒上——雖然番紅花的風味最為強勢，卻不會像預想中的那麼衝擊。這是支以杜松子和芫荽為主的琴酒，但我還是覺得那亮橘的顏色有點令人不快。

**Sloane's｜斯隆｜40% ABV**

命名自植物學家漢斯·斯隆爵士（Sir Hans Sloane）——他主要負責管理切爾西藥草園（Chelsea Physic Garden），也將自己的名字借給了倫敦的斯隆廣場（Sloane's Square）——這支倫敦干型琴酒在荷蘭的吐蘭克蒸餾廠（Toorank Distillery）生產。這支琴酒混合了十種不同植物的蒸餾液，是穩穩當當的倫敦干型琴酒。

**Spirit of Hven｜文島的靈魂｜40% ABV**

全世界最實驗性的威士忌蒸餾廠也開始涉足琴酒了。2008年，蒸餾師亨里克·莫林（Henric Molin）在奧斯陸海峽上的文島（Hven）設立了自己的蒸餾廠，就位於丹麥和瑞典之間。他從那時起就建立了一座開創性的橡木桶實驗室，分析烈酒桶陳的效果。因此一點也不意外他們的有機琴酒（Organic Gin）在進行最終蒸餾批次之前，會先經過短暫的桶陳。這支琴酒的柑橘調性十分強烈，入口後轉化為明亮的辛香料風味。

**Strane｜斯特蘭內｜47.4% ABV**

這支琴酒出自瑞典斯默根蒸餾廠（Smögen Distillery）的帕爾·卡爾登比（Pär Caldenby）之手，由三種蒸餾液的組合製成：柑橘、草本植物和杜松子。這支琴酒正如酒標上所表示的，是倫敦干型琴酒風格，能購買標準的酒精濃度47.4%、「海軍強度」（57.1% ABV）和荒唐的「直接裝瓶強度」（Uncut Strength）（76% ABV）。

**Santamania｜聖塔瑪莉亞｜41% ABV**

這間位於西班牙馬德里的蒸餾廠，有時會被拿來與倫敦的希普史密斯（Sipsmith）比較。他們如今正在升級設備，因為市場需求量已經超過了他們的產能。這支琴酒是以田帕尼優葡萄（Temoranillo）為基底，包括一系列經典植物，加上覆盆子與極不尋常的西班牙開心果（Spanish pistachio）。聖塔瑪莉亞也推出了限量的「珍藏」（Reserva）以法國橡木桶桶陳。

**Sylvius｜席維斯｜45% ABV**

「席維斯醫生」絕對沒有發明杜松子酒的這個事實，顯然沒讓斯希丹的三株小樹蒸餾廠（Distilleerderij Onder de Boompjes）在為產品命名時有所猶豫。這支琴酒使用了十種植物，除了葛縷子以外全都是經典植物，而葛縷子也許就是最為突出的風味，伴隨肉桂與檸檬。

**Three Corner｜三角｜42% ABV**

出自阿姆斯特丹傳奇的A范維蒸餾廠（A.Van Wees），這支琴酒只用了兩種植物：杜松子和檸檬（你會猜想為什麼這支酒不叫「二角」）。不過，如果你認為他們使用了更多植物，是完全可以理解的。杜松子相當厚重、辛辣且油潤，而檸檬的風味既明亮又帶著花香。

**Vilnius｜維爾紐斯｜45% ABV**

如果你複習一下法律上的分類，可能就會想起來立陶宛維爾紐斯鎮的琴酒是受到歐盟法律保護的。維爾紐斯琴酒現在是鎮上唯一一支琴酒，而其主要風味是柑橘調性，但加入了蒔蘿籽讓風味更活潑。

**Vincent Van Gogh｜文森·梵谷｜47% ABV**

這支琴酒於1999年出自荷蘭斯希丹的皇家迪爾奇瓦荷蒸餾廠（Royal Dirkzwager Distilleries），確實非常古老。他們使用和龐貝巨鑽一樣的十種植物，不同之處在於，這支琴酒的植物以小壺式蒸餾器分開蒸餾，接著才與中性烈酒混調在一起。

**Vor｜春泉｜38% ABV**

春泉琴酒生產自冰島加爾扎拜爾（Gadabær）的恩維克蒸餾廠（Eimverk Distillery），是展現當地風土如何塑造烈酒的驚人示範。從製造中性烈酒的大麥，到所有植物，一切都是生長自冰島。古怪的當地風味包括冰島苔蘚、大黃、歐白芷根、鋪地百里香（creeping thyme）、闊葉巨藻（sweet kelp）、羽衣甘藍和岩高蘭。酒瓶包裝同樣有趣，而儘管酒精濃度較低，要將這款琴酒做成調酒幾乎是可惜了。

## 北美洲North America

**Aura Gin｜靈光琴酒｜40% ABV**

這支琴酒來自位於加拿大廣袤北方育空地區（Yukon Territory）白馬鎮（Whitehorse）的育空光輝蒸餾廠（Yukon Shine Distillery）。基底為馬鈴薯烈酒（以知名的育空黃金〔Yukon Gold〕品種製成）。這支琴酒是以蒸

氣浸潤法製成，柑橘風味強烈，因為在十二種風味濃烈的植物中，使用了三種柑橘類水果。

**Barr Hill｜巴爾山｜45% ABV**
陶德·哈迪（Todd Hardie）是個養蜂人，但由於需要將他位於佛蒙特（Vermont）拉莫伊爾河（Lamoille River）沿岸的事業多元化，再加上他擁有家族於蘇格蘭的威士忌事業的股份，就表示未來踏入蒸餾行業的日子不遠了。首席蒸餾師萊恩·克里斯汀森（Ryan Christiansen）生產了兩種巴爾山的版本：以充滿花香的野生蜂蜜增添一點點甜味的巴爾山琴酒，以及用橡木桶桶陳的巴爾山珍藏湯姆貓（Barr Hill Reserve Tom Cat）。兩種都非常傑出。

**BIG Gin｜大琴酒｜47% ABV**
由就在西雅圖外圍的俘虜烈酒（Captive Spirits）所生產，這支琴酒的命名由來與它的宏大風味有關，但也是因為蒸餾師班·凱普狄維爾（Ben Capdevielle）替父親取的綽號：大吉姆（Big Jim）。蒸餾器是由以波本威士忌蒸餾器聞名的凡多姆（Vendome）製造。大琴酒的杜松子風味厚重，輕柔的辛香料調性，以及來自胡椒莓（Tasmanian pepper berry）的胡椒重擊。

**Black River｜黑河｜43% ABV**
來自位於緬因州的甜茅草農場釀酒廠（Sweetgrass Farm Winery），黑河是一種倫敦干型琴酒風格的琴酒，在配方中也使用了當地採集的緬因藍莓。聞起來很藍，伴隨甘甜鮮美多汁的杜松子與輕柔的森林水果調性。黑河也生產一種「蔓越莓琴酒」，在蒸餾後才將蔓越莓浸泡進去。

**Bluecoat｜藍色外套｜47% ABV**
美國人不可能做出比這更愛國的酒了。藍色外套的命名由來是美國獨立戰爭時，美軍部隊穿著的藍色外套。這支琴酒出自費城蒸餾（Philadelphia Distilling），在2006年推出。琴酒的風格十分現代，主要以柑橘調風味為主。你能在每一口酒嚐到冷戰時期知名電視主播華特·克朗凱（Walter Cronkite）的優美音調。

**Boreal｜北方｜45% ABV**
位於明尼蘇達杜魯斯（Duluth）的維克爾蒸餾廠（Vikre）推出了三種版本的琴酒：杜松子（Juniper）、雪松（Cedar）和雲杉（Spruce）。雖然三者都是樹，每種琴酒版本都從相對經典風味的「杜松子」延伸出不同的風味路徑。從「杜松子」的大黃風味，到「雪松」的樹液豐沛與辛辣，最後則是草本與常綠樹風味的「雲杉」。

**Brooklyn｜布魯克林｜40% ABV**
如果各位正在找一個吸引人的酒瓶，這款布魯克林琴酒就對了——而且沒錯，它來自布魯克林。從酒瓶正面的黃銅唱盤，到裝置藝術風格的斑駁藍色玻璃瓶身，此酒款的確看起來煞有其事。琴酒是以新鮮柑橘皮與「手工敲碎」的杜松子——我覺得比「手工擠碎」聽起來好多了。這款酒以柑橘調性主導，酒體中等，很適合做成調酒。

**Breuckelen Glorious Gin｜布魯克林光榮琴酒｜45% ABV**
從它的名稱就可以想見這款琴酒的靈感來源（這是布魯克林的荷蘭文發音）。「Breuckelen Distillery」與「Brooklyn Distiller」兩間布魯克林蒸餾廠名稱接近到甚至差點在2011年上法院，顯然現在已經彼此和解。目前正式的劃分就是「光榮琴酒」由「Breuckelen Distillery」生產，諷刺的是廠址並不在布魯克林——這款酒由位於紐約哈德遜河谷（Hudson Valley）的華威谷酒廠（Warwick Valley Winery）製作。這款琴酒使用葡萄柚與迷迭香等等植物，並以紐約自來水稀釋。

**Cold River｜冷河｜47% ABV**
這間以海為基礎的蒸餾廠，曾經由翠斯家族經營，也讓翠斯家族有了在英格蘭成立自家伏特加品牌的想法。冷河外表看起來很像是昂貴的橄欖油，但裡面裝的絕對是琴酒。這款酒的基底為馬鈴薯烈酒，接著再與七種植物進行再蒸餾，這些植物都屬於「老風味」的原料類別。

**Corsair｜海盜｜44% ABV**
此蒸餾廠以他們的威士忌打出了不錯的名號，但他們也有推出兩款「琴酒」（這個詞用得的確比較寬鬆）——海盜杜松子酒充滿麥芽與溫暖調性，再帶有一絲柑橘皮與辛香料的風味。海盜的「蒸氣龐克」（Steampunk）琴酒的植物原料中包括了煙燻穀物與啤酒花，讓這款琴酒有一種「叼著一支菸的琴酒」的感覺。

**Four Peel Gin｜四皮琴酒｜44% ABV**
猜到了吧？這款琴酒就是用四種柑橘皮製成，分別是柳橙、檸檬、葡萄柚與萊姆。比較像是柑橘伏特加而非琴酒，但是一款表現不錯的酒，而且能滿足你對於琴酒關於柑橘的一切要求。分水嶺蒸餾廠位於俄亥俄州的哥倫布（Columbus）。

**Greenhat｜綠帽｜41.6% ABV**

新哥倫比亞蒸餾廠（New Columbia Distillers）是美國少數幾間在歐洲擁有影響力的琴酒品牌。此酒款的包裝也助有一臂之力，看似放上了1930年代的帽子型錄。標準酒款有明確的綠色調性，伴隨茴香、芹菜籽、豆蔻與萊姆，全部列於最前線。綠帽也有推出一款海軍強度（酒精濃度57% ABV），再加上季節限定的混血烈酒「Ginavit」——結合了琴酒（gin）與帶葛縷香氣的蒸餾酒（akvavit）。

**Greenhook｜格林虎克｜47% ABV**

這間布魯克林在地蒸餾廠是美國寥寥數家使用壺式真空蒸餾器製作琴酒的蒸餾廠之一。他們的「美國干型琴酒」比倫敦干型琴酒擁有更多花香調性，同時伴隨強勁的亞洲香料風味與純淨的柑橘香。加水之後，會出現各式各樣的甜辛香料。他們也有製作一款經過短暫桶陳的老湯姆，以及一款以琴酒為基底的梅子利口酒。

**Halcyon｜寧靜｜46% ABV**

藍水蒸餾廠（Bluewater Distillery）由約翰・倫丁（John Lundin）在華盛頓的艾弗雷特（Everett）創建。若容我這麼說的話，這兒的酒款比較偏向「倫丁干型琴酒」，也是優質的典範。此酒款使用與英人牌一致的八種植物，蒸餾前經過二十四小時的浸泡。其蒸餾器是直火加熱的傳統單壺蒸餾器。

**Koval｜科沃｜47% ABV**

芝加哥的科沃蒸餾廠比較知名的產品，其實是一系列用有斯堪地那維亞外觀且美味的威士忌，但他們最近也推出琴酒了。包裝讓人覺得是幾何化且更酷的多德蒸餾廠琴酒。嚐起來是青草感的尤加利葉、柑橘皮與薄荷腦。

**Long Table｜長桌｜44% ABV**

這座以溫哥華為基地的蒸餾廠產出三款琴酒，他們的「倫敦干型琴酒」是經典馬丁尼琴酒的絕佳範本。另外還有「波本桶陳琴酒」，此酒款短暫以30公升的木桶熟成；「小黃瓜琴酒」則是採用新鮮小黃瓜。

**Okanagan｜歐肯納根｜40% ABV**

該蒸餾廠位於英屬哥倫比亞的科隆那（Kelowna），擁有生產白蘭地與水果利口酒的歷史。這款琴酒的植物包括杜松子、芫荽、雲杉與玫瑰，酒液因此帶有大地調性，並伴隨乙醚特質，風格介於經典與現代之間。

**Seagram's｜施格蘭｜40% ABV**

目前仍是銷量最龐大的美國琴酒，施格蘭的酒款廉價且還不錯。酒款詭異地透著微微的黃色，此酒色曾經是因為經過了短暫的桶陳，但現今完全未說明。施格蘭品牌當然有一系列風味可供挑選：水蜜桃、鳳梨、蘋果、萊姆……

**Smooth Ambler｜柔順安布勒｜40% ABV**

這個阿帕拉契蒸餾廠成立於西維吉尼亞，主要目標放在裸麥與波本威士忌，但也有生產兩款琴酒。他們使用經典植物配方，但他們的土茯苓（Greenbrier）琴酒之主要風味從傳統的杜松子轉移到了辛香料與柑橘。該酒廠也有推出桶陳琴酒，此酒款以180公升的波本桶陳放三個月。他們更自行製作中性烈酒，糖化槽裡裝的是當地生長的玉米、小麥與發芽大麥。

**Spring 44｜泉水44｜40% ABV**

一款以杜松子為主調的琴酒（酒標那超大顆杜松子已經表達得十分明顯），其蒸餾廠位於科羅拉多州，引用了落磯山脈的泉水。

**Victoria｜維多利亞｜45% ABV**

維多利亞琴酒也許是加拿大最知名的工藝琴酒，它使用了九種經典植物，以及一樣祕密的「野外採集」植物。蒸餾產在2015年夏季出售給了馬克集團（Marker Group），此集團計畫在不久未來搬到更大的廠址。

**9 Botanicals Meszal｜九種植物梅茲卡爾｜45% ABV**

此酒款來自墨西哥瓦哈卡（Oaxaca）的失魂蒸餾廠（Pierde Almas Distillery）。梅茲卡爾（Meszal）並不是一種常見的琴酒原料，而這款琴酒提醒了我們為何它不常見。這款酒充滿了墨西哥風格的碳化與煙燻特質，也許再添加些許果香與焦燒的杜松子殼的調性，並一路延續至尾韻。

**Botanic Australis Gin｜澳洲植物琴酒｜40% ABV**

這款琴酒產自澳洲昆士蘭北部的叔叔山蒸餾廠（Mt. Uncle Distillery，那兒還有阿姨山〔Mt. Aunty〕），成立於2001年。採用的十四種植物都是澳洲原生種，而且絕大多數我從未聽過，包括番櫻桃（riberry）、手指酸橙（finger limes）、大葉南洋杉果（bunya nut）、河薄荷（river mint），還有三個不同品種的尤加利葉。嚐起來相當鮮綠、乾淨且十分草本。

**Four Pillars｜四柱｜41.8% ABV**

也許是南半球最為人熟知的琴酒，四柱蒸餾廠就位於墨爾本外的亞拉河谷地（Yarra River Valley）。除了一系列經典的植物原料之外，他們還使用了澳洲的檸檬姚金孃（Lemon myrtle）與塔斯曼尼亞胡椒（Tasmanian pepper），兩種植物在酒款之中的表現都很鮮明，而且似乎還有一道道穿過的尤加利葉風味。四柱蒸餾廠也有推出桶陳琴酒（43.8% ABV）與海軍強度的「火藥強度」，酒精濃度為58.8%。

**Lighthouse｜燈塔｜42% ABV**

我第一次遇見此酒款是在布魯克林區的一間餐廳，這間餐廳就是叫做燈塔，結果只是純屬巧合，因為此酒款來自紐西蘭的北島。格雷鎮蒸餾廠（Greytown Distillery）使用的一系列植物，一部分為紐西蘭特產，從紐西蘭的擠橙（navel oranges），到比較少人知道的一種小喬木「卡瓦卡瓦」（kawakawa），以及「頁班檸檬」（yen ben lemon）。

**Rogue Society｜盜賊協會｜40% ABV**

盜賊協會是另一款絕佳的紐西蘭琴酒，擁有很棒的表現（向荷蘭致意），以及一個很可愛的網站。他採用了十二種經典的植物，做出這款以辛香料調性的杜松子為主軸之琴酒。此團隊還產出了許多特別版酒款。

**Principe De Los Apostles Mate Gin｜使徒王子琴酒｜40% ABV**

我最近一趟去阿根廷的旅途中便嚐到了這款琴酒（是從哪兒來的），而且我非常享受。此酒款充滿薄荷、葡萄柚的風味，以及些許堅果（有可能是因為植物原料清單中有瑪黛茶〔yerba mate〕）。酒標也滿美。

**Vaiõne｜瓦涅內｜40.2% ABV**

其基本烈酒蒸餾自乳清，而設備則是從一間牛奶擠奶室得到。瓦涅內琴酒比較像是慶賀紐西蘭的酪農業，而非此處的花朵與植物。瓦涅內的「太平洋」酒款擁有檸檬蛋白霜的酒色，這是因為蒸餾後浸泡過新鮮柑橘。此酒款的風味以柑橘為主導，比較接近柑橘伏特加，而不是琴酒。

**West Winds｜西風｜40% ABV**

根基於西澳的瑪格麗特流域，吉迪吉蒸餾廠（Gidgie Distilleries）生產三款西風琴酒。旗艦酒款為「軍刀」（Sabre），以十二種植物製作，其中包括檸檬香桃木、萊姆皮與金合歡籽（wattle seed）──以柑橘風味為主調，搭配美味的烘焙辛香料讓它回歸大地。「彎刀」（Cutlass）的酒精濃度為50%，並採用當地灌木番茄等植物。最後，「舷側」（Broadside）是他們的海軍強度酒款，酒精濃度為58%。

# 附錄 APPENDIX
## 專有名詞 GLOSSARY

**Botanical｜植物**
任何會長出水果、根、樹皮、種子、草本與花的生物。為倫敦干型琴酒、蒸餾琴酒與杜松子酒添加風味。

**Bourbon cask｜波本桶**
經過碳化處理的美國橡木桶，容量為180至200公升。

**Charred cask｜碳化桶**
以明火燒烤過內部的木桶。這個處理過程會使木糖焦糖化，並加大木桶紋理的孔隙，通常會加速陳年熟成過程，並且給予烈酒「棕色」或焦燒的風味。

**Cut/Cutting｜分段取酒／稀釋**
可以用於與蒸餾過程中，為酒頭或酒尾進行「分段」；或是用於以中性烈酒與水等等進行「稀釋」。

**Ester｜酯**
一種由酸與酒精產生反應所形成的化學化合物。通常聞起來會有果香與花香。

**Floor Malting｜地板發芽**
大麥發芽的傳統處理過程，過程中穀物會平均鋪散於一個廣大空間的地板上，大約每一週（時常各家很不一定）會進行一次粗略地翻動。

**GNS｜穀物中性烈酒**
Grain Neutral Spirit。請見中性烈酒（Neutral Spirit）。

**Heads｜酒頭**
蒸餾過程中最先從蒸餾器流出的液體；通常會占整批蒸餾的3～10%。酒頭通常會被丟棄，因為其中包括會使烈酒外觀混濁的不可溶油脂。

**Heart｜酒心**
蒸餾過程中可以喝的部分，酒心會在酒頭之後，並在酒尾之前（也就是好東西的意思）。

**Moutwijn/Malt wine｜麥酒**
一種經過三次蒸餾的烈酒，用大麥、玉米、小麥或裸麥或上述各種比例組合的穀物糖化發酵後製作。麥酒一般而言會先以柱式蒸餾器蒸餾，接著用壺式蒸餾器進行兩次蒸餾。麥酒可以用各式各樣的方式製作成舊式、新式、穀類或百分之百麥酒杜松子酒。它也可以加入杜松子或其他植物一起進行第四次蒸餾。

**Neutral Spirit｜中性烈酒**
蒸餾至酒精濃度大於96%的烈酒，原料包括穀物、馬鈴薯、葡萄、糖蜜或任何擁有澱粉的來源。中性烈酒也可以寫為穀類中性烈酒，這也表示基底原料為穀物。

**Reflux｜回流**
在到恰當的冷凝條件之前，於蒸餾器內不斷反覆凝結的蒸氣。回流受到溫度與時間的控制，也是一種產出強度較輕烈酒的方式。

**Supercritical CO2 extraction｜超臨界二氧化碳萃取**
一種用來萃取精油與蒸餾的方式。二氧化碳會在極高壓的狀態之下，強迫穿過接受萃取的物質（例如固態或液態的植物）。二氧化碳變得過於高溫所以無法變成液體，又因為壓力太大而無法變成氣體，所以成為一種介於中間的物質：超臨界流體。在這種狀態之下的二氧化碳會變成極強的溶劑，再加上它處於極度高壓（相當於海底的壓力），因此能夠強行進入有機物質細胞結構的深處。

**Tails｜酒尾**
蒸餾過程中低酒精濃度的剩餘部分。有時酒尾會進行再度蒸餾直到壺式蒸餾器幾乎乾涸；有時會與泥濘般的物質一起留在蒸餾器裡。

**Toasted cask｜烘烤桶**
以輻射熱炙燒過內部一段時間（通常超過一分鐘）的木桶。這種方式比碳化過程柔和，會賦予酒液溫和、烘烤、堅果與焙烤的風味。

**Tannin/tannic｜單寧**
從木材中萃取出且因而帶有顏色的物質，單寧會使舌頭感到一種乾燥的苦味。沒食子酸（gallic acid）的衍生物。

**Vapour Infusion｜蒸氣浸潤**
一種讓烈酒以蒸氣形式穿過植物籃或植物槽以萃取植物風味的方式。

**Virgin wood/oak｜新桶**
未浸泡過任何烈酒或葡萄酒的木桶（例如波本與雪莉）。

**Volatile｜揮發**
擁有蒸發傾向的分子，因此比較容易蒸餾且更容易聞到（假設它們並非無味）。

**Wash｜酒汁**
源自穀物糖化發酵後產出的帶酒精的液體。

# ACKNOWLEDGEMENTS
## 致謝

一如以往，最大的感謝一定要獻給Laura和Dexter，

讓我能有時間、空間與耐心讓這本書誕生。

我也要向Tom獻上大大的感謝──他是我另一位人生夥伴。

感謝Whistling Shop和Surfside的團隊，因為你們都是超棒的人，也是一群好奇的調酒師。

謝謝Addie和Sari替我拍攝如此可口的照片，還有為這些書籍展現的無限活力。

我要再次感謝Nathan、Geoff和RPS的團隊：Julia、Leslie、Gordana和Cindy。

感謝Kake Burger、Jose Carlos、Sam Carter、Hannah Lanfear、Duncan McRae、John Parsons、Tim Stones、

Dennis Tamse and Dan Warner以及Ginge Warneford，

願意讓一個「壞蛋」擔任品牌大使。

謝謝所有願意讓我在工作場地四處打探的蒸餾師和製造商，

特別是：Jamie Baxter、Jared Brown、Kris Dickenson、Nik Fordham、Tarquin Leadbetter、John McCarthy、

Charles Maxwell、Tom Nichol、Desmond Payne、Darren Rook、Nick Strangeway與Gilbert Van Zuidam。

感謝Phillip Duff 在杜松子酒上提供的協助。

最後，要感謝Walter和Lucy Riddel，

讓我踏進你們的家，還給了我龍蝦吃。

謝謝Ian和Hilary Hart，

讓我踏進你們的家，還給了我氰化物（cyanide）。

## 作者

### 崔斯坦·史蒂文森
### Tristan Stephenson

英國知名的調酒師、酒類與咖啡書作者、酒吧餐廳經營者、餐飲顧問，常出現在英國電視節目上，他的足跡遍布90個國家和400家釀酒廠，系列書籍成功銷售超過30萬本書。現為Fluid Movement飲品諮詢公司聯合創始人、並擁有8家酒吧與餐廳（其酒吧在2011年榮獲倫敦最好的新酒吧，並連續3年名列世界50家最佳酒吧）。

曾在傑米·奧利佛（Jamie Oliver）「Fifteen」餐廳擔任首席吧檯師兩年；以及全球知名酒商Diageo旗下 Reserve Brands Group品牌大使，並為麗池卡登（Ritz Carlton）、英國多徹斯特（Dorchester）等五星級飯店訓練調酒師。《國際飲品雜誌》（Drinks International）讚美他是：「全球公認的酒吧明星，他積累了深厚的工藝知識與各類書籍，如同是一本吧檯百科全書。」

獲獎紀錄：2009年在英國咖啡師錦標賽中獲得第三名；2012年榮獲英國年度最佳調酒師大賞，同年被列入《標準晚報》（Evening Standard newspaper）最有影響力的1000名倫敦人；以及英國時尚餐飲類最有影響力倫敦客。

2013年開始出版《好奇的調酒師》（The Curious Bartender's）系列是Amazon的暢銷書，之後成立官網thecuriousbartender.com。本書於2016年初版／2018年新版，並入圍安德烈西蒙獎（André Simon Awards）。其他作品：

2019《The Curious Bartender's Whiskey Road Trip》、《The Curious Barista's Guide to Coffee》

2018《The Curious Bartender Volume 2: The New Testament of Cocktails》

2017《The Curious Bartender's Rum Revolution》

2015《The Curious Bartender: An Odyssey of Malt Bourbon & Rye Whiskies》

2013初版／2019新版《The Curious Bartender Volume 1: Artistry & Alchemy Creating the Perfect Cocktail》

作者IG：@ tristan stephenson

## 譯者

### 魏嘉儀

國立台灣大學地質科學學系與研究所畢業。現為翻譯與編輯文字工作者。譯有《威士忌品飲全書》、《世界咖啡地圖》（全新修訂第二版，合譯）、《葡萄酒與料理活用搭配詞典》（合譯）。
email：jo4wei@gmail.com。

### 黃亦安

輔仁大學英國語文學系畢業，曾任出版社編輯，現從事編輯與翻譯工作。人生有三寶：茶、酒、咖啡。
email：shaman.hy@gmail.com

琴酒天堂/崔斯坦‧史蒂文森Tristan Stephenson作. -- 初版. -- 臺北市：大
辣出版股份有限公司出版：大塊文化出版股份有限公司發行, 2021.09
面；19×26公分. -- (food；10)(好奇調酒師系列) 譯自：The Curious
Bartender's Gin Palace ISBN 978-986-06478-3-9(精裝)

1.蒸餾酒 2.製酒業 463.83 110009648

GIN PALACE